从节气节日讲
大学生理想信念教育故事

毕洪东　著

图书在版编目（CIP）数据

从节气节日讲大学生理想信念教育故事／毕洪东著 — 杭州：浙江工商大学出版社，2022.7

（大学生理想信念教育的创新与实践丛书）

ISBN 978-7-5178-4705-2

I. ①优 … II. ①毕 … III. ①家庭道德－研究－中国②大学生－思想政治教育－研究－中国 IV. ① B823.1 ② G641

中国版本图书馆 CIP 数据核字（2021）第 054271 号

从节气节日讲大学生理想信念教育故事

CONG JIEQI JIERI JIANG DAXUESHENG LIXIANG XINNIAN JIAOYU GUSHI

毕洪东　著

出 品 人	鲍观明
责任编辑	谭娟娟
责任校对	夏湘娣
封面设计	云水文化
责任印制	包建辉
出版发行	浙江工商大学出版社
	（杭州市教工路 198 号　邮政编码 310012）
	（E-mail: zjgsupress@163.com）
	（网址：http://www.zjgsupress.com）
	电话：0571-88904980，88831806（传真）
排　　版	杭州红羽文化创意有限公司
印　　刷	杭州高腾印务有限公司
开　　本	710mm×1000mm　1/16
印　　张	25
字　　数	304 千
版 印 次	2022 年 7 月第 1 版　2022 年 7 月第 1 次印刷
书　　号	ISBN 978-7-5178-4705-2
定　　价	88.00 元（全 2 册）

自 序

在全国高校思想政治工作会议上，习近平总书记指出：高校思想政治工作实际上是一个解疑释惑的过程，宏观上是回答为谁培养人、培养什么样的人、怎样培养人的问题，微观上是为学生解答人生应该在哪用力、对谁用情、如何用心、做什么样的人的过程；做好高校思想政治工作，要遵循思想政治工作规律，遵循教书育人规律，遵循学生成长规律，不断提高工作能力和水平。

节气，是干支历中表示自然节律变化及确立"十二月建"（月令）的特定节令。它是上古先民顺应农时，通过观察天体运行，认知一岁（年）中时候、气候、物候等方面变化规律所形成的知识体系，反映了四季交替，即客观规律。节日，是指生活中值得纪念的重要日子，是人们为适应生产和生活的需要而共同创造的一种民俗文化。无论是中国传统节日，还是国际性主题日，都有可能成为大学生理想信念教育的资源要素，是提升大学生思想政治教育工作实效的有利契机。《从节气节日讲大学生理想信念教育故事》一书，以节气的客观规律和节日的文化内涵为线索，着眼于青年大学生关心关注的热点，采用平等对话的方式，进行大学生理想信念教育的叙事实践。

全书共20篇，以时间为序，串联节气节日，讲大学生理想信念教育故事。

其中涉及 8 个节气——立春，行动起来；春分，优雅内涵之美；立夏，寝室生活中你我他；夏至，阳光与风雨同行；立秋，学会成熟；秋分，家庭、家教、家风；立冬，"宝藏"青年；冬至，以诚立身。13 个节日或主题日——春节说青年文化自信，清明节里说"先贤""先祖""先烈"，劳动节里说劳动，青年节里说青年，"七一""八一"听党话跟党走，七夕佳节里说爱情，教师节里说教育，国庆节里说爱国，消防安全日里说安全，国际大学生节里说"一带一路"，南京大屠杀死难者国家公祭日里说历史，腊八节里说美食。

书中内容均来自本人在大学生思想政治教育工作中的一些思考与实践，不足不当之处，恳请读者指正。在此要感谢罗曼、葛佳仪、周萌、章诗怡、吴伊依等小友在素材整理、文字校对等方面所做出的努力和付出。

2022 年 4 月 15 日　浙江嘉兴

目录

春节说青年文化自信 🎍

> 百节年为首，春节是中华民族最隆重的传统佳节，它不仅集中体现了中华民族的思想信仰、理想愿望、生活习惯、娱乐和文化心理，而且是祈福禳灾和开展娱乐活动的日子。在这个特殊而重要的节点，我们通过传统文化的教育，提高学生对传统文化的认同感和归属感，增强传统文化的厚植性。

习近平总书记在庆祝中国共产党成立 95 周年大会上的讲话中指出：文化自信，是更基础、更广泛、更深厚的自信。新春伊始，我们便来谈一谈"文化自信"。

中华传统文化涵养新青年

我们先来随机提问一下，你们知道端午节的习俗是什么吗？那圣诞节的习俗又有哪些呢？我想很多学生对于第二个问题都胸有成竹，第一个问题的答案是不是只能想到赛龙舟、吃粽子呢？其实佩豆娘、挂艾虎、给小孩涂雄黄、戴香包、避五毒等都是端午节的传统。而这些传统的习俗文化，都是一代一代人传承下来的。

学过历史就会知道，古巴比伦、古埃及、古印度和中国被统称为四大文明古国，而得以延续下来的古国文明只有中华文明，这是我们值得骄傲的地方。中华传统文化历时几千年，博大精深，令人折服，而如今的年轻人却对它知之甚少。在座的各位啊，你们肯定知道圣诞节是哪一天，但不一定知道二十四节气到底是哪二十四个；你们肯定知道万圣节的习俗"不给糖就捣蛋"，但不一定知道正月里我们都有哪些习俗；你们也肯定知道如今正火的青年演员们演的每一部偶像剧，但不一定记得学生时代背过哪些唐诗宋词。其实啊，这就是我们大多数人对待中华传统文化的态度：有些人漠视它，觉得它不如一些新潮的事物；有些人鄙视它，觉得它在现在这个时代已经没有价值了。前几年以古诗词为主题的节目《中国诗词大会》"迅速"走红，大家的朋友圈被诗词曲赋刷屏，男女老少皆被诗词达人们圈粉，引发了一股"古诗词热"。"古诗词热"仿佛一面镜子，折射出我们对优秀传统文化的旺盛需求。

中华传统文化是中华上下五千年文明在演化过程中积淀的思想知识文化，在一定程度上能够反映中华民族的精神风貌，并推动民族历史发展。它是中华文明成果根本的创造力，是民族历史上各种思想文化、观念形态的总体表征。中华传统文化中包含许多优秀的思想体系，比如"修身、齐家、治国、平天下""生于忧患，死于安乐"的危机意识、"孔融让梨"的孝悌意识等，它们并不是高高在上、不可触碰的，而是与我们的生活息息相关的。在你的生活中，吃饭时的餐桌礼仪，遇到师长时暖心的一句问候，过马路时的等待等，或许这一切细小的事情你平时并没有注意，但这都是中华传统文化在你身上的体现。

　　中华传统文化的范围广泛，文字、语言、书法、音乐、武术、曲艺、棋类、节日、民俗等都属于传统文化的范畴。传统文化是融入我们生活，我们享受它而不自知的东西。具体地讲，中华传统文化以节日、古文、古诗、民族音乐、民族戏剧、曲艺、国画、书法等为载体。这里我就想说说诗词了。诗词作为中华传统文化的表现形式之一，这几年可谓大火了一把。《中国诗词大会》的播出，让越来越多的人开始重视中华传统文化，品味到诗词的魅力，认识到原来我们中华传统文化在当下也有不一样的风采。这也正说明了，中华传统文化与我们当代提倡的社会主义核心价值观相得益彰。即使时代在变化，中华传统文化的内涵和核心仍然没有变，其对大学生依然有很深远的影响。

　　说了中华传统文化的内涵，我想大家应该对中华传统文化有了一定的认识和了解。可能又有人要问了：我知道了它的重要性和必要性，那我如何做才能更好地将它传承下去呢？

　　"创造性转化、创新性发展"是习近平总书记提出的重要原则，要善于把弘扬优秀传统文化和发展现实文化有机统一起来，紧密结合起来，在继承中发展，在发展中继承。作为大学生，活动的主要场所还是大学校园。在平时的生活中，大学生更要以创新的思维看待中华传统文化，要坚持古为今用、以古鉴今，坚持有鉴别地对待、有扬弃地继承，而不能厚古薄今、以古非今，要努力实现对传统文化的创造性转化、创新性发展,使之与现实文化相融相通,共同完成以文化人的时代任务。

红色革命文化引领新一代

你知道什么是"红色革命文化"吗？你知道"红色革命文化"涵盖了哪些内容吗？相信一提到红色革命文化，人们就会联想到革命、战争、烈士、牺牲、解放等概念，认为红色革命文化就是与之相关的文化。但红色革命文化绝非仅此而已，红色革命文化是由中国共产党人、先进分子和人民群众共同创造的极具中国特色的独特文化类型，蕴含着丰富的革命精神和厚重的历史文化内涵，如不畏艰难险阻的长征精神、艰苦奋斗的井冈山精神、无私奉献的雷锋精神及勇攀科学高峰的两弹一星精神等，这些都是值得人们学习并且弘扬和传承下去的红色革命精神。红色革命文化像血液一般流淌在中国人的基因里，是中国共产党人鲜明的政治标识。

如今红色旅游逐渐升温，不管是国庆小长假还是寒假、暑假，红色旅游基地总是会受到一大波游客的青睐，嘉兴南湖、井冈山、遵义、延安、西柏坡等地都是中华儿女重温历史、牢记历史的好地方。现在全国各地的抗战纪念馆很多，人们可以在这些纪念馆里聆听红色故事，感悟革命精神。可以说，红色旅游基地是人们心中不可撼动的精神高地，也是对全民进行爱国主义教育的最佳课堂，让人们走近红色革命文化，走近那些革命老前辈，真真切切地看到、触摸到、体会到曾经发生过的惊心动魄的历史。而青年大学生不仅需要铭记，还要将聆听到的故事、体会到的精神一代代地口口相传，让这种红色革命文化和红色革命精神延续下去。

红色革命文化对于大学生的思想引领具有崇高的价值，因此作为大学生应当坚定信念，在新时代传承、运用和开发好红色资源。另外，向党旗靠拢不仅要求青年学生们向前看，做到与时俱进，同时也要传承好老祖宗留下来的好东西。党员干部是传承红色革命文化的带头人，而大学生是祖国的未来、民族的希望，理应承担起传承红色革命文化这一份重任。

先进文化开启新未来

  部分对政治、历史不敏感的学生对社会主义先进文化之类的问题可以说是一头雾水，甚至因此不重视。

  以马克思主义为指导，以培育有理想、有道德、有文化、有纪律的公民为目标，发展面向现代化、面向世界、面向未来的，民族的、科学的、大众的社会主义文化，就是社会主义先进文化。

  那么"先进文化"到底"先进"在哪里呢？

  中华人民共和国成立后，随着政治经济社会的发展，社会主义先进文化成为体现社会主义制度优越性的重要方面，极大地增强了国人的文化自信。

  如果说文化是一个民族的根，是一个民族的魂，那么先进文化就是人类文明进步的先导和旗帜，代表了时代前进的方向。回首过去，唐朝出现贞观之治和开元盛世的局面，离不开繁荣昌盛的唐文化。现如今，科学技术迅速发展，国家之间的综合国力竞争激烈，面对世界范围内思想文化的激荡，社会主义先进文化的提出是对七十多年来中国特色社会主义建设和发展的总结。先进的反义词是落后，"落后就要挨打"的道理大家都能理解，先进文化的提出正如油画《自由引导人民》中那位年轻女性举着的旗帜，代表了前进的方向。

  党领导人民在革命、建设、改革中创造出的社会主义先进文化与中华优秀传统文化是一脉相承的。在历史的长河中，我们能找出成功的经验与失败的教训。社会主义先进文化是对我国社会主义建设的总结与升华，其展现了中华民族的生命力和凝聚力，也体现了社会主义先进文化的继承性。在五千年文化的积淀下，社会主义先进文化也发展得越来越成熟。

中国共产党人的初心和使命，就是为中国人民谋幸福，为中华民族谋复兴。中国特色社会主义文化是为人民服务的文化，所以社会主义先进文化具有人民性。在生活中，人民处处能接受社会主义先进文化的熏陶，它能为大家提供健康向上、品质优良的文化氛围和环境，并且人民也加入文化建设的队伍中，创造出先进的文化成果。

文化的发展离不开社会实践。社会主义先进文化的发展离不开中国特色社会主义的发展，中国特色社会主义的发展又离不开实践，环环相扣。先进文化的发展促进了中国社会主义的发展，这又为增强文化自信和文化自觉提供了坚实基础和丰厚土壤。

在世界文化争奇斗艳之时，弘扬与发展祖国文化，青年是其中的主力军，这是一个漫长且持续的过程。四大文明中，为什么只有中华文明延续至今？虽然在漫长的历史岁月中，中国也有过改朝换代，有过战争，受过侵略，但是中华文化始终不变。文化的"可持续发展"需要青年，需要文化自信。完善和坚持社会主义先进文化是至关重要的，每一位学生都要主动去了解、去学习社会主义先进文化的内涵，主动接触社会主义先进文化。

爱默生说过："自信是成功的第一秘诀。"青年文化自信也是未来祖国能继续发展的重要保障。国家的稳定与发展离不开大家的贡献，所有人团结奋斗才是推动国家发展进步的强大力量。只有所有人都铆足了劲向正确的方向冲时，国家才能加速向前进。大学生是社会这个大家庭中的一员，在学校获得知识的过程，要保持对先进文化的求知欲，主动了解社会主义先进文化，牢牢把握社会主义先进文化的前进方向。在文化全球化的时代，学生们要不断地充实自己，做一个有理想、有道德、有文化、有纪律的"四有"公民。

我们既是文化的创造者，也是文化的享有者和传承者，发展社会主义先进文化能满足人民群众日益增长的精神文化需求，能不断丰富人们的精神世界，增强人们的精神力量。

社会主义先进文化是中国综合国力和国际竞争力提升的深层支持，只有正确地把握先进文化的发展规律，才能在实践中不断发展自身，增强综合国力，提高国际竞争力。学生虽然年纪小，但是志气不能小，要积极地投身于祖国的文化建设中。

2013 年 11 月 26 日，习近平总书记在曲阜孔府和孔子研究院考察并与有关专家学者座谈时强调："一个国家、一个民族的强盛，总是以文化兴盛为支撑的，中华民族伟大复兴需要以中华文化发展繁荣为条件。"无论是中国传统文化、红色革命文化，还是社会主义先进文化，都是中国文化的重要组成部分。文化的发展离不开青年，离不开文化自信。自信、从容地对待本国文化的态度能鼓起大家的勇气，为祖国的美好未来共同奋斗。

立春，行动起来 ❀

干支纪元，以立春为岁首，立春意味着新的一个轮回已开启，乃万物起始、一切更生之义也。从立春开始便是美好的春天。在我们的概念里，立春是一个充满希望的节气，鸟语花香，耕耘播种。立春也是一个充满朝气和活力的节气，经过了一个冬天，万物积蓄待发，就等这一刻，让我们一起行动起来！

立春，意味着万物闭藏的冬季已过去，风和日暖、万物生长的春季正在来的路上，迎接我们的是满满的春意与温暖。春天代表着生命力，一切都是生机勃勃的样子。在温暖的春天，"雪藏"了一整个冬天的活力将释放出来，让我们行动起来吧！

实践，提高个人素养

　　毋庸置疑，社会实践是行动中一个非常重要的部分。可以说，不论是小的社会实践，还是大的社会实践，每位大学生多多少少都是接触过的。那你们知道，大学生为什么离不开社会实践吗？为什么要进行一系列的社会实践呢？单纯只是为了拿学分吗？今天，我们就好好聊聊关于社会实践的问题。

　　大学生为什么要参加社会实践？第一，它能锤炼心志。大部分社会实践的条件和环境是比较艰苦的，并没有大学校园里那么好的设施和环境，这个时候就需要我们的学生学会适应，只有适应环境，你才能在未来走得更加顺当。第二，它能训练胆量。很多学生面对熟人的时候，都是能说会道、能言善辩的。可是，当面对一群陌生人时，他们话都说不顺溜了。胆量，是能练出来的，没有一定量的训练，想拥有一定的胆量，那是不可能的。第三，它能提高技能。有些针对性的社会实践需要运用专业知识，这个时候就是你大展身手的机会了。通过社会实践，既巩固了自己在学校里所学的专业知识，也能帮助到需要帮助的人，何乐而不为呢？

　　其实，社会实践的内容丰富多彩，涉及社会的方方面面。学生们既可以了解自身专业在社会上的真实情况，也可以根据自身专业寻找相关的兼职岗位，又或者只是在自身所在的社区进行一些活动。这些都是社会实践的一部分。"问渠那得清如许，为有源头活水来。"社会实践不分大小，也没有所谓的重要不重要，只要去做了，那就是好的。

　　对学生来说，参加社会实践是走向社会的一个很重要的锻炼环节，也是教育和实践相结合的具体体现。如果只是一味地学，不到社会上积极实践所学的知识，那就会成为高分低能的书呆子。社会实践不但能检验学生的专业学识，还能让学生学会许多在学校里学不到的学问。社会实践可以说是学校教育向课堂外的一种延续。换句话来讲，就是让学生近距离地了解社会，提前感受一下社会的"毒打"，避免小苗一晒太阳，就蔫死在田里。在实践活动中多了解了解社会的"残酷"，才能更加明白学习的乐趣。

实践出真知。有了社会的实践体会，未来人生路的方向会更加明确。之前看到一个网友的分享，说的是他学习经历中的一次翻天覆地的变化。这个变化缘于一次假期他跟着父母参加劳动，体验父母的工作。他干了一天就叫苦连天，心想：还是得把书念好，要不猴年马月才有出头之日啊！于是，回到学校之后，他开始认真学习。

对我们的社会和国家来说，每个人在社会实践中奉献的力量都是汇成海洋的一滴水。当越来越多的人投入社会实践当中，社会就会发展得越来越好。社会实践让学生更好地融入社会的同时，也让社会和国家更多地了解新一代的年轻人是什么样的精神面貌。在这个双向了解的过程中，学生学习社会知识，为将来走入社会做一个很好的铺垫；社会也在了解学生，从而更好地为学生提供社会条件，携手将我们的国家建设得更加美好。

志愿服务，传播美好风尚

在学生时代的作文里，有着几大风云人物，有常驻嘉宾小明，有名人贝多芬、鲁迅、王羲之等等。但是如果谈起乐于助人这一高尚的品质，雷锋才是被最常提及的。曾经有这样一句评价：雷锋出差一千里，好事做了一火车。"信念的能量、大爱的胸怀、忘我的精神、进取的锐气"是雷锋精神的核心。雷锋精神不仅仅是对雷锋的先进思想、道德品质和崇高理想的概括与总结，也是中华民族精神的最好写照。随着时代的发展，雷锋精神的内涵也在不断丰富和发展。

在市场经济快速发展、价值取向趋于多元的今天，雷锋精神能否走进大家内心的深处，是要靠全体学生的付出与努力的。不少学校通过组织"3·5学雷锋"活动，以征文、演讲等形式，激起学生们的钉子精神，让学生们参与到志愿服务活动中。

2020年初，全国暴发了新型冠状病毒肺炎疫情，青年志愿者在这场战"疫"中发挥了重要作用。虽然大部分学生还没有能力冲在抗疫第一线，为打败病毒而奋斗，但是学生们也从未停下步伐。每个抗疫卡点，几乎都能看到大学生年轻的身影。他们想为抗击疫情贡献自己的一份力量，即使做的只是很小的事情，他们也全身心投入工作，不敷衍任何一件事。他们勇担青年的责任，不畏辛苦，不畏艰难险阻，积极奋斗在各个抗疫卡点，做好后方的保障工作，贡献自己的力量。

志愿服务是一件很有成就感的事情，在志愿服务过程中，不仅成就了自己，还帮助了他人，这是一个"成人达己"的过程，需要我们长期坚持并积极践行。

除了社区的志愿服务活动外，许多高校也会组建志愿服务团队，给学生们提供广阔的志愿服务实践平台与机会。但高校的志愿服务还存在一些问题。第一，学生缺乏自主参与的意识，不愿意行动，许多学生仅仅是为了奖励或学校要求的志愿时长而加入志愿者组织的，积极性不高。第二，部分志愿者组织形式较为单一，服务过于注重形式。志愿服务团队的负责人不仅需要提升团队的专业性，更需要强化传承。在帮助队员熟悉团队的基础上，负责人还要做好"传帮带"的工作，增强队员的志愿服务意识，激发队员参与志愿服务活动的积极性，加强队员对志愿服务团队的认可，将传承工作有效落实，让每位队员都动力满满。

如何将志愿服务团队的工作做好，如何让老师从满意、放心到惊讶？这就需要团队不断学习思考、调查研究，并积极实践创新。

学习思考

各志愿服务团队应当有终身学习意识，不要只局限于自己的学校，应当开阔思路、拓宽视野，关注其他高校志愿服务团队的情况，关注优秀的社会志愿服务项目等，从而学习与借鉴，提升自我的志愿服务水平与专业性，创造新品牌，登上新台阶。

不同的志愿服务团队之间既有独立性又有联系性，部分团队之间必然会有业务交叉，这就需要各团队自主进行合作，相互学习，共同发展，增强联动性。

调查研究

为了让志愿服务团队朝着更好的方向发展，团队成员需要不断进行调查研究。一方面，调查自己团队存在的问题，向队员及服务单位寻求解决方法、意见或建议，推动团队进一步发展；另一方面，调查其他优秀志愿服务团队或项目的创新特色之处，了解大众需求，进一步完善团队。

实践创新

各志愿服务团队立足现有的服务模式，在不断实践的过程中实现突破性发展，立足实践，在实践中创造，在实践中创新，在实践中发展。同时，在实现创新创造的基础上，争取申报志愿服务项目。

奉献精神是高尚的，是志愿服务精神的精髓。参与志愿服务活动时，每个人都要行动起来，勇担重任，真正地在这项光荣而伟大的事业中奉献出自己的力量。

实习，丰富人生阅历

参加过面试的学生，不论是申请全职还是实习，甚至是面试学校的学生干部，都会被问到这样一个问题——"你在个人简历中写到你曾经做过××工作，在××地实习过，能否谈谈你的这段实习经历？"很多学生虽然表面上从容自如，但内心却慌乱无措，十分紧张，毕竟很多人写简历时只想到要把履历写得丰富，但是自己心里很清楚这些都只是包装，实际上自己没做什么。

不管是对于在校生还是毕业生，实习都是最重要的实践教育环节，也是大家步入社会的第一步。

不知道大家有没有了解过"gap year"这个词汇，翻译成中文叫作"间隔年"。在美国，学生在上大学之前可以选择休学一年到处旅行、实习和打工，以此来确定自己大学究竟想学什么专业，今后的目标规划是什么。奥巴马的女儿玛利亚就是 gap year 团队中的一员，她选择延后一年进入哈佛大学就读。很多中国的家长会觉得 gap year 不仅浪费钱，还浪费孩子的时间和精力。

在我看来，gap year 和实习的目的是一样的：希望学生了解自己的学习生涯和人生发展有何关联，找准自己的目标，并且在不同于学校封闭的环境下获取成长经历，能够变得更加成熟专注，更有学习的目标与动力。对于部分学生来说，比起莽撞行事，或许放缓脚步好好探寻会更加有益。

实习是认知社会的重要步骤，是从学生转变社会人的一个转折点，有的学生害怕实习，不知道该怎么实习，在此我想给各位大学生提一些建议或期望。

不打无准备的仗

"凡事豫则立,不豫则废。"在实习前要做好思想准备,行动上要有所规划,实习的目的是实现理论知识与实践经验的有机结合。明确了自己实习的目的,有了一定的任务规划,知道自己应该做什么,不应该做什么,能够使自己的实习有的放矢,达到事半功倍的效果。

态度诚恳,积极主动

积极的态度是应对实习挑战的关键。实习用于检验大家在校的学习成果如何,同时实习又是体现大家综合能力和素养的一种方式,就如同每学期的期末考试;实习更是大家迈入社会、自食其力的关键经历,大学生不能一直躲在象牙塔里,要以一种积极的态度来面对实习。

勤快总没有错

有效的行动是解决实习问题的根本。正所谓"空谈误国,实干兴邦"。实习必须落到扎扎实实的行动上来。学会抓住每次可以锻炼的、适合自己的机会,不要总是抱着去玩玩的心态,实习中的每一个流程都应该认真准备,全心投入,这样你才会有所收获,有所成长。

好好珍惜实习的机会,不仅能帮助你们在转变身份的过程中平稳过渡,提高自己对职场的适应性,更能提高自身专业技能和各方面的能力,为今后的简历锦上添花。

不管是志愿服务、社会实践,还是实习实训,都是行动的一部分。我希望,行动是你们的代名词,永远不要停下行动的步伐!

春分，优雅内涵之美

> 春分这一天生机盎然，阳光直射赤道，南北半球昼夜几乎相等，其后阳光直射位置逐渐北移，北半球开始昼长夜短。春分时节，在辽阔的大地上，杨柳青青，莺飞草长，小麦拔节，油菜花香。而春分三月还有一个属于女性的节日——"三八"妇女节，也叫国际妇女节。温暖的阳光洒向大地，女性就像那明媚的春风，细腻温柔，让我们在和煦的春风中谈谈外表美、精神美、自信美，引导女生提升内在美。

初见时看仪表，再见时看气质，相处时看品质。这句话可谓适用于任何人，特别是我们身边的女性。在这温润的春分时节，伴着春风，我们一起聊聊女性的优雅内涵之美，看看仪表、气质和品质这三样东西到底有什么名堂。

世界上没有"丑"女人，只有"懒"女人

前些天，我看到了一条有趣的推送。推送里整合了一批大学生入学前和毕业后的照片对比，那变化叫一个"翻天覆地"。这不禁让我想起这样一句话：大学就像个整容所。我也见证了很多届学生的蜕变，有人从青葱朴素，变得落落大方，有的则是浓妆艳抹，那么你觉得谁更美呢？

我理解的"仪表"包含很多含义，第一层是外表，这个大家应该都能明白。在我们刚接触一个陌生人，没有更进一步的了解时，对他的第一印象肯定来源于外表，而干净、整洁的外表是毋庸置疑的加分项。试想一下，如果你是一个面试官，你的面前站着两位应聘者：一位着装整洁，落落大方，仪容端庄；而另一位邋遢，不拘小节，行为举止十分随意。且不说他们各自能力如何，就看这第一印象，前者肯定胜过后者。换个角度想，当你是一位应聘者时，想必你也会明白该如何去做。当然，我们这里说仪表，并不是推崇浓妆艳抹，把每天的精力都花费在化妆品和服饰上，每天研究口红色号是 A 品牌 999 好看还是新出的 B 品牌红管好看，又或者研究今天烫什么样的发型、穿什么品牌的衣服、搭配什么样的鞋子。这样的追求反而会本末倒置，浪费了大学生涯宝贵的时光，也不能给你们带来一定的进步。我认为，得体的着装并不是一味地借助昂贵的名牌或奇装异服，而是简单、干净、整洁、大方即可，能带给人一种舒适的感觉。而在你们将来的面试当中，服装要求得体、大方也是同样的道理，花里胡哨的打扮可能会让你失去一些机会。

"仪表"的第二层，我认为是礼仪、仪态。很多人在生活中都忽视了这一点。我们先不讲那些虚头巴脑的大道理，我们从实际出发。我先来和你们分享一

个真实的例子。北京某大公司高薪招聘高素质人才，经过一系列的选拔，最终剩下五人接受最后的面试。在等待面试的二十分钟里，有几位年轻人看到办公桌上有很多文件，便凑过去一张张地翻看，不亦乐乎。二十分钟后，经理回来了，说面试结束了。后来经理向他们解释说，我们公司不需要未经人同意便随便翻看别人东西的人，这是最基本的礼节。几位年轻人深为自己的鲁莽而懊悔，不要小看这一个小小的举动，这中间其实就反映了一个人的礼节、礼仪问题。

礼仪所涉及的范围不仅限于面试，而是十分广泛的，比如说公共场所礼仪、待客与做客礼仪、餐桌礼仪等。这方方面面都是个人素质、教养的体现，也是个人道德和社会公德的体现。礼仪，在我国也有着悠久的历史，中国为世界公认的礼仪之邦。朝气蓬勃的大学生，是中国的未来和希望，你们身上体现出来的东西，代表着中国的形象。礼仪既能让你自己受益，也能给国家的形象带来正面影响，何乐而不为呢？

哲学家培根说过："形体之美胜于颜色之美，而优雅的行为之美又胜于形体之美。"仪表美作为"三美"之中的基础和表现形式，虽然称不上尤为重要，但它的重要性也是不容忽视的。只有仪容得体，别人才会想更进一步地了解你，了解你有多少能力，有多少本事。

腹有诗书气自华

知乎上有过一个关注度很高的问题："随着时间的推移，大部分读过的书最后都会被忘掉，那我们读书的意义何在呢？"我觉得用这样一个比方来回答就十分合适："当我还是个孩子时我吃了很多的食物，大部分已经一去不复返而且被我忘掉了，但可以肯定的是，它们中的一部分已经长成我的骨头和肉。"读书，对你思想的改变也是如此。

大文豪苏轼说过："粗缯大布裹生涯，腹有诗书气自华。"意思是一个人虽然衣食住行等外在条件不好，但因为饱读诗书，依旧才华横溢、神采飞扬。一个人的精神风骨是难以靠衣着伪装的，简陋的环境也无法掩盖一个人身上的光芒。因此，姑娘们，你们要懂得一个人的气质离不开内在修养，读书则是一个绝佳的塑造内在修养的方法。

气质的范畴很广，或温柔大方，或不卑不亢，或从容坦然，或清心明目。或许你可以穿得光鲜靓丽，化妆化得甜美灵动，可脸为皮相，气质为骨，刻在骨子里的气质很容易在一言一行中显露出来。等到你们七老八十的时候，都是满脸的皱纹，漂亮的脸蛋已经过去，始终陪伴着你们的是气质。

"书犹药也，善读可以医愚。"书读多了就会明白很多人、事、物，见识面会变得更加广了，知识也掌握得更多了，在与他人交谈时，也会变得更自然、更得体，气质自然而然就显现出来了。

读书是一个不断积累的过程，在这个过程中，你可能觉得读这么多书好像没什么用，在日常生活中用不到。但是从书籍中获得的智慧与知识会慢慢转换成你内在气质的一部分，潜移默化地影响你。

有些学生一股脑儿钻到学习中去，却忽视了阅读的重要性。高学历不等于高素质，高学历也不代表气质一定高雅。一个人素质的高低与学历、地位、金钱无关。在停车的时候，开车的时候，吃饭的时候，逛街的时候，时常可见各种不文明行为。2018年，一个关于男乘客无理强行霸占他人座位的视频引发众怒，事件不断发酵，据报道，这个男乘客从事教育培训工作，具有博士学历，这种不文明的行为令人不齿，其气质如何也就显而易见了。随着类似高学历低素质的行为不时发生，大家发现死读书是无法有效提高个人修养的，气质是无法通过死读书培养的，高学历的人，其气质不一定好，低学历的人，其气质也不一定差。活到老，学到老，一个人的气质、智慧与修养，往往与长期、大量的读书是分不开的，气质的培养是一个持续的过程，厚积才能薄发。

2019年，演员翟天临在直播回答网友问题时，不知知网是何物，他的博士学位真实性因此受到质疑。因为自己没有踏踏实实地学习，在这方面的知识有许多欠缺，所以在直播中一不小心就露出了马脚。由此可见，在生活中想要伪装出高雅气质是非常难的。俗话说得好：树要枝叶根，人要精气神。精气神来源于人的内心深处，是内心世界的外在表现。大灰狼就算穿上了小红帽外婆的衣服，也难以掩盖他是只狼的事实，想要培养气质，提高精气神，离不开对内在修养的培养。

"读书之法，在循序而渐进，熟读而精思。"在沉下心认真读书的过程中，只有不断地反复阅读、品味，才能从书中获得更多的知识，读书切不可囫囵吞枣，过于急功近利只会竹篮打水一场空。只有多思考，不断地读好书来形成自己独特的思想，才能在各方面独立，形成独特的气质。

曾经在网上看到网友提出这样一个问题："一个胖子和一个经常看书的胖子有什么区别？"一位网友的答案十分有趣："即使岁月油腻了我的躯体，

却不能油腻我的灵魂。"时间是一把杀猪刀，也是一把猪饲料，但是时间更是丰富阅历、积淀自己的一剂良方。

自信，是美的底气

如今，我们很多人总是被大众的审美框住，大眼睛、高鼻梁、瓜子脸、白皮肤、身材高挑……这些都成了定义美女的基本要素，就连女生们常用的美颜 APP 也都是按照这些要求来设置的。之前我在微博上看到这样一则娱乐新闻，韩国某个选美大赛里的选手被网友吐槽长得一模一样，所有人好像就是在同一家公司复制出的产品，虽然每个人都有着大眼、小脸、高鼻梁、樱桃小嘴、白皙皮肤，但是却没有给大众一种惊艳的感觉，反而让人觉得很奇怪，不协调。

每个女生都是上天造就的天使，都有自己的独特之处，或许你没有很精致的妆容，没有世人所仰望的财富，可是你拥有无法被复制刻录的自己，当你自信地抬头直面生活，直面自己，你的魅力也可以气势如虹。

我想起了微博上的一则新闻——《女孩因病变胖穿古装跳舞重拾自己》。四川泸州的王敏因跳古典舞神似唐宫女子，吸引了不少网友关注。摇曳变幻的舞姿，灵动的眼睛，无不惊艳网友。王敏表示，自己从 2007 年起学过 4 年的中国舞，后因生病吃激素药变胖，11 年没有接触舞蹈。通过家人和粉丝的鼓励，王敏慢慢地走了出来，重拾舞蹈梦，人也变得越来越自信。

超模吕燕，或许听名字你们不知道她是谁，但是去网上搜一搜她的照片，你一定会是这样的反应："啊，原来是她呀，我知道她。"吕燕在 2000 年代表中国参加世界超级模特大赛时，获得了亚军，当时她被很多人质疑，她的身边总有这样的声音出现："她长的很丑，眼睛又小，还是单眼皮，脸上还有很多雀斑。"然而看过吕燕走秀的人都被她折服了，当她身着霓虹灯衣走在聚光灯下时，她的身上带着一种天然的让你仰视的气势，她爽朗的性格、敬业的精神及自信的气场，使得和她接触过或是观赏过她舞台的人都没理由来否定她。

自信，是最美丽的气质，它就像一种魔法，拥有它，你就可以完成很多意想不到的事情，获得满满的成就感。生活中也许有些人皮肤黝黑，也许有些人不够高挑，也许有些人声音不够好听，也许有些人家境贫困，很多人或许会因为一些外在因素而不断地将这些缺点放大，从而讨厌自己，变得越来越自卑，做什么事都会被这些所谓的缺点束缚住。

如果你的外表美值三分，那么自信会使你的外表美提升到七分；如果你的外表美值七分，但不自信，那么你的外表美会降到三分。女性商业精英桑德伯格在《向前一步》一书的开篇第一章就谈到"女人要学会自我暗示，当感到不自信的时候，也要假装自信，这是向前的一步，勇敢进取的前提"。女孩儿们，我不是在给你们灌有毒的心灵鸡汤，自信对于你们来说真的很重要，你有没有想过，如果你还坚持自我，坚持最纯粹、最自信的自己，不在乎别人的看法、别人的点评和眼光，那么现在的你会不会是另一番模样？生活会不会有所改变呢？

自信，是最美丽的气质。学会自信，给自己一个信念，你一定能活出自己最美的样子，外表的美带给别人的印象是短暂的，只有充满人格魅力的美，才会永远地停留在别人的脑海里。

随着岁月的变迁，我们的相貌或许会改变，生活状态也许有变化，但优雅始终是女子的内涵之美，愿每位女生都能做到这"三美"，活出自己的精彩！

清明节里说"先贤""先祖""先烈"

清明节，又称踏青节、行清节、三月节、祭祖节等，源自上古时代的祖先信仰与春祭礼俗，其兼具自然与人文两大内涵，既是自然节气点，也是传统节日。在清明节扫墓祭祀、缅怀祖先，是中华民族自古以来的优良传统，这不仅有利于弘扬孝道亲情，唤醒家族共同记忆，还可增强家族成员乃至民族的凝聚力和认同感。

康熙训诫子孙说："修德之功，莫大于敬。"敬要敬天、敬地、敬祖、敬民、敬业、敬己。在清明祭中应敬"三先"，先贤、先祖和先烈，今天就和大家聊聊三"先"。

敬先贤

我曾在微博上看到过这样一句话：中国的传统节日渐渐都变成了"吃节"，清明节也逃不过。想到清明节，人们大多想到的是青团、踏青等。今天，我想和大家聊点不一样的，咱们不谈吃的，咱们谈谈三个"先"：先贤、先祖、先烈。这第一个"先"，是先贤。大家都知道，我们中国有着上下五千年的历史，在这源远流长的历史长河中，有着数不清的有才德、有成就的人。现在，我们统称他们为"先贤"。

如果做一个问卷调查，我相信孔子、孟子这些耳熟能详的名字，绝对是在排行榜前列的。因为，在我们的九年义务教育中，儒家知识的渗透非常多。《论语》是高中教材中的必修内容，我们的历史书上也对儒家、道家等学派做了一定的解释。可是，再进一步问，你们能说出多少这些思想大家的理论，他们的理论核心又是什么？相信能脱口而出的人就比刚才要少了。那我再问，对于你们答出的这些理论和理论核心，你们是否真的理解，并懂得其内涵呢？

说到这，有人就会问了，现在都 21 世纪了，有很多超越以前的知识理论，我们为什么还要去学习那些"老古董"呢？这就需要聊聊先贤的重要性了。中国古代有许多著名的思想家，他们的思想可以说对政治、经济、文化等各方面都有着深刻的影响。比如，管仲，春秋时期著名的政治家、思想家、军事家，不世出的能臣。在任齐国宰相期间，他的远见卓识、文韬武略得以充分展现。习近平总书记也曾在多个重要场合的讲话中引用过管子等历史先贤的名言，如"政之所兴在顺民心，政之所废在逆民心""不作无补之功，不为无益之事"等。其字里行间的思想光辉，可见一斑。当然，不仅仅管仲一位历史先贤如此，其他的先贤也是如此。

　　只不过随着时代的改变，我们对各项事物的认识都在改变。所以，我们不能用此时此地此人的眼光看待三千年前的人与事。其中的道理很简单，文明进程与价值观乃至社会氛围迥异已久。在三千年前的大背景下，管子的所作所为，大概没有可能会受到道德谴责。这也在告诉我们一个道理，对于先贤的一些思想和学说，我们要保持取其精华、弃其糟粕的态度，要用唯物辩证法的眼光来看待事物，坚持全面观、两分法，反对片面观、一点论。用这样的态度对待先贤智慧，我们才能有所进步。

敬先祖

"清明时令雨连绵，游子客乡忆祖先。"谈起清明节，我们联想到的必定是扫墓祭祖。面对逝去的祖先们，我们只有尊敬与怀念。生老病死，人之常情。但面对这一自然规律，有人仍有不同的看法。

生是生命的起点，死是生命的终点，大家对生与死有不同的价值评价，从而形成不同的生死观。孟子谓"舍生取义"；庄子活得悠然自在，把死也看得淡然，他认为生是偶然，而死是必然，不必过于悲哀。毛泽东也曾明确指出："'人固有一死，或重于泰山，或轻于鸿毛'。为人民利益而死，就比泰山还重；替法西斯卖力，替剥削人民和压迫人民的人去死，就比鸿毛还轻。"从这些句子中，我们也能获得许多有价值的感悟。

十多年前，小沈阳和赵本山在春晚上表演小品，那句"人生最痛苦的事情你知道是什么吗？人死了，钱没花了"，成了当时火遍大街小巷的流行语。当时也就当个笑话觉得挺搞笑，但现在细细回想，才懂得其中的悲哀。难道活着就是为了钱，为了功名利禄吗？答案当然是"不"！那"生"的意义到底是什么？

生要活得有意义，死要去得不后悔。明天和意外，你永远不知道哪一个会先来。乔布斯也曾谈到对死亡的看法和态度，就是把每一天都当作生命中最后一天去生活。珍惜每一个活着的日子，树立正确的人生目标与理想，生命不息，奋斗不止，只要自己还活着，就要为实现理想与目标而奋斗、努力。

"死亡"，意味着一个人的一生终结了，不同年龄的人对此有着不同的理解。2019 年，我在网上看到了一个话题："建议全民开展'死亡教育'"。

白岩松说："中国人讨论死亡的时候简直就是小学生，因为中国从来没有真正的死亡教育。""人为什么会死？""妈妈你会死吗？""人死了之后会去哪里？"当孩子们将一个个问题抛向家长，家长往往因没有耐心而胡乱作答："他睡着了""他去其他地方了"……大人觉得把死亡和小孩子隔离开就是对孩子的一种保护，殊不知孩子会因此对死亡产生深深的疑惑与恐惧。孩子一直在进行"学习教育""道德教育""安全教育"……"死亡教育"却始终缺席，我认为"死亡教育"要从娃娃抓起。

记得以前看到一位家长分享的视频，她以孩子养的小宠物死亡为契机，对孩子进行"死亡教育"。通过教育孩子，死亡是这个世界游戏规则的一部分，这是很自然的一部分，孩子很快从悲伤的情绪中走出来了，也更加珍惜与其他宠物在一起的时光，从而也会珍惜自己、珍惜家人。"死亡教育"不仅能教会人如何面对死亡，更会让人珍惜生命。

相比天真无邪的孩子，大学生们大多已经成年，会有更多的思考："我为什么要活着？""我这么活着有什么意义吗？"因为找不到出口发泄，学生们的心理压力很大。近年来，大学生自杀、暴力和各类投毒案等恶性事件不断发生，造成这一问题的原因除了心理障碍、各方面的压力等，还有学生缺乏必要的"死亡教育"、缺乏正确的生命价值观。北京师范大学的陆晓娅教授说过："没有充分活过的人最怕死。"如果青年们在生活中能获得自尊，就不会觉得活着没有意思了，也能更好地体验人生。然而，大多数大学生仍处于困惑中，因此在高校中展开"死亡教育"也就显得更加重要与紧迫了。

敬先烈

清明，既是哀悼的日子，也是走向新生的日子，在这样的日子里，总有些人让我们难以忘怀。曾经为我们抛头颅、洒热血的革命先烈们，曾经为中华民族崛起而斗争的革命英雄们，他们用青春和热血，换来了我们今天的美好生活。

学会敬畏先烈。不知道从什么时候开始，网上一次又一次出现侮辱先烈的事件，如2018年"暴走漫画"被曝出涉嫌戏谑侮辱董存瑞烈士，以及近日我看到微博上关于"广告调侃刘胡兰"的事件，不管是有心之举还是无意为之，我认为这种行为是需要批判的。可能当事人会说"这个广告只是为了吸引年轻人，因为现在年轻人喜欢这种诙谐的段子"，请不要打着娱乐的幌子，调侃英雄。

当然从这些事件中，我也感受到了满满的正能量，不少青年朋友都发文表示自己虽喜欢段子，但不背锅，我们缅怀先烈，也尊重英勇无畏的革命先辈。2020年一场没有硝烟的抗疫战争悄然而至，一群群英勇的抗疫战士奔赴前线，让我彻底理解了"哪有什么岁月静好，不过是有英雄替我们负重前行"。我先前在微博上看到这样一则新闻：温州乐清的一个小男孩和父亲本在外面骑车玩耍，但是当警报鸣响时，父子俩双双停下脚步，为抗击新型冠状病毒肺炎疫情牺牲的烈士和逝世的同胞们默哀，警报结束后父子俩仍久久不愿离去。看到这里我很感动，这是真正的教育，学会敬畏先烈应当是每个中国人都应做到的。烈士纪念日的设立，就是为了在中国人的心中矗立起一座致敬先烈的丰碑，让英雄不朽，让精神永存。

学会敬畏历史。"青山处处埋忠骨，何须马革裹尸还"正是对牺牲在抗美援朝战场上的中国人民志愿军的缅怀和致敬。对于中国来说，抗美援朝是一场具有深远意义的战争。我们要看到的是，为了夺取抗美援朝战争的胜利，中国人民志愿军不怕牺牲，浴血奋战，前赴后继，多少英雄儿女的鲜血洒在了朝鲜的土地上。在抗美援朝战争中壮烈牺牲和光荣负伤者共 36 万余人，其中有十几万人长眠在异国他乡。尊重历史，敬畏英雄，就是敬畏民族。对于年轻的一代，战争、饥饿、死亡是你们从没有经历过的，你们生活在一个和平、幸福的时代，虽然 2020 年一场新冠肺炎疫情闹得人心惶惶，但是和过去所遭遇的一切相比又并不是那么不可战胜，历史的车轮滚滚向前，先辈的精神历久弥新，生活在 21 世纪的青年朋友们要不断地总结过去几千年里人类所取得的进步和犯下的错误，学会正视历史，对历史怀有敬畏之心，我们的文化自信才能因得到内心的滋养而愈发强大，万涓细流汇聚成大河，我们才能创造更加美好的未来。

踏在中国这片热土上，应当心怀感恩与敬畏，把历史定格在令人敬畏的瞬间，铭记历史，向先烈们致敬。

清明不仅是一个节气、一个节日，更连接着过往与未来，标注着奉献与感恩，希望大家能够领略到清明的内涵，愿逝者安息，生者珍惜！

劳动节里说劳动 ❀

> 劳动节起源于 1886 年美国芝加哥城的工人大罢工，日期是每年公历的 5 月 1 日，主要是为了纪念劳动者争取到了合法权益。劳动和我们每一个人都息息相关，劳动创造了世界，劳动者是光荣的，希望广大青年学生能够做到思想上尊重劳动，感情上热爱劳动，行为上践行劳动。

劳动，是推动历史前进的动力；劳动，是拉动社会发展的纤绳；劳动，是帮助时代进步的阶梯。在这个节日里，让我们一起说说劳动。

尊重劳动

娱乐圈的风生水起，成就了一个新的职业——代拍。前些日子网络上爆出不少以各种方式拍摄剧组照片，并在一定范围内传播路透，从而破坏了剧组原有的拍摄计划的事件。当所有人共同努力的劳动成果被提前泄露，导致后期没有达到一定的效果，这其实就是不尊重他人劳动成果的表现，表明了现在社会对他人劳动不够尊重。鉴于此，咱们就来聊聊尊重劳动。

劳动为我们创造了一切物质上的东西。回顾你的一天，早晨吃的粥和馒头，身上穿着的衣服和裤子，手里拿着的课本和签字笔，都是经过劳动才创造出来的。没有劳动，我们的生活可能没有办法继续，我们没办法获得生活所需的物品。当然，劳动不仅仅指体力劳动。我们要科学全面地认识马克思劳动价值论及其现代形态，才能澄清观点，消除误解，有利于促进社会和谐。现代劳动在形态上发生了深刻的变化，它的种类有很多，比如脑力劳动、精神劳动、科技劳动、管理劳动、服务劳动，这些劳动创造的价值早已超过传统意义上的体力劳动而在社会生产中具有决定性的作用。

"一日不作，一日不食。"劳动给我们创造了一切，创造了幸福，不劳动就没有享受的资格。这是古人对劳动的最高评价和对劳动的最高尊重。从哲学的意义上讲，劳动是人类社会生存与发展的基本前提，劳动创造了人，劳动创造了社会，劳动创造了文明；透过琳琅满目的商品，可知劳动才是价值产生的唯一源泉。这是我们对劳动的评价。所以我们应尊重劳动，尊重劳动的价值和意义。

在劳动中，劳动者处于核心地位。"以人为本"，从事劳动的人是最可贵最值得尊重的。国家在 2020 年发布了《关于全面加强新时代大中小学劳动教育的意见》，旨在通过劳动教育，告诉学生们劳动的重要性。在我们的生活中，劳动者随处可见。城市的建设者——建筑工人，城市的保洁者——环卫工人，还有你们身边接触最多的老师等，他们都是劳动者。劳动者是平等的，是没有高低贵贱之分的。社会中的有些人看不起在大街上工作的环卫工人，觉得他们的工作是肮脏的，是低人一等的。这种不尊重劳动者，认为劳动者有高低贵贱之分的想法是完全错误的。我曾经看到过这样一个报道：农民工乘地铁，因怕被嫌脏而坐在地上，一旁的小哥主动让农民工坐在他身边并称"坐我旁边没关系的"。农民工一直说"自己身上脏"，而这位小哥则一直说"没关系"，还有乘客继续嫌弃农民工脏的时候，小哥说"我在这里就没关系"，给人满满的正能量。其实，一句"没关系"真的没那么难！

我们尊重劳动和每一位劳动者，他们创造了丰富的物质世界和精神世界，只有学会尊重劳动和劳动者，我们才能更好地体会劳动、理解劳动。

热爱劳动

几千年来，我们的祖先都是日出而作、日落而息，他们在劳动的过程中体会到了"采菊东篱下，悠然见南山"的悠闲，"开轩面场圃，把酒话桑麻"的乐趣及"锄禾日当午，汗滴禾下土"的辛苦。劳动既解决了他们的温饱，也带给他们快乐。可能会有学生质疑，"我们的科技在不断进步，家政行业也发展得越来越快，并且随着人工智能和机器人的出现，我们今后还用自己劳动吗？"我们不能否认科技的进步确实给我们带来了便利快捷，但是，我想说今天我们依然要热爱劳动。

之前在网上看了《中国诗词大会》，了解到一位与众不同的"网红"快递员。他在 2012 年被授予"全国五一劳动奖章"，人称"北师大里的快递老哥"。我觉得他很适合"热爱劳动"这个主题，下面就和大家一起聊聊他。他叫曹中希，负责北京师范大学的校园快递业务，他对待工作认真负责、积极向上，有创新的工作思维和方法，把一份普通的快递工作做得趣味横生。送快递时，他常能用充满诗意的短信和他的客户沟通，自创属于自己的"老曹体"，比如这样一条短信："立冬雾霾锁京城，劲风过后无影踪。香山枫叶落几许，菊花淡雅正开盛。双十一疯购，老师眼下可有空取货？"试问看到这样一条快递通知信息，你怎会不感到愉悦呢？

当有学生问他："老曹，你送快递累吗？"老曹自嘲道："小老头已白头，爱快递乐不休。"我不禁感慨，送快递看起来似乎没有什么创造性可言，无非就是跑腿送货上门，这谁不会做呢？可是通过老曹，我知道了对于任何一份工作，只要你热爱它并且用智用情用心，都可以在其中创造精彩，都可以在其中体会劳动的尊严与快乐。

热爱劳动就是热爱生活。前段时间网络上被"李子柒"刷屏了，作为知名的短视频博主，李子柒火爆全网的原因是脸蛋身材还是搞笑才艺？不尽然，她传播的就是我们肉眼可见的劳动所带来的幸福与快乐。她没有住在金碧辉煌的别墅里，而是在自己的农家院里围绕着衣食住行展开劳动，她的作品传达出积极向上、热爱劳动热爱生活的态度及独立自强的精神，观看李子柒的视频能让我感受到岁月静好，满满的生活和艺术气息。是的，当你真正做到从心底里热爱劳动，你会觉得自己不管多忙多累，都是一种开心一种享受，闲下来的时候慢慢看着自己的工作成果会感觉好满足。

高尔基说过这样一句话："世界上最美好的东西，都是由劳动、由人的聪明的手创造出来的。"从蜿蜒的长城、宏伟的故宫、壮观的兵马俑到令人震撼的天眼、港珠澳大桥和大兴机场，都是靠劳动人民的双手创造出的辉煌成就。富兰克林说："懒惰，像生锈一样，比操劳更能消耗身体；经常用的钥匙总是亮闪闪的。"所以，年轻人们，新时代是奋斗者的时代，只有奋斗的人生才称得上幸福的人生，"不懈奋斗"应该成为这个时代的代名词。

践行劳动

　　"花开满树红，劳动最光荣。"这句话大家都知道，但有多少人能切实地履行呢？成功＝艰苦劳动＋正确方法＋少说空话，劳动也是一样，光说些大空话是难以打动人的，我们只有付诸实际行动，才能有切身的体验。

　　经过五千多年的奋斗与磨炼，我们的民族铸成了许多优秀品质，其中最深刻最重要的莫过于勤奋劳动、热爱劳动。2013 年 4 月 28 日，习近平总书记赴全国总工会机关同全国劳模代表座谈时强调："幸福不会从天而降，梦想不会自动成真。"劳动创造世界，劳动创造未来，劳动也为实现"中国梦"奠定坚实基础。因此我们每一个人都要以劳动为荣，弘扬劳动美德。

　　"铁人"王进喜是中华人民共和国第一批石油钻探工人，是全国著名的劳动模范。在大家的第一印象中，石油钻探这一工作又脏又危险，但他却不这么认为，他认为这是一项十分光荣的劳动，他以"宁可少活二十年，拼命也要拿下大油田"的顽强意志和冲天干劲，为我国石油事业的发展立下了汗马功劳，用实际行动证明他是真正以劳动为荣的。

　　部分学生口头上喊着"劳动最光荣！劳动最光荣！"实际行动上却做着与之不符的行为：在家不愿意帮父母分担家务；在寝室不按照值日安排做卫生，每次轮到时都以各种理由搪塞；在户外随地乱扔垃圾，不尊重他人的劳动成果……当"劳动最光荣"这句话从这些人的嘴中说出时，真的能打动大家吗？所以我们不仅要大力宣传劳动这一美德，更要用行动打动大家。

　　劳动没有高低贵贱之分，无论是环卫工人，还是办公楼里的白领，从事任何工作的人都很光荣。通过劳动才能铸就生命的辉煌。不管是风吹雨打，还是严寒酷暑，电力工人都会爬上电线杆，检查每一个接头、每一根电线，点亮万家灯火。作为百姓健康的守护者——医生，他们不分昼夜，认真值班。他们认真忙碌的身影值得我们敬佩。

教育部印发的《大中小学劳动教育指导纲要（试行）》中强调了劳动教育的基本理念、目标和内容，可见劳动教育在人的成长历程中是至关重要的。作为大学生，在国家的支持下，应该自觉地开展劳动，培养良好的劳动习惯，自觉参与服务性劳动，强化奉献精神。劳动是社会对个体最基本的要求，是我们的生存手段。大学生要树立以辛勤劳动为荣、以好逸恶劳为耻的荣辱观，树立正确的价值观，自觉抵制拜金主义、享乐主义和极端个人主义，积极培养岗位意识与职业意识，把艰苦环境作为磨炼自己的机遇，而非轻言放弃，向劳动模范看齐，感受他们爱岗敬业、艰苦奋斗的精神。弘扬劳动不仅要表现在思想层面上，更要付诸行动，在培养自己劳动精神的同时，也要带动身边其他人，用自己的双手开创更加美好的明天！

劳动是汗水，是欢笑，是苦涩，是甜蜜，是给予，更是幸福。劳动创造世界，青年创造未来，当代青年应该是劳动的青年，奋斗是青春最亮丽的底色。

青年节里说青年 ❀

五四青年节源于中国1919年反帝爱国的"五四运动","五四运动"是一次彻底的反帝国主义和封建主义的爱国运动，也是中国新民主主义革命的开始。青年节期间，中国各地都会举行丰富多彩的纪念活动，大学生们也会集中参与一些志愿服务或社会实践活动，这些充分展现了青年们的朝气、拼搏精神及那自由自在的灵魂。

青年节，一个属于青年的节日，一个青春洋溢、朝气蓬勃的节日，作为未来的接班人，广大青年应该在勤学、修德、明辨、笃实上下功夫。

做孜孜不倦的学习青年

其实从呱呱坠地起，你们就开始接受启蒙教育，老师、家长通过各种各样的方式向你们传授知识。到目前为止，已经成为大学生的你们，学习时间已有十余载。今天咱们还是聊聊最初的话题，青年为什么要学习和该怎样学习。

对于青年为什么要学习这个问题，有人会直白地说，学习当然是为了找工作啊，为了以后有更好、更舒适的生活。这种说法当然没错。只有获得更丰富的知识，才能够拥有良好的物质基础。但其实，你们也要知道青年时期是最适合汲取新知识的时期，也是成长最快的时期，作为青年，应该保持一颗求知若渴的心，要惜时如金，孜孜不倦地学习。大学阶段，"恰同学少年，风华正茂"，有老师指点，有同学切磋，有浩瀚的书籍引路，可以心无旁骛地求知问学。此时不努力，更待何时？把握机会非常重要，青年时期的你们拥有最充沛的精力和最旺盛的求知欲，正是求学的大好时机。

该如何学习，在很多年前古人就给我们做了很好的示范，韦编三绝的故事想必大家并不陌生。孔子花了很大的精力，把《易经》从头到尾读了一遍，基本上了解了它的内容。不久又读了第二遍，掌握了它的基本要点。接着，他又读了第三遍，对其中的精神、实质有了透彻的理解。在这以后，为了深入研究这部书，也为了给弟子讲解，他不知又翻阅了多少遍。就这样反复阅读，把串连竹简的牛皮带子也给磨断了几次，不得不多次换上新的再使用。

这说明了学习讲究一个"勤"字。为学之要贵在勤奋、贵在钻研、贵在有恒。鲁迅先生说过："哪里有天才，我只是把别人喝咖啡的工夫都用在工作上罢了。"再有天赋的才子也离不开后天勤奋的学习。所谓"勤"：一是学习的态度，要勤学就要有坚定的决心和不放弃的毅力。在求学的道路上，坎坷和苦难是肯定会有的，只有坚持不懈才能一直走下去。二是学习技巧。有时候，我们不能只顾低头走路，还要不时地抬头看天，勤学亦是如此。光有苦学的态度还不够，还应该掌握学习的技法，要知道为了什么而学，还应该了解学什么才能达到预期的目的。有些学生态度非常认真，一丝不苟地完成老师布置的每一份作业，学习笔记抄了满满两大本，上课听讲也十分认真，但自己的成绩就是一直上不去。这就是没有掌握学习方法和技巧的表现。学，要灵活地学，切忌死记硬背。勤学是一门学问，达到"勤"的程度并不容易，除了要有积极的态度和灵活的头脑，还要有一颗坚持的心。

总之，要培养自己的科学精神、创新精神，刻苦学习，积极实践。作为学生，在学校里就应学会培养自己的道德修养并且在学习过程中要突出重点，择其精华，认真学习专业知识，构建自己的知识体系，同时提升自己的科研创新能力和基本职业技能。"知识就是力量。"只有不断地学习新知识，我们才有能力为了自己的未来，为了社会的和谐稳定，为了国家的繁荣富强而贡献出自己的力量。所以当代青年应当承担起认真学习的使命。

做厚德载物的修德青年

　　勤学固然重要，但一个人如果只拥有渊博的知识，却没有道德修养，他也很难在社会上立足。所以青年要修德，要加强道德修养，注重道德实践。

　　"德者，本也。"蔡元培先生说过："若无德，则虽体魄智力发达，适足助其为恶。"道德之于个人、之于社会，都具有基础性作用，做人做事第一位的是崇德修身。这就是我们的用人标准为什么是德才兼备、以德为先，因为德是首要的，是方向，一个人只有明大德、守公德、严私德，其才方能用得其所。修德，既要立意高远，又要脚踏实地。要立志报效祖国、服务人民，这是大德，养大德者方可成大业。同时，还得从做好小事、管好小节开始，"见善则迁，有过则改"，踏踏实实修好公德、私德，学会劳动、学会勤俭，学会感恩、学会助人，学会谦让、学会宽容，学会自省、学会自律。

　　在修德这方面，年轻时就非常重要，在具有精气神的前提下，不应该只顾潇洒，还要有气度，这个气度就是德的内在要求。我们都爱说"年轻气盛"，这是好事，年轻人应该有活力和朝气，但还不够，脱缰的野马跑起来也会让人头疼不已。社会上也经常出现高智商的人犯罪的新闻，北大吴谢宇弑母案就是其中一个。北大学生吴谢宇，从童年起给人的印象就是好孩子。好到什么程度？师友和邻居对他的评价是：他是地球上我最后一个想到会犯罪的人。在学业上，吴谢宇更是优秀：2009 年，吴谢宇以全校第一的成绩考进了福州一中；2012 年，吴谢宇又被北大提前录取，大一时，就获得了北大"三好学生"荣誉称号，大二时，获得了北大廖凯原奖学金。老师都称他为天才，再难的内容他看一遍就会了，简直没话可讲。高中老师评论，如果非说他有什么缺点，那就是他完全没有缺点。可就是这样一个成绩优异的完美天才，却犯下弑母如此可怕的罪行。在他的成长过程中，教育方式的不当和道德教育的缺失，导致了这一惨剧的发生。如果有一种无形的约束框上一框，兴许他就不会走上这条不归路，这个约束就是道德。

自古以来，中国就是一个礼仪之邦，讲究道德和为人处世之道，重要的传统文化道德观念不能被我们抛弃。有了道德，就有了雅量，就有了礼貌，就不会胡作非为，就会有包容的心和平和的心态。有这么多的好处，为什么不做一个有德之人呢？

做明辨是非的理智青年

在"勤学、修德、明辨、笃实"这八字中，"明辨"可以算是方向盘，决定着青年们未来的方向。只有善于明辨是非、善于做出抉择，人生才能顺利地走下去。

和饿了就吃饭、渴了就喝水、困了就睡觉的本能不同，明辨是非并不是所有人都能具备的能力。明辨这一能力指的是能清楚、明确地分辨、辨别，是正确的世界观、人生观、价值观的重要内容。在成长的路上，我们会通过不断的学习来积累知识，同时也会遇到许多困难、抉择与诱惑。年幼的时候，父母还能帮助我们进行抉择，可人终会长大，终要学会独自面对。因此，学会明辨是非是十分重要的。

在信息繁多复杂的网络时代，网上充斥着各种言论和观点，如果没有明辨是非的能力，就容易被"带节奏"，被别人的观点所左右，不能形成自己的是非观。当然，不能一味地相信"受害者"，一面之词不能成为可靠的证据，往往我们得到的信息都是媒体想让我们看到的。前几年在微博上讨论得沸沸扬扬的重庆公交车坠江事件，一开始有网友爆料称，事故是小轿车逆行造成的，还有人说女司机在开车途中穿着高跟鞋。不久，一张据称拍摄于事故现场的当事女司机的图片在网络上疯传，女司机、高跟鞋、逆行，这些关键词一出，网络上对当事女司机几乎是骂声一片，针对女性驾驶员的吐槽不断，最后水落石出，真相反转。所以真相往往需要细致入微的思考、反复琢磨的思考才能得出。

博学而后明辨，要能明辨是非，前提是要有丰厚的知识底蕴。作家严文井在《谈读书》中说过："如果一个人有了'知识'这样一个概念，并且认识了自己知识贫乏的现状，他就可能去寻求、靠近知识。相反，如果他认为自己什么都懂，他就会远离知识，在他自以为是在前进的时候，走着倒退的路。当我明白了自己读书非常少的时候，我就产生了求学的强烈愿望。当我知道了世界上书籍数目如何庞大的时候，我又产生了分辨好坏，选择好书的愿望。"只有不断拓展自己知识的深度与广度，才能更加深刻地明白什么是好，什么是坏。

以史为鉴，可以明是非，历史上的纣王为博美人一笑，点燃了烽火台，戏弄了诸侯。经过一而再、再而三的戏弄，诸侯们渐渐地都不再相信纣王，商朝因此覆灭。昏庸无道的帝君因为沉迷美色而疏于学习，缺乏明辨是非能力的周幽王盲目听信佞臣的谗言，仅凭自己的好恶做事，最后大好江山拱手让人。

能明辨是非之后，我们也要将其应用到实践中。知行合一，通过辨别好坏来指导我们日常的行为，同时也在实践中不断提升自己辨别是非的能力。在变动中把握好方向，既要坚持自己的原则与底线，又不能顽固不化。大学生在学校里也应该自觉参与各类能培育和践行社会主义核心价值观的团日活动、座谈会等，走出单一的课堂，通过接触社会来丰富自己的知识，增强自己的能力。

青年应该把握青春奋斗与奉献的航向，学会思考、善于分析，这样才能不误入歧途，从容自然。

做笃实力行的上进青年

何为平凡？何为不平凡？你可能觉得"长相普通、出身一般，职业也没有让人出乎意料的地方"就是平凡的。或许你听过张思德的故事，他是一名普普通通的战士，从来没有计较过个人得失，从没有过个人要求，更没有为个人的什么事忧愁过。他时刻考虑着人民疾苦，热情关心着战友们的成长。他处处为别人着想，对同志诚恳、热情，体贴入微。他把自己化作种子，埋在了一个炭窑里，升华出一种伟大的精神——为人民服务！一个平凡的人却做着不平凡的事，活出了不平凡的人生。张思德——一个重于泰山的名字。他提升了中华民族的精神高度。年轻人们，请你们记住，不甘平凡才是你们这一生要追求的最高信仰，点滴成就的取得必定源自平凡生活中的笃实力行。

我相信"脚踏实地"这个成语你们一定听得耳朵都起茧子了，和长辈谈话聊天的时候，他们总会这样告诉你，天上没有掉馅饼的好事，也没有一劳永逸的事情。在我还在读书的时候也和你们一样，常常幻想着自己的未来会有多么美好安逸，找一份收入不错的工作，有着一套属于自己的房子，和自己心爱的人过着悠闲的生活，甚至想着要不要买一张彩票，要是一夜暴富该多好。但是这些都只停留在美好的空想中，"理想很美好，现实很骨感"这句话说的一点都没有错，最终你们还是要面对现实生活。千里之行，始于足下，龟兔赛跑的故事人人皆知，乌龟或许没有一个好的起点，但是它一步一个脚印，不急不躁地尽自己的努力朝着终点前进，最终实现了逆袭。"道不可坐论，德不能空谈。"如今的时代给我们带来便利快捷的同时也暗藏着很多陷阱圈套，青年一代在求学业、做工作、过生活时要经得住诱惑，摒弃浮躁，专注当下，做任何事都要有"咬定青山不放松"的定力和"守正笃实，久久为功"的精神。

生逢其时的当代青年学生们被赋予了更多的时代使命。这样一群朝气蓬勃的学生需要正确引领，而在大学校园里，学生干部们作为连接老师与学生之间的纽带理应担起这份大任。怎样才能成为一名优秀的学生干部？在这里我想告诉各位学生干部：脚踏实地，勤勤恳恳是作为学生干部必须具备的品德。脚踏实地我就不多说了，勤勤恳恳中的这个"勤"字包括四勤：脑勤、嘴勤、手勤、脚勤。手勤、脚勤很容易理解，就是要大家能吃苦，多做实事少说废话，就算是一个头脑简单的人，那至少你要四体通勤吧，那也是对集体的巨大贡献。对于嘴勤，很多人要问了，是让我们少说话吗？注意，画重点了！是少说废话，嘴勤是让大家不懂多问，多与老师交流沟通，而不是一个人闷头大干，誓要干出一番宏图伟业，最后却发现自己的时间和精力用错了地方。脑勤可能级别就高一些了，要大家多动脑子多思考，就算你深陷"王者峡谷"也能从中总结工作经验教训。

"一千个读者眼中就有一千个哈姆雷特"，每个人都有自己的想法，别人做什么、想什么我们无法知道更无法控制，我们能做的，就是做好自己，凭自己的实力，靠自己的良心，踏踏实实地做人。新的时代，有着新的机遇、新的舞台，青年一代在大学校园里要学会充实自己的生活，升华自己的灵魂，记住把双手插在口袋里的人，永远爬不上成功的梯子，多一些努力你便能够多一些成功的机会。

火遍大江南北的《射雕英雄传》里的郭靖，天生就是大侠命吗？当然不是，他没有靠人缘，没有靠金钱，靠的就是自己的踏实。他勤学苦练，废寝忘食，成了能屈能伸、敢做敢当的英雄。或许在你的生活里、工作中、学习上会遇到不公，会遇到糟心的事情，不要埋怨，不要放弃，想想不过是重新开始，又怎样呢？踏踏实实地去奋斗，努力前行，那成功就只是一个时间问题了。

　　青春不是人生的一段时期，而是心灵的一种状况。青年们，你们要不忘初心，传承五四精神，争做"勤学、修德、明辨、笃实"的新青年。

立夏，寝室生活中你我他

斗指东南，维为立夏，万物至此皆长大，故名立夏也。大学是一个微缩的"小型社会"，学会与各种各样的人和谐相处，也是大学生真正长大的"必修课"。一个寝室，便是一个人际交往的"磁场"，与来自不同地方、带着不同地域文化和生活习惯的室友相处，对于个人而言就是一种自我修炼和成长。

有句话说得好，"一屋不扫何以扫天下"，如果我们连自己的公寓都整理不好，谈何去做其他事情？想要美化你们的小窝，不妨从寝室的安全、卫生、文化建设、相处之道四方面入手。

寝室卫生指南

公寓可以说是学生的第二个家，是大学生活中的一个重要场所，它和教室、餐厅一样，是学生们日常生活中必去的地方。日常的起居生活、学习活动和娱乐活动差不多有 50% 都是在寝室里进行的。如此重要的场所，住在里面的人愿意它每天都由内而外散发着一股特殊、浓郁、奇怪的味道吗？愿意因为偷懒或疏忽而违纪成为被教育的对象吗？愿意因为一时的兴起而殃及寝室的其他室友吗？如果不想，那么你们应该从自身做起，从打扫好寝室卫生、做好寝室安全工作做起。

寝室卫生不应该是学校教育管理的要求，而是大学生自身成长的需要。只有当寝室的各种问题解决好了，没有矛盾，有一个干净、整洁、有趣的寝室环境，才能有更好的育人氛围、更好的学习氛围。对于有些学生来说，寝室不仅是一个就寝的地方，更是一个日常的学习场所。当你们没有一个固定的学习场所时，想想你的第一选择是不是寝室呢？寝室卫生差，室友间关系紧张，没有良好的寝室生活，势必影响学生的学习和生活，进而对学校的整体风气产生影响。所谓细节决定成败，现在不能做到严以律己、规范自身，那么将来你就无法在社会上有所成就，所以学生们，好好爱护自己的"家"，可别让它成为"小强"的窝。

寝室安全攻略

据《新闻晨报》报道，2006年11月29日上午，上海某职业技术学院内一女生寝室突发火灾。火灾疑与学生在寝室内违规使用电器有关，校方怀疑是接线板或饮水机引发了火灾。2008年11月14日早晨，上海S学院徐汇校区一学生宿舍楼发生火灾，4名女生从6楼宿舍阳台跳下逃生，不幸全部死亡，酿成近年来最为惨烈的校园事故，宿舍火灾初步判断缘于学生在寝室里使用"热得快"导致电器故障并将周围可燃物引燃。这一个个鲜活的例子，无一不在提醒着我们，违规使用电器和使用违规电器这两条红线千万不能触碰，寝室安全教育值得所有人重视。

或许这些校园事故的起因很简单，只是因为一位学生想要使用卷发棒换个发型或是用电水壶烧杯开水喝等，但后续则可能引发一系列的问题，轻则可能是电路承受不住原本不该它承受的压力而被破坏，重则可能引发火灾，从而导致寝室公共物品和个人物品被烧坏，甚至危及寝室里住宿学生的生命安全。

你们看，一根小小的卷发棒或一个小小的电水壶，就会引发这么多让人无法预料的事情。说到这里，有些学生可能并不能很好地理解违规使用电器与使用违规电器的区别之处。违规使用电器与使用违规电器的区分，打个比方来说，违规使用电器就像你用电脑下载了一个视频，但是你的打开方式不对，这样不仅看不了视频还可能导致视频损坏或者丢失；而使用违规电器就厉害了，就像你在电脑里下载了不应该下载的视频。所以这两条红线是万万不该去触碰的，一旦触碰，后果不堪设想。

同时做好寝室的安全和卫生工作，那你们优质的寝室生活就有了一个基础的保障，也有利于以后的生活和学习。

寝室文化建设

寝室是大学生学习、生活、工作的中心，一个温馨的、积极向上的寝室氛围必定能潜移默化地影响同学们。因此，在保障寝室安全的前提下，同学们也应该努力营造寝室的文化氛围，寝室文化氛围的建设离不开寝室里每一位同学的共同努力。

创造文化育人、学风严谨的寝室环境

寝室文化除了学校引导外，更多的是靠寝室成员们一起创造，它也同样具有教育功能。在大学课余时间较多的情况下，大多数学生选择待在寝室里，然而大多数学生也表示，在寝室学习效率低、效果差，远不如在图书馆自习。若能在寝室里营造良好的学习氛围，学生们在寝室里也能专心学习，是不是也就能节约在路上奔波的时间了呢？同时，同一个寝室的同学们也都是互相了解的，在学习方面也可以互相帮助，一起进步。

建立责任心强、共同努力的寝室文化

寝室也是一个小集体，在这一个小集体中，每一位成员都扮演了重要的角色。每一位同学既是集体的一分子，也是集体的主人翁，同学们都应该并且积极地为寝室建设献出自己的一份力，表达自己的想法。通过交流甚至辩论，为建成更好的寝室环境而共同努力。

营造乐观积极、健康向上的寝室氛围

长期生活在一起的人是能互相影响的，室友的说话方式、生活习惯也会在不经意间影响到大家。因此，在寝室中，良好的行为习惯、思维方式会产生一定的引导作用。比如：一个寝室里大多数同学都早睡，那么个别晚睡的

同学也会渐渐养成早睡的习惯。相反，如果一个寝室里的大部分同学天天打游戏到深更半夜，形成懒散的坏习惯，其他原本习惯良好的同学也难以安心学习。所以优秀的寝室文化能引导学生们树立正确的世界观、人生观和价值观，为学生们的健康发展奠定良好的基础。

掌握打造寝室文化的金点子

在寝室文化建设的过程中，安全、卫生、纪律等方面只是基础，是对每一个寝室、每一位同学的最基本的要求，一个寝室的和谐文化氛围，需要全体成员共同努力营造。寝室的文化建设并不只是学生干部、寝室长的任务，寝室的所有人员都要在征求意见时积极地表达自己的想法，为打造先进的寝室文化提供金点子，同时同学之间也要互相理解，保障活动的正常进行。寝室成员们的生活习惯都有区别，在寝室文化建设初期，需要成员之间互相配合、磨合，营造和谐的寝室氛围。建设独特的寝室文化的同时，也要注意学习和落实学校规章制度。学校的寝室管理制度是寝室活动开展的基础，任何活动的开展都是以制度为底线的，不可突破底线。

寝室文化建设并不是件容易的事，水滴石穿，学生们都应该在成功和失败中吸取经验和教训，面对新形势，展现一个全新的自己。

寝室相处之道

网上有这样一句调侃的话语，"大学室友相处得好那就是其乐融融，温情满满，相处得不好，那就是后宫甄嬛传"，可见处理好寝室室友间的关系是多么重要。大学宿舍作为一个特殊的"家"，汇集着来自四面八方、天南地北的人，这些人必然是家庭背景不同的、性格迥异的、生活习性不同的、学习习惯不同的，因此在这有限的空间里，难免会有一些小摩擦、小插曲，可见和室友相处得友好和谐，做一名"中国好室友"也是一门学问。

学会沟通和谅解

有着不同生活习惯的人住在一起必然要经历一段时间的磨合才能慢慢适应，在这期间，或许你们会因为甲同学晚上熬夜学习，打字时键盘声太响而感到烦恼；或许你们会因为乙同学喜欢看视频的时候不戴耳机，打扰到你学习而感到生气。如果你将这些小事情憋在心里不说，有没有想过长期的容忍，只会使矛盾逐渐加深，而如果你直接当着所有室友的面责骂那位同学，万一他也是有原因，并不是故意的，那么你们可能会马上开启一场现场"辩论赛"。一把铁锁任凭怎样敲击锤打都开不了，而用一把钥匙轻轻一转，铁锁就打开了。所以请你记住，沟通和谅解是处理宿舍关系的有效剂，你不需要隐忍，不需要谩骂，更不需要动粗，你只需找一个恰当的时间、合适的地点与室友进行单独沟通，弄清楚事情的真相，那么你们友谊的小船就不会说翻就翻。

己所不欲，勿施于人

当今的大学生大多是独生子女，在家里是父母的心肝宝贝，这也就导致了绝大多数的学生常常以自我为中心，没有学会将心比心，不会站在别人的角度上思考问题。"一千个读者眼中就有一千个哈姆雷特",每个人都有自己的看法与见解,但这并不能代表你的观点就是正确的和应该遵从的,别人的立场就是错误的。我们要学会求同存异,换位思考,不要把自己的想法强加给别人,或许认真倾听别人的想法,还能给你带来意想不到的惊喜,对于你自己来说这也是一种思维的启迪。

真诚待人,乐于助人

交朋友最看重的一点就是真诚,任何人都不愿意与一个虚伪的人交往。近些年各大平台的娱乐选秀节目热度很高,其实大家很容易发现,那些容易被大家关注、热度很高的训练生,除了靠颜值、靠实力的,还有一些靠的就是他们的真实,他们给人一种和颜悦色、很好相处的感觉。与室友相处也一样,只有将自己的心扉敞开,真诚地与人交流自己的想法或是倾诉自己的烦恼,才能加深彼此之间的友情。

另外,良好的人际关系是以互相帮助为前提的,在寝室里尽自己的所能帮助别人也是一种相处之道,当你长途跋涉地从老家赶到学校的时候,如果你的室友帮你一块清理桌椅抽屉,你心里会不会觉得很温暖很幸福,乐于助人不仅可以帮助别人,给别人带来良好的第一印象,同时也能够愉悦自己,可以帮助自己快速地结交更多的朋友。大家同在一个屋檐下,要一起生活四年之久,乐于助人能够使宿舍这个小窝变得更加温馨。

记得有这样一句话:"没有交际能力的人,就像陆地上的船,永远到不了人生的大海。"大家能聚在一个寝室里本就是缘分,因而你们要从宿舍开始学会人际交往的相处之道,希望大家都能在自己的青春记忆中有一群难忘的"上下铺兄弟(姐妹)"。

寝室生活中,你我他都是重要的组成部分,相信有了以上四方面的升华,你们一定能把寝室文化建设得更加完美。

夏至，阳光与风雨同行

夏至，太阳直身地面到达一年的最北端。夏至以后地面受热强烈，空气对流旺盛，午后至傍晚常易形成雷阵雨。这种热雷雨骤来疾去，降雨范围小，俗称"夏雨隔田坎"。有时候人生所遇的困境，也好似"夏雨隔田坎"，眼前的困难虽然来得突然，但要相信这只是暂时的，依然应当逐梦前行。

资助就像春雨，润物细无声地为需要帮助的学生带去温暖，成就他们的梦想。生活中，大部分学生接触到有关资助帮扶的事情比较少，下面我就和大家谈谈"资助"这个关键词。

经济帮扶，让资助更加落实

夏至大约在每年的 6 月份，正是反思、总结上半年，规划、展望下半年的时候。毕业季也赶在 6 月份来了，有的毕业生结束了一个阶段的学习，即将去接受更高一级的教育，也有部分毕业生结束了在学校的生活，正式步入社会。

大多数学生通过自己的努力和家人的支持，顺利地进入大学，通过在大学继续接受教育来实现自己的梦想。然而社会中也存在一部分学生因为家庭经济困难，不能通过接受教育实现自己的理想。所以，为了避免类似的事件继续发生，学校、社会、国家也出台了一些政策来帮助他们，例如发放国家助学金、设立勤工助学岗位等。

助学金是经济资助最直观的方式。国家助学金是为了体现党和政府对普通本科高校、高等职业学校和高等专科学校家庭经济困难学生的关怀，由中央与地方政府共同出资设立的，用于资助家庭经济困难的全日制普通本专科（含高职、第二学士学位）在校学生的助学金。国家设立了助学金，为部分学生的学业能够顺利完成提供了物质保障。人生来就是不平等的，有的人含着金汤匙出生，有的人却没有那么幸运，可以说家庭环境和条件的不同对于一个孩子的成长是有影响的。但是国家一直在为广大学生能够在一个尽量公平的环境里学习而努力着，所以专门为了家庭经济困难的学生设立助学金，其中饱含着国家的情意和关怀。在我们的身边，学子因为接受助学金而成就梦想的例子也比比皆是。

我曾接触过这样一个女孩。女孩来自某个偏远山区，对她来说，大学是一个多么美好多么神圣的地方。而现实中，当她独自踏进校园时，她却非常自卑。她是家里的第一个孩子，家里还有一个刚上中学的弟弟。她的父母学历不高，所以对她来说，她就是家里的希望，她深知自己需要走出大山，她要有成就，她要为家里分担经济压力。可是眼下她连最简单的生活都需要如此小心翼翼，甚至是拘谨。女孩天天都在努力地学习，她知道学习对于她意味着什么。直到开学对新生的扶贫项目开启时，她的眉宇才渐渐舒展，是学校里的助学金计划帮了她，她为能获得这样的政策支持而高兴。在申请助学金之后的不久，她就拿到了特困生的助学金。这些钱给她的生活提供了很大的保障。在之后的几个月里，她都会收到助学金，同时，学校对于特困生会通过返还学费和部分学杂费的方式，来给予他们最大的帮助。在大一第一个学期，她以优秀的专业成绩完成了这个学期的学习。她也准备好了很多东西要带回自己的家乡。在往年，她和弟弟的新衣服都是她爸妈给他们买的，而这次她早已买好了新衣服，爸爸妈妈和弟弟都有一件。拖着满当当的行李箱走出校门的那一刻，原来她脸上的忧愁早已没了踪影。助学金没有给她富裕的生活，但是给了她一个起码的经济支持，至少能保障她的基本生活，让她保持快乐，对生活充满希望。

当然，除了助学金，还有另一种方式，那就是为经济困难学生提供勤工助学岗位。勤工助学指的是学生在学校的组织下利用课余时间，通过劳动取得合法报酬，用于改善学习和生活条件的实践活动。其是学校学生资助工作的重要组成部分，也是提高学生德、智、体、美、劳综合素质和资助家庭经济困难学生的有效途径。"宝剑锋从磨砺出，梅花香自苦寒来"，每个人的出生环境虽然是不可改变的，但每个人的生活却是要靠自己的奋斗来打造的。

勤工助学岗位能够让学生通过自己的双手改变自己的生活。学校中设置的图书馆管理员、体育器材室管理员、教室保洁员等职位，为需要帮助的学生们提供了一个很好的渠道。他们能够通过自己的努力为自己减轻经济压力，通过自己的双手来创造美好生活，这何乐而不为呢？同时，这也能让他们明白未来的生活要靠自己争取，只有奋斗的青春才更加有活力、有魅力！

精神帮扶，让资助更加透彻

我们现在对于困难生的定义大多是那些因为家庭经济原因难以支付学费，享受国家助学金、减免学费等待遇的大学生。但是，困难生缺少的不仅仅是物质，对于他们而言，精神上的帮助也同样重要。

高校经济困难生的精神困难主要表现在心理和思想两方面。

在心理方面，经济困难生进入大学后，因为经济拮据，会感觉到自己与他人在物质方面的差别，容易产生自卑心理。同时，自卑心理也会间接地导致他们更倾向于少与其他人交流，在行动上独来独往，不愿意参加集体活动。在思想方面，因为家境不好导致学习、生活等各方面的不便，学生容易产生消极的想法和不良思想倾向。有些学生缺乏积极向上的态度，在遇到困难时就打起了退堂鼓。甚至还有经济困难生以贫困为由，浪费其他人对他的帮助，花钱毫不节省。

当然，这些现象并不普遍，有些情况并没有我所描述的那么严重，但精神困难的问题依旧不容小觑。学生们离开熟悉的家庭、环境，独自一人进入大学，也就意味着要独自面对环境的变化，此时他们的心理会发生翻天覆地的变化。经济困难生面对陌生的环境，同时也接受了来自国家、学校的资助，可能会产生低人一等的心理，产生畏惧、恐慌的心理，导致缺乏挑战精神，不利于他们在大学的健康发展。

为消除经济困难生自卑的心态和部分经济困难生滥用他人爱心的行为，绝大多数高校通过举办感恩教育活动，让受助学子明白、理解他人对自己帮助的宝贵，让他们以更加努力的姿态来答谢他人的帮助，同时也能鼓励经济困难生投身于社区、社会的公益项目中，在接受帮助的同时也传递爱心，赢得来自师生、社会的尊重，消除自卑感。

另外，在资助工作的开展过程中，相关人员发现有部分经济困难生在课堂上像蔫了的白菜，积极性不高。部分受助学子来自教育环境不佳的地区，与其他地区的学生差距较大，因此破罐子破摔。所以无论是学校领导还是同学们，当发现了类似的情况时，要及时向他们伸出援助之手，可以通过学业上的辅导、课后的谈心交流、让他们参加学校活动来缓解他们的压力。

为消除经济困难生的心理障碍，学校可以将精神资助设为目标，开展多种多样的心理健康教育活动，开设心理健康教育课程。再利用网络平台，将线上线下两种方式相结合，高效地帮助经济困难生调整心态。同时，辅以心理辅导，对症下药，高效地解决经济困难学生的心理压力，消除其心理困惑。

精神资助与经济资助同等重要，二者配合好才能让那些经济困难学生顺利地完成学业，其中精神资助更是实现了资助工作的长久发展，让学生能够成长成才，为社会做出贡献。

隐性帮扶，让资助更有温度

"叮，你的校园卡里到账 200 元"，"叮，同学你的爱心冬衣已到达，请注意查收"。类似这种新型的资助方式——"隐性资助"，现在在很多高校都能见到，通过这种方式既能帮助学生缓解经济上的压力，又保护了这类同学的自尊心不受到伤害。

有一句老话："亲是亲，财是财，要是恼，财上来。"不管你们是多铁的关系，是什么样的家庭背景，都应了"谈钱伤感情"这句话。其实很多经济困难家庭的孩子心理承受能力比其他普通家庭的孩子更加脆弱，他们更加敏感，他们的内心会出现矛盾，既希望学校能够帮助自己，又不希望众所周知自己是经济困难生。"隐性资助"虽然并不同于助学金、国家励志奖学金等，资金数额比较小，但是这几百块钱，暖心的冬衣、车票、饭券却能让学生充分感受到学校在背后默默地关心他们，给予他们暖心的帮助。

"隐性资助"让学生有尊严地受助。保护经济困难生的个人隐私是学校应该履行的义务。近年来网上有过很多关于经济困难生为了面子借校园贷把自己塑造成一个"富二代"，最后还不了款导致自杀的事件，还有许多经济困难生宁愿自己兼职几份工作也不愿申请经济困难生资助，因为信息的公开会让他们感觉失去颜面，好像周围的同学都会嘲笑他们，瞧不起他们，而"隐性资助"可以借助大数据调查分析每位学生的家庭背景、消费情况，使得这份资助能够对口到真正需要帮助的学生，这种低调而又温馨的资助方式不仅保护了学生的尊严，让他们更自信、更平等地与他人交往，而且体现了资助所蕴含的内涵与价值。

"隐性资助"让技术有了温度。时代的发展促进了技术的不断进步，大数据、人工智能、云计算……越来越多的高科技在"互联网＋"时代如雨后春笋般冒出来，对于这些技术，我们的第一印象和感觉莫过于"冷冰冰、高大上、复杂"，而"隐性资助"借用这些技术的便捷性与精准性，利用大数据筛选机制，对学生的种种情况进行精准的调查，很好地提高了学校资助的实效性。虽然这不过就是技术本该发挥的作用，但通过这种方式默默地关心学生，帮助学生，如同给技术注入了温度与爱心，使得技术不仅能发挥其本来的作用，又能够切实地贴近学生的生活，发挥其出乎意料而又实实在在的作用。

　　相信这样人性化的资助方式，带给学生的不仅仅是那几百块钱，更多的是一种尊重与温暖。

　　一年中只有一个夏至，它的昼长就如资助一样是最长最光明的，人生的路途很漫长，资助帮扶不能永远陪伴你，但是能带给你实现梦想的机会。

"七一""八一"，听党话跟党走

2021 年，中国共产党成立 100 周年，中国人民解放军建军 94 周年。"七一""八一"是值得每一个中国人庆祝的光辉的节日。

"七一"建党节，"八一"建军节。今天，我们庆祝这两个日子，不仅仅是为了追忆过去，更是将其作为大学生思想引领和面向未来的基础。

知党史

"以铜为镜，可以正衣冠；以史为镜，可以知兴替；以人为镜，可以明得失。"历史是一面能清晰反映现实的镜子，是最好的教科书，也是强有力的清醒剂。中华民族源远流长的历史也铸就了我们独特的民族性格。

1919年，五四运动的爆发促进了马克思主义在中国的传播及其与工人运动的结合，在思想上为中国共产党的成立做了准备。1920年10月，李大钊主持建立北京的共产党早期组织。在党的一大上，中国共产党正式成立。短短的几行字就将那些艰难的历史给概括了。事实上，党成立的时候国内军阀混战，社会动荡不安，而国外列强又对中国虎视眈眈，危难关头，俄国十月革命的胜利带来了新的曙光。中国的发展历史与进程教会我们应该如何古为今用，激励我们前进，鼓励我们奋发向上。

历史是最好的教科书

学习党史、新中国史，才能深刻地了解中华人民共和国的不易。马克思说过："历史本身是自然史的一个现实部分，是自然界生成为人这一过程的一个现实部分。"我们应该正视历史，中国共产党的百年奋斗史对国家、社会、个人都有重要意义。我们党的发展并不是一帆风顺的，出现失误的主要原因是不能正确认识当时的国情，就如1924年至1927年大革命的最后一个时期（约有半年时间），党内以陈独秀为代表的右倾机会主义错误在党的领导机关中占有统治地位，他们没有看到中国资产阶级成分的复杂性，没能正确认识中国的国情，导致革命遭受巨大损失。尚且稚嫩的党因为缺乏斗争经验，而掉进了一个又一个坑，最后经过艰苦奋斗，我们党终于成功了。这段历史告诉我们，正确认识国情对国家发展至关重要，最终党的成功也宣告了社会主义道路是可行的。作为大学生的你们既是历史的传承者，也是社会的建设者，应该以历史为教科书，古为今用，为接下来中国的经济社会发展添砖加瓦。同时，要从过去的事件中吸取教训，来面对新的问题。

历史是最好的指向灯

学习党史、新中国史，才能把握未来的前进方向。从浙江嘉兴南湖旁的一艘红船，到今天奋勇前行的巨轮，中国的综合实力与社会面貌已经发生了巨大的变化，这离不开一代又一代人的奋斗。未来中国走的每一步都至关重要，作为祖国未来的建设者，我们也应该努力完善自我，通过学习历史，把握自身发展与前进的方向，让个人能为社会和国家献出一份力，创造出最大的价值。

历史是最好的打气筒

学习党史、新中国史，是激励新一代人奋斗前进的动力。现在部分学生可能难以想象过去的艰难岁月，但一旦经过认真学习，就能体会到红色政权的建立、中华人民共和国的成立是多么的艰难。因此，学习历史，能增强大家对习近平新时代中国特色社会主义思想的认同，同时也能让大家更愿为实现中华民族伟大复兴的"中国梦"贡献自己的一份力量；让党员干部能坚定自己的立场，铭记全心全意为人民服务的宗旨。普通群众在学习历史时，也能坚定自己对祖国的热爱，更加支持祖国的事业。

党史、新中国史，是坚持和发展中国特色社会主义，把党和国家各项事业继续推向前进的必修内容。历史昭示未来，让我们朝着那明亮的未来，努力前进。

爱党情

在中国共产党建党九十周年之际，《建党伟业》作为献礼影片感动了无数人。电影不仅真实地还原了党的诞生史，同时也抓住动人瞬间描写感人细节，影片的开始与结束都围绕着共产党员的信仰与梦想，时过境迁，物是人非，但我却从这些青年演员身上看到了九十年前那一群青年的坚定与英勇无畏。

不忘历史，我们都是铭记者。时代在进步，历史依旧在前行，党和国家的诞生史、发展史对于我们来说都是宝贵的精神财富，应当铭记在心，以史为鉴，汲取经验教训。中国共产党在革命、建设和改革时期诞生、发展成熟，其间诞生了很多值得我们学习、弘扬和传承的精神，如开天辟地、敢为人先的红船精神，勇往直前、坚韧不拔的长征精神，实事求是、自力更生的延安精神等，这些精神指引着中国共产党前进的方向，是前人留给我们的"宝藏"，值得被歌颂，被铭记，被传承下去。

不忘初心，我们都是担当者。中国共产党能够从50多人的小党发展成为今天人数9000多万的执政党，并且正领导中国人民向着社会主义现代化强国迈进，靠的是什么？是不忘初心、牢记使命。中国共产党始终没有忘记自己肩负着为绝大多数人谋利益的使命，实施精准扶贫政策，7.5亿人在35年内摆脱了绝对贫困，实现了全面建成小康社会的宏伟目标；中国共产党始终没有忘记党的宗旨是全心全意为人民服务，不管是地震还是新冠肺炎疫情，在灾难、困难面前，习近平总书记总是第一时间发出指示坚持把人民的生命安全和身体健康放在首位，团结人民群众的力量。一代又一代人的使命，一代又一代人的担当，党组织永葆初心，认真履行着自己的使命。新时代的先进青年也是如此，你们正处于人生成长的关键时期，应该为了自己的未来，为了社会的和谐稳定，为了国家的繁荣富强而不断奋斗。

不负韶华，我们都是逐梦者。我们能够身处这样一个和平、美好、发展迅速的时代，是由于先辈们的心血与付出，是因为有党组织和众党员为我们遮风挡雨。青年一代在这样幸福的条件下应当倍加珍惜，给自己正确的定位，无论处在哪个位置都要严格要求自己，持之以恒地学习，脚踏实地地做事，立足当前，放眼未来，用自己的实际行动扛起肩上的重担，实现心中的梦想，不辜负青春年华。

谈党员

"大学我要过英语四六级，我要准备考研，我要……"，"立 flag"悄然成为年轻人的一种时尚，很多刚踏入大学的新生都会为自己的大学生活确立目标，在大学里入党也是众多目标中的一项。但是你真的清楚入党的意义吗？你是否以为入党意味着可以优先"评奖评优"，可以优先解决工作，可以有什么特权？

当然，不只是对于入党这件事情来说，当前部分人常常会用"是否有好处"来衡量一件事情到底该不该做，有好处的就蜂拥而至，没有好处的就敬而远之。那么入党到底有什么好处呢？要让你们失望的是，以上的答案都是否定的。入党不但没有什么好处，而且在有困难时党员还要第一时间上，例如有服务工作党员优先，有志愿工作党员优先等，另外党员还要参加很多的培训和支部学习，并且随着现在网络科技的发展，各位党员还需要利用手机软件来进行学习交流。总而言之，作为一名党员，凡事都要对自己严格要求，并且在学习、生活、工作、为人处世方面都要为同学们树立一个良好的榜样。如果非要说入党有什么好处的话，可能就是在毕业后考取公务员、事业单位的时候，有些岗位可能会写着"党员优先"或者要求是党员身份。另外，党员也是你们考取选调生的必要条件之一，因为选调生的报名条件中就要求大学生已经成年并且在校期间是学生干部或是党员，另外还需要报考学生的世界观、人生观都已经初步形成，遇见事情能有自己的想法和见解，并能从容地解决事情。

入党是一辈子的事情，需要你们进入大学后，从思想上获得新认知，以新认知定位新身份，以新身份赋予新使命，以新使命翻开新篇章。时刻牢记"从群众中来，到群众中去"才是党员应该有的思想境界。如果一名党员的入党动机并不单纯，党组织让虚伪的利己主义者在入党的道路上顺风顺水，只会给党员称呼抹黑，让组织里混进投机者。在这里我想给想要入党和已经入党的青年朋友们一些建议。

关于入党申请书。入党申请书不同于其他的文章，需要大学生结合自身的情况，真情实意地写下自己的入党请求，表达自己对党组织的情感态度，并且大学生还要不断地提升自己的各项能力，不管是学习还是工作都应该做到勤勉认真，努力上进。

关于党校的学习。党校学习是为了帮助你们提高自身理论修养和党性修养，要求你们从思想上和行动上严格要求自己，在同学中能够起到模范带头作用，也为学院的发展贡献智慧和力量，这是党校学员应该有的学习动机和思想认识。完成党校学习只是向党组织靠拢的一小步。坚定自己的政治方向，还需要不断加强学习党的理论，坚定中国特色社会主义道路自信、理论自信、制度自信和文化自信，在日常的学习、工作、生活等方方面面坚持高标准、严要求，以实实在在的成绩接受党组织的考验和筛选。

关于对学生党员的建议。学生党员应当做到这四点要求：加强学习，理论武装，自觉与党保持一致，自觉主动地学习理论，提升自己；刻苦钻研，做好学生的本职工作——学习，在同学中发挥引领作用；勇于实践，将行动落实到日常学习、生活中去；加强修养，锤炼自己的道德品质，提升人格魅力和自身素养，做到无论是否有人监督，都严于律己。"莫见乎隐，莫显乎微，故君子慎其独也。"学生党员不仅要在口头上、思想上意识到自己是一名党员，还要做一名身体力行、知行合一的党员，强化学生党员的身份意识。所以，要想成为一名光荣的共产党员并不是一件容易的事情，要经过重重考验。

在成为一名学生党员后，你们更应严于律己。

听党话，跟党走，希望每位青年大学生都能成为有理想、有信念的时代新人。

七夕佳节里说爱情 ❸

> 牛郎织女的神话故事具有浪漫色彩，是人们对七夕佳节的向往。如今，七夕节被认为是象征爱情的节日。但随着人们保护传统文化意识的增强，七夕节的传统文化内涵也逐渐被发掘出来，其涉及祈福、乞巧、爱情等主题。

　　爱情，这个从古至今一直被大家乐此不疲地讨论的话题，可以说是谈了又谈、讲了又讲。可是，没有一个人能说出爱情到底是什么。今天，在这个传统节日，我们就来聊聊爱情。

爱情是什么？

爱情是一种生活

爱情是一种生活方式，它与我们的世界有着千丝万缕的联系，彼此不可分割。在人成长的过程中，处处都有爱情的身影。你们应该听说过不少民间爱情故事，如《梁山伯与祝英台》《白蛇传》《孟姜女传说》《牛郎织女》。也许你们听的时候并不知道故事中的含义，但还是会被那凄美的爱情故事所感动。随着时间慢慢推移，青春期的你们有了懵懂的情愫，总会多关注一些班级里优秀的同学，课桌前，篮球场上，操场上，都有你们青春的回忆，但这个时候的你们或许认为爱情就是那片刻的怦然心动。到了你们步入婚姻殿堂，这便是永远伴随着你们的一件大事。

爱情是一种责任

爱情是一种责任，体现在对自己负责。对于绝大多数学生来说，自己毕业后的工作、薪资水平，与在校期间的学习是有关的，个人学业不佳，素质没有得到发展，未来的工作、生活质量自然不会高。相反，在校期间综合素质得到充分拓展的人，未来在社会上、职场上的竞争力自然强。同时，一个素质优秀、工作好、积极上进的男生或女生，还愁找不到情投意合的另一半吗？其实，爱情并不意味着完全地将自己的生活倾注在另一个人身上，投资自己也是重要的一部分，恋爱的同时也要兼顾自己的人生。在选择爱情时要明白爱情同样意味着一份责任，完全沉溺于爱情，对于自己的未来前途不管不顾，这显然是一种对自己不负责的行为。

爱情是一种责任还体现在对另一半负责。当今高校周围周末情侣房爆满等类似的新闻反映出大学生婚前性行为确实或多或少的存在，当下，绝大多数学校对大学生的爱情观和性观念教育还不够重视，导致有些学生没能很好地处理个人关系，悲剧也频频发生。因此，不论是男生还是女生在学会爱对方前，更应该先学会爱自己，不要主动或被动地跟着异性到校外同居。当然，恋爱是双向的，对自己负责的同时，也要学会对另一半负责。树立正确的性观念，是对另一半负责的前提和基础，希望每一位学生都能引起重视。

爱情是一种态度

当今高校经常会有这样的事情发生，一个寝室六个人，当五个人都脱了单，那剩下的一个人也会有强烈的恋爱意向，迫切地想要脱离单身行列，这是为什么呢？因为他认为自己被落下了，当寝室只有他一个人是单身时，他会在意别人的眼光，开始焦虑，开始慌张。这恰恰说明了他没有树立正确的爱情观，而是跟风随大流。

其实你们的大学生活并没有很长，短暂的时光里并不是只有谈恋爱这一件事情能帮你们实现价值。人生有太多有意义的事情可做，爱情对于大学生来说其实并没有那么重要，爱情是需要独立的经济能力去保证的，而不是盲目地跟从别人的脚步，投入恋爱的行列中。舒婷曾说："不怕天涯海角，岂在朝朝夕夕。"你们要清醒理智地认识自我，评价对方，减少热恋中的盲目性，相互促进，一起进步。大学生理应以学业为先，兼顾爱情，为幸福储备。当然，谁都年轻过，谁都有情窦初开的时候，爱情也是美好的，无论是从生理上还是从心理上来说，大学生都有"爱"与"被爱"的渴望和需求，但有的人因表达自身需求时比较"成熟"而收获甜美爱情，有的则因比较"随意任性"而尝尽苦果。站在青春爱情的门槛前，请学生们都好好想想，期待爱情的你，准备好出发了吗？

恋爱是大学里的必修课？

每到 5 月 20 日、11 月 11 日这些特殊的时间节点，各大电商平台都会展开一场场盛大的优惠活动。"520"谐音我爱你，而"双十一"又名光棍节，这些谐音梗大多与爱情有关。大学环境相对宽松、自由、平和，没有明文规定禁止恋爱的大学也成为爱情之花盛开的地方，一颗颗心都在憧憬。可恋爱真的是大学里的必修课吗？

任何事情都有两面性。恋爱能让人有幸福感，提高沟通能力，让人心智变成熟等，但也可能让一个人变得颓废，生活中正面的、负面的例子数不胜数。新闻中报道的某大学校园内发生的一起命案令所有人都唏嘘不已，一名女大学生因为与一男子产生恋爱纠纷，最后被害身亡。大学中的恋爱真的有必要吗？不成熟的恋爱能教会自己什么？相比之下，大学里能获得的比爱情更珍贵的东西也有许多，比如更多的专业知识，更丰富的实践经验，更美好的友情。用老一辈的话说，爱情多多少少也要靠缘分，不是说想来就来的，与其浪费自己的时间在不成熟的恋爱中，不如好好利用时间提升自己，当你优秀了，还愁没有追求者出现吗？

话不能说绝对，正确的恋爱也能带给人成长，比如：学霸情侣共同保研某名牌大学，他们没有因为谈恋爱而导致学习成绩下滑，而是互相监督、互相促进，同时也给平淡的学习生活增添了一些幸福和乐趣。我们不能百分百确定谈恋爱是影响学习的直接原因，但不得不承认谈恋爱确实会影响一个人的心和脑，对于学生而言必然会影响学业，这也是绝大多数老师和家长反对早恋的原因。

大学生就像炎炎夏日中赶路的旅人，恋爱就如路边那一片荫凉。如果同学们在漫漫长路中目标坚定，无论是否选择去乘凉，都能成功地走到终点。但如果一味地享受荫凉，只愿待在荫凉的地方而不愿继续前进，终究会耽误自己。因此，树立正确的爱情观对于你们一生都很重要。

在大学里，学习专业知识使自己增值是核心，但接受思想政治教育，培养正确的恋爱观也很重要。老师们应该重视而不是回避学生的此类问题，帮助学生并且正确地引导他们处理感情上的问题。"生命诚可贵，爱情价更高"，学生们在经营爱情及享受爱情时，获得的快乐及经验也是宝贵的。恋爱虽然不是大学里的一门必修课，但它也值得每位学生去学习，去重视。

真正美好的爱情是这样的

你是否也幻想过自己未来的另一半，你是否也憧憬过自己的爱情就像电视剧里的那样甜甜蜜蜜，甚至还有点狗血，你是否也羡慕过自己的闺密或兄弟接二连三地脱单，而你还在一旁默默地吃着"狗粮"叹气。在大学里谈一场恋爱已经成了许多大学生给自己定下的目标。其实我并不反对大学生谈恋爱，但依然希望各位大学生能够树立良好的爱情观，铭记好的爱情不是两个人整天腻腻歪歪地黏在一起，而应该是让两个人共同上进，并明白理解和包容的含义。

互相进步，共同成长

我见过很多情侣因恋爱而不务正业，整天想着到哪里玩，过节给对方送东西，以此表示自己对对方的爱，这是爱情吗？我认为这只是图一时新鲜罢了，一段感情如果只是靠着一开始的钦慕、一时的新鲜感，是很难长久维持下去的。如果两个人不能一起努力，互相帮助，随着时间的推移就会逐渐发现两人的价值观越来越不同，甚至会出现矛盾，到这时候也就差不多可以和这段感情说再见了。当然我不是说共同进步就是要两个人做同样的事，而是在一起时能够彼此鼓励，激励对方也激励自己前进，真正的爱情是共同进步而不是互相耽搁，是让两人在这份感情中都可以得到成长，让这份感情有价值，有质量。

互相包容，学会理解

爱情不是只有甜言蜜语，更多的是需要两个人共同经营，而世间万物凡是有联系的就会产生摩擦，因此要想得到真正长久的爱情，包容和理解是至关重要的。世界上没有天生就合适的人，恋爱本身就是一件神秘的事情。很多情感出现问题大多是因为双方没有站在对方的角度考虑问题，没有互相理解和宽容，《圣经》里说"爱是恒久的忍耐"，与其说是忍耐不如说是宽容，"金无足赤，人无完人"，只有学会包容对方的缺点，学会站在对方的角度考虑问题，才能维持一段长久的感情。

互相尊重，给予信任

不管是友情、亲情还是爱情，任何一段关系里，彼此尊重和真诚信任都是最起码的要求，试想当你付出真心却得不到对方的尊重时，会有多么的寒心。我认为，两人相处时应该互相尊重，互相让步，知道对方的底线而不会僭越，懂得给对方一定的空间和足够的信任。我很认同一句话，"在爱情里没有对和错，只有谁能更多爱对方一点"，曾经有一位学生，在失恋后找我倾诉，我还记得当时她说了这样一句话："我只是觉得当彼此开始怀疑，检查手机的时候，这个爱情已经没有存在的价值了，女生的第六感很准，而男生会说这是你的胡乱猜测并大发脾气，这其实是你猜中了他的内心。"我觉得她这话没错，当两人开始互相质疑没有信任时，那份爱情就已经开始动摇。虽然在这大千世界，你们会遇到形形色色的人，但能够遇到互相喜欢的人真的不容易，就像《何以笙箫默》里的台词："不将就才是爱情原本的样子。"真正的爱情一定要两人互相喜欢，互相尊重，互相信任，互相理解，共同成长。

健康积极的爱情观，能使人的生活变得更好，让人变得更加乐观，促使人积极向上。希望每位学生都能树立良好的爱情观，都能够收获美好的爱情。

立秋，学会成熟

立秋是秋天的第一个节气，标志着孟秋时节的正式开始，暑去凉来，禾谷成熟，收获的季节到了！同时立秋也是庄稼开始成熟的时候。随着时间的流逝，大学生们也应当褪去稚气，学会成熟，真正地成长为一个大人，对自己的人生负责。

从呱呱坠地的婴儿到乳臭未干的孩童再到懵懵懂懂的少年，每一个个体都有从稚嫩青涩蜕变至勇敢担当的过程，而学会成熟便是在这蜕变的每一个阶段中所必经的心理和生理上的双重考验。

大一：从适应到成熟的萌发

　　刚进入大学的你们就像刚开始成熟的庄稼,经历了人生的重要转折点——高考。此时的新生像刚从笼子里放出来的鸟儿,有无限的激情和力量准备释放。他们带着美好的想象和活力来到一个新的学校,想象着自己未来的校园是什么样,想象着自己充满未知的大学生活。"我要参加社团!""我要参加学生会!""我要谈一场恋爱!"好奇心和热情包裹了你们,并伴随你们开始人生的下一个阶段。

　　作为新生的你们,肯定对新环境充满了好奇。充满稚气的大一新生在答疑群里"叽叽喳喳"地问着学校里的各项事情,向往着恋爱、社团、演出。以往,也总有人对你们说,读大学时,你们就自由了,轻松了,可以做任何你们想做的事情。但在这里我要给你们"当头一棒"了,实际上大学才是最难的,没人管你意味着你要自己管自己了,不要再奢望会有人像高中老师一样关心你的成绩和学习。如果自己不能从所谓的自由的泥潭中挣脱出,那么你就只能深陷其中。生活中没有一劳永逸的事情,考上清华北大的人就能终身无忧了吗? 哪里都有人堕落、迷失。绝大多数大学生已经年满18周岁,作为成年人,你们应该对自己的大学学习、生活有清醒的认知,而且要对此有责任、有担当;校园"法治"除了现行的法律法规之外,还有学校的规章制度,你们应当主动学习《大学生手册》,了解大学校园的规则。

　　如何过好你们的大学生活,取决于你们有什么样的态度。学会调整心态,适应环境,顺势而为,不要无所事事。有些人对于自己所在的大学并不满意,一味地抱怨学校这不好,那不好。但环境是相对于所有人而言的,同一个环

从节气节日讲大学生理想信念教育故事

境下的人所面对的问题都是一样的，既然你已经改变不了客观存在，那不如选择调整自己，摒弃所谓的享乐主义，不要用空想来安慰自己。对于学校而言，你可能就是万千学生之中的一个；但对于你自己和家人来说，你却是唯一的，所以你在学校的生活情况、生命财产安全及学业成绩都是你自己的事情，没有人会理所应当地为了你去做些分外之事。到了大学，我们每一位学生都要学会自己去面对一些坎坷，蜕变成一个可以在社会上立足的人。

做人要有主心骨，要有自己的原则，所谓原则就是一个人内心的正气。其实正气并不只是武侠小说中写的江湖侠气，也可以是许衡的话——"梨虽无主，我心有主"。面对社会上鱼龙混杂的人，面对金钱、权力、名誉的诱惑，我们需要做到保持自我，坚守自己内心的正气。当然，除了要有自己的原则，做事踏实也是必不可少的。一个踏实的人，在工作中，领导愿意把工作交给他；在学习中，老师愿意给予他更多的帮助；在感情上，人们也更愿意把自己交给他。

最后，我希望刚踏进校园的你们能明白，大学生的主要角色是大学在校生，要当好大学生，就要做好大学生该做的。大学生该做什么？对于这个问题，每个人都有自己的一套说辞，有人觉得大学生应该放飞自我，到处去看看；也有人认为大学生就应该想做啥就做啥；还有人认为大学生应该更努力学习知识，提升自身竞争力，为步入社会做好准备。

诚然，在大学的你是自由的，你有充足的时间和精力去做你想做的事情。但我们更应该在完成专业学习的基础上再去做想做的事情。没有眼前的苟且，你的诗和远方都只会是海市蜃楼。在闲暇时，我们可以静下心来看看书里别人所经历的世界，拓宽个人视野；可以每天坚持锻炼，保持身体健康。

大一是大学生涯的起点和开始，俗话说得好，好的开端是成功的一半。

我希望你们好好把握这充满无限可能的第一年，尽早地适应环境，活出自我，为以后的学业打下良好的基础，走向更好的未来。

大二、大三：学会孤独、合作与规划

网上有这样一个段子，告诉我们如何区分大学里的新生和老生：在大学校园里成群结队地去吃饭、去上课、去自习等的基本就是大一新生。总之，大一新生的代名词就是"成群结队"。大多数学生为了让自己在这个陌生的校园里能有熟悉的人陪伴，会选择和室友一起行动。随着一学年的适应与调整，大部分人渐渐地形成自己的生活习惯、学习方式，到了二、三年级，原本的大队伍可能就变成两三人，甚至是一个人，在这个阶段该如何调整自己的心态和状态？

孤独

道不同不相为谋，虽然生活等方面与室友相处融洽，但未来目标不同，努力的方向也不同，在为目标奋斗的过程中，注定是要坐冷板凳的，与室友一同相处的时间也注定会减少。刚开始可能会因为远离小集体而感到不适应、不习惯甚至惶恐，但鱼和熊掌不可兼得，你不能强求别人有和你一样的目标，也不能因为别人而随便放弃自己的理想，唯有互相尊重、共同进步才能不负青春。在休闲娱乐的时间里，当然可以一同玩耍放松，但在该学习的时候就应该全心全意地投入其中，孤独也许并不坏。把我曾看过的一句话分享给你们："希望你可以与一群人有说有笑，也可以一个人独来独往。"

合作

只有学习了如何去合作，才能合作学习。伴随着学习的深入，有共同目标的同学会因学习而合作交流，在合作交流中共同学习。合作学习有着许多益处，例如：能促进同学们合作精神和团队精神的培养，同时志同道合的同学有较高的凝聚力，彼此之间的互相帮助，既能让学生们在枯燥的学习生活中找到一同奋发前进的动力，又能取得更好的合作学习效果。比合作学习更重要的是学习合作，学习如何去合作，能从根本上提高同学们互帮互助的能力，让同学们了解合作的优点及如何才能让合作更加高效。那该如何去学习合作呢？"三个臭皮匠，顶个诸葛亮。"首先要做到彼此之间互相尊重。尊重他人是一种文明的社交方式，是顺利开展工作、建立良好的社交关系的基石。其次，有共同的目标与认识。合作即为达到共同目的，是彼此相互配合的一种联合行为，互相配合的合作能让学习更加高效，事半功倍。因此学习合作能让团队更加和谐，让学习进程更快、更有效。

规划

"志不立，则无成。"大学时设立的目标也能为大学生树立理想、规划人生、努力学习奠定基础。到了大二、大三，随着对所学专业更加熟悉，接下来的学习目标、就业方向更加清晰。例如：考哪些证书，参加哪些竞赛，学业成绩提高多少。"不积跬步，无以至千里；不积小流，无以成江海。"目标也分为长期目标、中期目标和短期目标，合理规划各目标之间的关系是目标实现的重要因素。日本马拉松选手山田本一在自传中表明，他每次都将40公里的马拉松用标志物分开，例如第一个标志是一栋大楼，第二个标志是电线杆，最后坚持到比赛终点。一口吃不成胖子，每一个小目标都能让学生们体会到成功的感觉，每一个短期目标的实现都意味着离长期目标又近了一步，专注完成短期目标能增强大学生的自信心与学习动力，从而发挥出最大潜能。合理的目标管理有利于大学生合理规划自己的人生，改变拖延症等坏习惯。正处于适应成人社会阶段的大学生，对自己的未来做出切实可行的规划是至关重要的。

大二、大三是值得你们奋斗拼搏的阶段，经过缜密的思考，制定合适的目标，朝着自己的目标奋斗吧！

大四：升学还是就业，是个难题

经历了大一的懵懵懂懂，拥有了大二的肆意张扬，再到大三时的跃跃欲试，当你走到大四，也就是大学的最后一个时期时，你是否已经脱掉了一分稚气多了一分成熟，是否已经对自己未来的生活有了明确的规划？

到了大四，你们不得不面对一个问题，即选择升学考研还是踏入社会准备就业，不论是继续读研还是直接工作都有各自的优劣，并无对错之分。在选择考研冲刺的学生中，有部分学生会羡慕就业的同学而无心考研，但既然选择了这条路，即使这是一条孤独的路，也要努力，不留后悔。考研路漫漫，这是一场没有硝烟的战争，但请相信你们并不孤独，希望你们能够沉下心来认真复习，掌握好复习的方法，控制好休息和学习的时间，未到终局，焉知生死！

对于选择就业的学生，积极的态度，是应对就业挑战的关键；随缘的心态，是面对就业挫折的前提；全面的信息，是把握就业机会的保证；有效的行动，是解决就业问题的根本。选择了就业就意味着你们即将踏入社会，初次踏入社会难免会遇到困难和挫折，但不要埋怨这个社会，世界本来就不是完全公平的，如果你想从生活的沼泽里挣脱出来就只能靠自己，这个世界比起运气更相信个人的努力，希望你们都能保持初心，保持"咬定青山不放松"的定力和持之以恒的毅力，闯出自己的一片天地。

不夸张地说，很多学生到了大四还会出现迷茫、不知所措甚至是恐惧的状态，其实这不就说明了你们还没有想好自己的下一步怎么走，对于自己今后的规划还没有确定。"行百里者半九十"指一百里的路程即使走了九十里，也只是一半。因为愈接近成功愈困难，愈要坚持到最后。千万不要忽视和浪费大四这一年的时光，可以说大四在整个大学四年中的地位是举足轻重的，如果好好利用，就能够先于别人做好步入社会的准备或是做好升学考研的准备，那么当你毕业的时候就绝不会是心慌意乱的状态。因此越是在大四这个节骨眼上，你们越不能懈怠自己，咬紧牙关冲一冲，尽早给自己未来的人生做好规划，按照自己心中所想去努力拼搏，不要给自己的大学生活留下遗憾。

最后，我想送给大四的莘莘学子一句话："学习并不在于学校而在于人生。"不管将来你们是读研、就业还是留学，都希望你们能够时刻坚持学习，能抽出更多的时间平心静气地多读书，读好书，勤思考。当我们走上社会，走上工作岗位时，我们的价值就取决于我们为自己搭建的平台，而只有坚持学习、不断学习，我们才能跟上时代的节奏，才能让自身的价值在实践中得到最大化的实现。

学会成熟是你们迈入社会、从学生转变成社会成员的重要一步。成熟不是一瞬间就能做到的，你们都应该在人生的每个阶段努力追寻。

教师节里说教育 ꧁

教师节是个感恩教师的节日，也是感恩知识的节日，自然就离不开"教育"二字。教育，作为现代文明重要的组成部分，起着相当大的作用。建设中国特色社会主义现代化强国，我们更应该懂得：科技强国，文化强国，教育是根本；培养人才，立德树人是根本。要加强传统文化教育，努力实现从传递走向创生。

蔡元培先生曾经说过，"教育者，养成人性之事业也"。在教师节这个专属的节日里，我们来聊聊教育的传统、任务与功能。

尊师重教

"一日为师，终身为父。"从程门立雪、拾履拜师、曾子避席等故事到现在人们爱追的古装剧，我们都可以明显地看到，在古代，师生关系尤为重要。古代的父母带着孩子去私塾报名读书，不仅要向私塾先生行叩拜之礼，还要向孔子的牌位行叩拜大礼。虽然我们今天已经不再采用跪拜、叩拜等形式来表达对教师和知识的尊重，但我们内心对教师的崇敬和感激之情并没有减少。尊师重教是中华民族几千年来的优良传统，也是我们这个民族在历史长河中历经磨难频频胜出且绵延至今的重要因素之一，我们不仅要切切实实地做到，还应该薪火相传。

尊师与重教必然是互为因果、相辅相成的关系，我们要把它落实在每一个细节上。前段时间一小孩模仿老师行为的短视频引起网友热议，有网友评论学得好，称其幽默传神很会观察，不应该批评；有网友持反对态度，认为这种行为是对老师的不尊重。对于我来说，自然是支持后者的。从小孩的角度来看，可能他认为这只是单纯的模仿，娱乐而已，并无恶意，但乐此不疲地上传视频到网络这件事情就不能小觑了，如果说今天的老师对学生而言是强势群体的话，那么在媒体面前，他们就一定是弱势群体，社会和每个人在各个平台上的议论和态度都会影响教师的态度和行为方式，使教师的尊严得不到应有的尊重，从而使教书不可能，育人更不可能。尊师重教不是一句简单的口号，而是实实在在的行动。教师是辛勤的园丁、无私奉献的蜡烛、人类灵魂的工程师……说到底他（她）也只是普普通通、有家庭的人。期待学生乃至整个社会能够给予教师更多的尊重，当然也希望教师能够时刻注重提高自我修养，陶冶情操，自觉用师德规范自己的言行举止。

重教体现在实际行动中。所谓"再穷不能穷教育，再苦不能苦孩子"，这在早些年可以说还只是一句口号。2017年网络上进行了关于全球教师收入的调查，调查数据显示，中国的教师收入排到倒数第三位，在我们天天喊教育重要的环境下，却连教师最基础的物质条件方面都没能做好，又何谈重视教育呢？好在近几年尊师重教的口号逐渐落实到了生活保障、社会声望等实处，整个社会对教育的重视程度也已经开始不断提高，许多家长为了让孩子接受良好的教育不惜一掷千金，教育投入在家庭收入中可以说占了相当大的比重，现代版的孟母三迁也时刻都在上演。当然，重视教育也应当重视对教育工作者的培养，加强师德规范的教育，严厉打击"坏老师"，加强师资队伍的建设。

百年大计，教育为本；教育大计，教师为本。学生想要踏入社会，得到社会的认可，我想必须从尊师重教这一课开始。

立德树人

美国教育家罗伯特·梅纳德·哈钦斯曾说过："教育的目的在于能让青年人毕生进行自我教育。" 活到老，学到老，教育是与大家相伴一生的，为培养德智体美劳全面发展的社会主义建设者和接班人，党的十八大提出，把立德树人作为教育的根本任务。

那么我们该怎么理解立德树人呢？立德，就是坚持德育为先，结合学校特色，开展德育课程，来引导学生们加强自己的思想建设。树人，就是坚持以人为本，通过恰当的教育方式来塑造、发展不同的人。再结合中国特色，加强社会主义核心价值观教育，坚持中国特色社会主义理想信念。

培养什么人

育人之本，在于立德铸魂。坚持立德树人这一根本任务，究竟是想培养什么人呢？我认为是想培养有用之才，这是最理想的一个状态。那有用之才应该具备哪些素质，是怎样的人呢？

首先，是有情感的人。人有七情六欲，情感包括道德感和价值感两个方面，具体表现为爱情、仇恨、幸福、厌恶、美感等。没有情感的人犹如牵线木偶，动作僵硬而又无情，也容易被不良的情绪所带动，从而走入歧途。"人之初，性本善"，善是人的情感中最基础也最重要的一部分，你们应当感恩家人、感恩社会、感恩国家，做能孝敬长辈、尊重他人、热爱祖国的好学生。

其次，是讲道理的人。路有千条，理只有一条。那些不讲理的人，在家就无理取闹，在外也难以消停，要是每个人都如此任性，学校、社会和国家的秩序就会一团混乱，那何来的公正和稳定可言。正如过马路时，要走斑马线，要"红灯停绿灯行"一样，每个人都遵守这一交通法规才能保证人的安全和车子的正常行驶。这也是道德修养中的重要一部分。

最后，是有乐趣的人。世界上并不缺少乐趣，而是缺少发现乐趣的眼睛。没有乐趣的人生是索然无味的。因此学生们可以追求一些健康且高雅的乐趣，例如书法、画画、乐器等等。一种积极的情绪可以快速传递给其他人，当整个校园都充满欢声笑语时，立德树人的工作自然也更易实施了。

怎样培养人

第一，紧抓德育工作。"道德当身，故不以物惑。"道德是一个人所需要的最重要的品质之一，也是国家能兴旺发展的重要因素之一。因此学校的德育课程也显得至关重要了，"立德"对教师而言是立师德，对学生而言则是立生德，教师的道德思想观念也会直接影响学生的。

第二，实现学校教育与社会教育和家庭教育的有机结合。学校教育和家庭教育的作用点都是学生，学生在学校接受德育课程后，也能在家庭、社会中得到反馈，学校教育和家庭教育、社会教育的目标是一致的，家长的帮助能够促进德育工作的落实。

第三，抓好素质教育和培养健全的人格。在提出立德树人这一任务时，就将提高人的素质作为最高目标，提高素质才能立德，才能使学生成为有用之才，因此需要引导学生善于思考、创作，培养学生的社会责任感和创新意识，促进他们思想道德素质、科学文化素质和健康素质的协调发展。

为谁培养人

古今中外，每个国家都是按照自己的政治要求来培养人的。例如，战乱时刻，武将的需求量往往更大，他们也更容易崭露头角。那么，在如今的社会中，立德树人这一任务的确定究竟是为了谁呢？

第一，为中国特色社会主义事业培养接班人。我国是中国共产党领导下的社会主义国家，这也决定了培养中国特色社会主义事业接班人的重要性。教育的目标是培养能拥护中国共产党领导和中国特色社会主义事业，以能为中国特色社会主义事业奋斗终身为志向的新青年。

第二，为中华民族伟大复兴培养建设者。以天下为己任，将国家的发展与自己的责任关联在一起。学生们能热爱自己、热爱自己的工作、热爱自己的生活，把爱国情、强国志、报国行自觉融入坚持和发展中国特色社会主义事业，建设社会主义现代化强国，实现中华民族伟大复兴的奋斗之中，为中华民族的伟大复兴添砖加瓦，成为未来的接班人。

第三，为构建人类命运共同体培养践行者。现在中国正处于近代以来最好的发展时期，同时世界的格局也在不断变化，而中国是人类命运共同体理念的倡议者和践行者，作为国家的一分子，学生们应当肩负起自己的使命，在日常学习中培养国际视野，将目光聚焦于全球，努力成为人类命运共同体理念的践行者。

俗话说："无德无才是废品，有德无才是庸品，有才无德是劣品，有德有才是良品。"我们要努力让每一个人都能做德才兼备的"良品"，而不是"废品""庸品"，更不是"劣品"；让教育回归本真——教书育人，让学生们坐得端、走得直、行得正。

历史文化的传递与创生

你们从小开始接受教育，直到你们跨入大学的校门，已经接受过十多年的教育了。谈到教育这个话题，或许有些人知道的并不比我少，也有些人迷迷糊糊，读了十几年的书却不明白教育是干什么的，教育承载了什么。

历史文化的传递活动

教育，首先是一种历史文化的传递活动，执行着社会遗传的特殊功能。我们都知道，文化是人类在活动中创造的，对个体来说是后天习得的，它不可能通过生物遗传的方式延续，而只能通过传递的方式发展下去。《理想信念的理论支撑》这本书中说过："人之所以为人，不仅在于生物学意义上的遗传性的获得，而且更在社会学意义上的获得性的遗传。每个时代的教育方式不同，但归根结底都要以教育的方式使个人掌握前人的经验、常识及各种特殊的知识与技能；以教育的方式使个人掌握该时代的价值观念、道德规范和各种行为准则；以教育的方式使个体丰富自己的情感、陶冶自己的情趣和开发自己的潜能；以教育的方式使个人树立人生的信念和理想，形成健全的人格。"比如说，借助公开课程和隐性课程等形式，让学生了解适应社会生活的知识、技能、规范和价值，有选择地继承文化遗产，保存社会文化模式。又比如说，借助一些文化宣传活动，向学生传递价值观念和思想。教育是个体对历史、社会和时代认同的基础，又是历史、社会和时代对个体认可的前提。教育建立起了两者之间的联系，为个体占有历史文化与历史文化占有个体提供了中介。

历史文化的创生活动

教育，又是一种历史文化的创生活动，执行着社会发展的特殊功能。"教育是形成未来的重要因素。它激发个体的求知欲望，拓宽个体的生活视野，撞击个体的理论思维，催化个体的生命经验，升华个体的人生境界。"所以，教育不仅是历史文化的传递活动，也是历史文化的批判活动。在历史文化的传承过程中，教育并没有选择一味地传递，而是判断其是否适应时代，是否有传递的必要。同时，在选择的过程中，我们要学会创新。文化创新，是社会实践发展的必然要求，是文化自身发展的内在动力。文化创新可以推动社会实践的发展，促进人的全面发展，能够促进民族文化的繁荣。只有在实践中不断创新，传统文化才能焕发生机、历久弥新，民族文化才能充满活力、日益丰富。所以，教育赋予个体以批判地反思文化遗产和创造地想象未来的能力。它激励个体变革既定的世界图景、思维方式、价值观念和审美意识，从而达到新的生存状态。

教育是综合性的，是集德、智、体、美、劳于一体的，是集传递历史文化和创建未来文化于一体的。捷克教育家夸美纽斯曾经说过，只有受过一种合适的教育之后，人才能成为一个人。把教育的功能归结为一点，就是使人成为人。

教育是人的教育，是一种前进的努力。它是个大学问，值得我们继续研究下去。

秋分，家庭、家教、家风 ❸

秋分，是二十四节气中的第十六个节气。古有"春祭日，秋祭月"
之说，秋分曾是传统的"祭月节"。"春祭日""秋祭月"二者最大
的共同点就是都与家人有关，都是与家人团聚的日子。家庭是社会最
基本的单元，一个个家庭组合形成了社会，可见家庭是十分重要的。
那么家庭中的家教和家风又承载了什么呢？

"欲治其国者，先齐其家。"家是社会的细胞，是人生的第一所学校，
家庭是基础，家教是价值认同，而家风则是一种传承。

家庭：血脉相连·情感相通

家庭是指在婚姻关系、血缘关系或收养关系的基础上产生的，以情感为纽带，所构成的社会生活的基本单位。家庭是幸福生活的一种存在。

生命延续

生命延续，这个词我相信很好理解。在座的各位年轻人，在学校里，你们的身份是学生；可是在你们各自的家庭中，你们则是爸爸妈妈的孩子，是每个家庭生命的延续。在你们还在母亲肚子里时，家庭生命的延续便已经开始了。作为一个新的小生命，你们给家庭注入了新鲜的血液，也将这个家庭的生命延续了下去。你们和你们的父母，有着最亲密的血脉联系，是最紧密的亲人。亲人，也就是至亲至爱的人，即便不常想起也永远不会忘记的人，只知付出不求回报的人，无法用言语表达的人。可以说，血脉相连给了我们与生俱来的亲人，但是我觉得血脉并不是连接亲人的唯一纽带，感情才是超脱于物质的、固化的有效枢纽。所以亲人更是你们生活中不受制于骨血连接，而囿于感情维系且彼此牵挂的人。

心灵港湾

家庭是社会最基本的一个组成部分，同时也是最重要、最核心的一部分，是人们最重要、最基本、最核心的精神家园。人们的精神活动大多在家庭中进行，并且家庭也能提供人们释放自己压力的空间，是属于每一个家庭成员的小小空间。

池田大作曾经说过：家庭是心灵唯一的绿洲和安憩之地。年少时，大部分人总是想着"好男儿志在四方"，年轻人应该出去闯一闯，总是觉得家是一个四面围墙的房子，围住了自己的身体和想法。等到年纪大了，很多人才深深地感觉到家是爱的港湾、心灵的港湾，无论自己在哪里，受了什么样的委屈，家永远都是那个最坚固的堡垒，随时可以回去，也随时可以保护你。家庭也是在外漂泊的游子向往的地方，是人休息时的港湾，是人心中最柔软的那一块。在家里，无论父母年龄多大，总是会一直无私地关爱着你，在父母面前，孩子永远是孩子。在家里，夫妻与子女一起带来欢笑、依恋和温暖，一直互相支持。有家就有一切，爱自己的家才会让这座心灵的港湾更加美好。

成长启蒙

家庭是每个人的人生开启的地方，也是梦想启航的地方。刚刚降生的孩子就像一张白纸，家长需要通过言传身教的方式来启迪孩子，在一张张白纸上留下最美的画面。

社会由一个个家庭组成，家庭由一个个成员组成，每一个孩子的第一任老师就是家长，每一位家长都是由孩子成长起来的，孩子会通过模仿来获得技能，因此，家长的言行和家庭的氛围能对孩子产生巨大的影响，而这种影响是持久而深远的。养成一个坏习惯比改掉这个坏习惯要容易得多。孟母三迁的故事我想大家都听过，古人也在用他们的经验告诉我们，注重孩子的教育是十分有必要的，是国家发展、民族进步、社会和谐的重要基础。家是人们梦想开始的地方。现在，学生们都是孩子，学生们在成长过程中会接受来自父母的教育。未来，当你们成为家长，在教育下一代时，也要通过学习，给予下一代合适的家庭教育。旧思想和旧方法难以跟上新时代的脚步，因此，新时代的家庭教育需要摒弃旧思维，教育的方式也要随着时代的发展而做出改变。

家教：听其言，观其行

常言道："子不教，父之过"，"有其父必有其子"，"上梁不正下梁歪"。如果一个小孩子在外面总是调皮捣蛋、惹是生非，别人说的最多的一句话莫过于"啧啧啧，这孩子家教真不好"。父母作为孩子的第一任老师，一言一行都会对孩子产生很大的影响，好的家教会让孩子成为可塑之才，在未来社会里得到尊重和赞赏。而不正确的家教则会使孩子逐渐偏离正确的成长轨道，甚至误入歧途，因此家长应当给孩子营造良好的家庭氛围，学会育人正己。

时光稍纵即逝，未来的你们也会为人父母，也要养育子女，重视家教需要从现在做起。"我都给你说多少遍了，怎么还是错，擦了重写！""我这不是为你好吗？！""这么短的一个故事你怎么还没背下来，背完再睡觉！"……相信绝大部分学生的家长都说过类似的话，但效果如何想必大家都心中有数。因此作为未来的新生代家长，更应该重视言语在家教中发挥的作用。著名的马歇尔·卢森堡博士提出了"非暴力沟通方式"，这种方式包括四个要素：观察、感受、需要、请求。当你们在与孩子交流、沟通或是争吵的时候，首先需要关注到孩子的行为和客观事实，而不是一味地指责；其次要学会倾听，并用同理心跟孩子心贴心地交流；再次是追寻产生这种感受的根源，即思考我们为什么有这个感受、我们需要做什么等等；最后应该清楚地告知自己的孩子，希望孩子具体怎么做，而不是命令对方怎么做。非暴力沟通的核心就是希望家长能够创造和孩子真诚交流的机会。若家长总是用压迫性、命令性的语言来和孩子交流，会无形之中给孩子带来压力，甚至会增加双方在言语和肢体上产生冲突的风险，结局就是不欢而散。因此希望你们在教育孩子的过程中学会运用正确的沟通方式。

老子在《道德经》里说："是以圣人处无为之事，行不言之教。"即好的家教更需要家长以身作则，用自己的言行举止来引导孩子。孩子平时的模仿都是无意识的学习，和在学校里的学习不一样，家庭潜移默化的影响能在孩子的心中留下深刻的印象，这种印象难以在短时间内改变，因此家长的言传身教胜过千言万语。我们常常在新闻上或者媒体平台上看到家长带孩子过马路，他们在看到附近没有车子驶过时，就带着孩子闯红灯，嘴里还说着"没事没事，没车子的时候可以过去"，这真的是给平时学校、社会甚至是家长本人教育孩子遵守交通规则啪啪打脸。家长的行为是孩子习惯养成的标杆，家长应该成为孩子学习的榜样，家长要有高尚的道德和规范的行为，要培养孩子正确的"三观"，教育孩子健康地成长。

一个家庭的家教就好似培养人的水分、阳光、氧气，充足、优质的养分能促进人的健康成长，因此重视家教是十分有必要的。

家风：精神力量·行为尺度

家风，指的是家庭或家族世代相传的风尚、生活作风，即一个家庭当中的风气，是为家中后人树立的价值准则，体现了家族成员的精神风貌、道德品质、审美格调和整体气质，对家族的传承、民族的发展都会产生重要影响。

注重家风建设能为弘扬中华民族美德提供更加优良的环境，中华民族传统美德是对中国五千年历史的传承与创新，是有益于下一代的优秀文化遗产。历史上，中国人民在遭受外敌入侵时为国献身的精神始终激励着人们，如梁启超的"天下兴亡，匹夫有责"等。家是最小国，国是千万家，家风慢慢地成为中华文化的重要内容之一，中华文化中的中华民族传统美德也是全社会的家风，是中华民族不断前进的动力，是人的精神力量和行为尺度。

家风，是薪火相传的精神力量

家风是一个家庭的精神内核，是社会的价值缩影，影响着一个人的价值选择和目标方向。

马伯庸曾经说过："一个家族的传承，就像是一件上好的古董。……古董有形，传承无质，它看不见，摸不到，却渗透到家族每一个后代的骨血中，成为家族成员之间的精神纽带，甚至成为他们的性格乃至命运的一部分。"长辈教导晚辈时，不仅交流了感情，也将家风这一珍贵的文化传承了下去。

晚清名臣曾国藩的治政、治家、治学之道被记录在书信集《曾国藩家书》中。在为人处世方面，曾国藩以"拙诚""坚忍"为行事之道，在得意时埋头苦干，在失意时决不放弃，这种坚忍实干的精神实质，常人的确难以掌握，可这也是其能成功的原因。在持家教子方面，曾国藩主张勤俭持家、努力读书，不仅自己省吃俭用，也教育孩子不要做骄奢淫逸之事。同时，鼓励后代一同努力学习、兢兢业业。曾国藩曾因生了一场大病停止学习三四个月而懊悔不已。正是因为他将这些痛苦的蜕变当作成长的契机，付出实际行动并坚持不懈地努力，最后才取得了成功。

家风，是传承千年的行为尺度

家风好，就能家道兴盛、和顺美满；家风差，难免殃及子孙、贻害社会。既然家风能对家庭成员起到规劝与指导的作用，必然是家庭共识性的观念，因为有大部分人的认可，才得以施行。

四年级的孩子猛地一推孕妇只是因为好奇孕妇摔倒是否会流产，两个9岁儿童将14个灭火器和自行车从高空抛下，10岁儿童划伤小区多部车辆……社会上，关于"熊孩子"的新闻屡见不鲜，总有"熊孩子"撒泼耍滑，为父母和他人带来麻烦。俗话说"上梁不正下梁歪"，"熊孩子"的教育问题与其长辈有很大的关系，一个耍赖的儿童，往往是因为其父母的放纵与溺爱。

家风看不见、摸不着，但通过观察、感受人的行为准则、说话方式，就能隐约感受到，家风是融化在血液中的气质，是融进每个人骨子里的品行。人之初，是性本善还是性本恶，我认为没有标准的答案。刚刚出生的孩子就如一张白纸，长辈的教育和自己经历的事件都会在这张白纸上留下痕迹。如今对孩子的放纵，更有可能让他在未来承受"社会的毒打"。为孩子搬家三次的孟母、给儿子写了上百封书信的傅雷……他们通过生活中的种种细节，潜移默化地熏陶孩子的思想与行为，传承优秀家风，并让它成为孩子一生都能够恪守的行为规范。

家风是孕育文明家庭的沃土，是培育优秀人才的基地，良好的家风应该世代相传，我们应该用良好的家风来营造社会的良好风气，让家风中传递的精神力量和行为准则如春雨般润物细无声。

　　小家传大爱，好的家教与家风能为一个家庭锦上添花。重视家庭文化建设，注重家风和家教，是中华民族的优良传统，更是每个人的人生必修课。

国庆节里说爱国 ❀

国庆节，也称国庆日、国庆纪念日，是指由一个国家制定的用来纪念国家本身的法定节日，通常是这个国家的独立、宪法的签署或其他有重大意义的周年纪念日。每一个公民，都有义务热爱自己的国家，都有义务为国家承担责任。

国庆，为国之强盛而庆，为国之历史而庆，为国之希望而庆，为国之栋梁而庆。在这举国同庆的节日里我们来说说爱国这个话题。

爱国是本分也是职责

前一段时间，香港部分示威者涂画国徽、扯下国旗，将其丢入海中等恶劣行径，激起了全体中华儿女的极大愤慨，也激发了全体国人的爱国之情。爱国民众自发组织守护国旗、国徽的行动，表达自己的爱国之情。

于敏为氢弹研制隐姓埋名二十八载，张富清深藏功名为贫困山区奉献一生，袁隆平数十年致力于杂交水稻技术的研究、应用与推广；还有贾谊的"国而忘家"，陆游的"位卑未敢忘忧国"，陶行知的"国家是大家的，爱国是每个人的本分"……这些都是古往今来无数仁人志士所表现出来的爱国壮举，充分诠释了"爱国是本分也是职责"的本质内涵。

21世纪的新青年，是祖国未来的栋梁。在思想多元、开放共享的新时代，你们更应该明白爱国的意蕴和职责的分量，你们应该以这些伟人为榜样，明白你们身上的责任和担当，为国家的繁荣富强做出贡献。同时，在信息开放和多元化的今天，我们更不应该一味地崇洋媚外，为了谄媚西方就一味地贬低自己的祖国。在新闻中我们看到过很多类似的例子，例如有人认为外国的东西永远比祖国的好，买日常用品、食物、服饰等都崇尚外国的牌子，就连空气都觉得外国的香。对于这些学生，我觉得路遥有句话说得特别好："世界上有许多美好的地方。但是，那里有黄山，有黄河，有长江，有长城吗……既然这些都没有，那么，祖国就是一个不可替代的地方。"祖国在我们每个中华儿女心中都是唯一且不可替代的，爱国是本分，也是职责，是心之所系、情之所归，就像歌曲中唱的那样："我和我的祖国，一刻也不能分割……"

青年一代要将个人命运融入国家命运，以个人梦想推动国家梦想，以青春之我，创建青春之家庭，青春之国家，青春之民族。党的十九大报告中明确指出：青年一代有理想、有本领、有担当，国家就有前途，民族就有希望。中国梦是历史的、现实的，也是未来的；是我们这一代的，更是青年一代的。中华民族伟大复兴的中国梦终将在一代代青年的接力奋斗中变为现实。希望广大青年都能好好品味这段话，在有限的时间里激活无限的能量。我们明白了爱国是本分也是职责后，更要付诸行动，将爱国厚植于质朴的情感中，融入具体的实践中。

爱国是最持久的情感

爱国是一个永恒的话题，随着时间的推移，爱国始终是文化中最重要的一个部分，是人世间最深层、最持久的情感。历史告诉我们爱国的重要性，回望过去，爱国志士永垂不朽，而卖国小人遗臭万年。

从古至今有许许多多的仁人志士在历史长河中留下了深深的足迹：林则徐虎门销烟，戚继光抗击倭寇，郑成功收复台湾，屈原忠君爱国，等等。著名数学家华罗庚拒绝了美国某大学聘请为终身教授的优厚条件，回到了祖国，为国家做出巨大的贡献，被誉为"人民的数学家"。他们的爱国事迹让我们动容。从古代起，爱国就被认为是一个人的重要品质，是质朴而单纯的情感。

在滚滚的历史长河中，卖国的事情也不少。西安事变后，汪精卫出任国民党政治委员会主席。在那期间，他极力讨好日本，在全面抗日战争爆发的时候，他大肆散布"战必大败"的谬论，扰乱人心，最后成了中华民族的罪人。

祖国是我们每个人的栖息之地，是我们心灵的住所。祖国是我们的骄傲，是我们的靠山，是大家的家园，祖国赋予我们现在所拥有的一切。爱国是每位公民应尽的责任与义务，相比其他，爱国是最持久的感情，仁人志士们为国家贡献出最赤诚的一颗心，为国家的发展贡献出全部的力量。近代的中国曾陷入落后挨打的境地，但因为涌现出许许多多的爱国人士，比如钱学森、邓稼先、詹天佑等人，中国又重新站起来了。

爱国，是人世间最深层、最持久的情感。学生们应该增强能力，朝气蓬勃，昂扬向上，为我们国家的繁荣富强奉献出自己的一份力。

爱国不能停留在口号上

"阿中哥哥生日快乐。"在祖国七十周年华诞时，类似这样的祝福语我在微博、朋友圈等社交平台上看到了许多条，爱国电影《我和我的祖国》及其同名歌曲都登上热搜。微博上、朋友圈里处处都能看见大家发的爱国动态，不知不觉，这也成了学生们甚至是绝大多数中国人表达爱国情感的方式之一。爱国是一个大命题，每个人都有自己的看法与理解，也有属于自己的表达爱国的方式。从古至今有许许多多的文人雅士通过写爱国诗句来表达他们对于国家的忠诚与热爱，有"苟利国家生死以，岂因祸福避趋之"的无所畏惧，有"人生自古谁无死，留取丹青照汗青"的民族气节，也有"先天下之忧而忧，后天下之乐而乐"的民族牵挂。爱国，顾名思义就是热爱自己的国家，但请记住，爱国并不是静卧在诗词绘本里的词汇，也不是空头支票，更不是挂在嘴边、贴在墙上的空话。爱国可能是很细微的细节和举动，但无论如何，爱国一定是具体的行动，绝非空喊的口号。

爱国是一种理智的行动。从钓鱼岛事件我们可以看出仍然会有人以一种不理智的行为使"爱国"蒙尘，例如愤青们以爱国为借口抵制日货，砸车、砸店铺、撕书等，这样的爱国是不理智的，真正的爱国应该是理智的。爱国首先应该遵守国家的法律制度，懂得思考怎样做才是对国家、对人民有益的，而绝非是一种盲目的、冲动的、糊涂的爱，这种"糊涂的爱"不是真正意义上的爱国，甚至可以说是"害国"。爱国需要理智，也需要法治，最终指向的是培养更多具有崇尚理性、遵守法律、尊重他人合法权利的现代公民。

爱国是一种情怀，是一种信仰。大部分学生都觉得爱国这件事情好像离自己很遥远，自己不过是那芸芸众生之中很普通的一名学生，既不能像科学家一样为国家科学技术的进步献出一份力量，也不能像革命先辈一样为国家抛头颅、洒热血，好像爱国对于自己来说就只能挂在嘴边，而具体的行动又离自己的现实生活遥不可及。其实爱国很简单，就如对"爱国"二字的理解一样，就是热爱自己的国家。爱国，并不是要你做出很大的贡献，其实只要做好生活中的点点滴滴，心中有一颗爱国的赤诚之心，在国家有难、人民有需要的时候愿意挺身而出，这便算是爱国了。

作为一名学生，爱国可以体现在熟悉的校园中。第一，认真完成作为学生的任务，不迟到，不早退，不逃课，上课认真听讲，积极回应老师，课后及时完成作业，好好准备期末考试，同时摒弃过去"两耳不闻窗外事，一心只读圣贤书"的老旧思想，积极参与学校组织的各种校园活动，充分发挥和展示自己的特长，在平时通过多阅读书籍来充实自己及提升自身素质，利用寒暑假投身于社会实践中，为社会做出贡献……做到这些作为学生需要做的最基本的事情，那你就越来越优秀了。习近平总书记曾经说过，"千秋基业，人才为本"，可见我们处于新时代，培养好和使用好人才是非常重要的，所以你还认为自己作为一名普通的学生离爱国遥不可及吗？第二，兼收并蓄，继承创新。大学生作为国家未来的希望，应该以一种创新精神兼收并蓄，不断丰富和发展爱国主义的时代内涵，为此你们应当充分利用创新创业教育课这一主渠道和主阵地，接受"大众创业、万众创新"的创新理念教育。第三，在校园生活中，应当学会乐于助人、尊重师长、团结友爱，爱祖国首先就要热爱祖国的人民，最重要的是爱自己身边的人，无论是校园保安，还是公寓宿管员，或是卫生保洁员，我们都应该给予他们充分的尊重，说话带着温度，多一分理解，更多一分行动。

为庆国庆而奏响的赞歌在向全国人民宣告：实干才能兴邦。这里面的教育意义对于大学生来说更是深远的，青年兴则国家兴，青年强则国家强，大学生在爱国教育的熏陶下更应该明白自我使命感和责任感，更应该坚定"为中华之崛起而读书"的理想信念。时代需要真抓实干的行动者，作为未来社会主义建设的合格接班人和可靠的中坚力量，大学生必须将爱国的热情转化为实际行动，将自己的青春奉献到民族的复兴中去。国庆，为国之强盛而庆，为国之历史而庆，为国之希望而庆，为国之栋梁而庆。长江黄河，浩浩荡荡；中华儿女，不辱荣光。

　　什么是爱国？应该怎么爱国？我想在本部分内容中你一定能找到答案。爱国是本分也是职责，爱国是最持久的情感，爱国不能停留在口号上，青年人应当沿着光明大道走，为建设更美好的祖国贡献出自己的力量。

消防安全日里说安全

在我国，11月9日的月日数恰好与火警电话号码119相同，而且这一天前后，正值风干物燥、火灾多发之际，全国各地都在紧锣密鼓地开展冬季防火工作。为增强全民的消防安全意识，使"119"更加深入人心，我国将每年的11月9日定为全国的"消防日"。

安全是一个永不过时的话题，"安全第一"是做好一切工作的基石，只有坚持安全第一，才能对个人、企业、国家负责，在消防安全日，我们就来谈一谈"安全"。

安全重如泰山

安全这个词，对于每个人来说，都并不陌生。它存在于我们生活、生产的每一个角落。安全是发展的重要保障，它的重要性不言而喻。

对于我们个人而言，它是一切活动的前提，是一切活动的基础。一个人如果没有了安全的保障，那他也就没办法进行各项活动。生活中的安全隐患时刻都存在着。例如：2005年12月26日下午，承德某高等专科学校学生因在宿舍违章使用大功率电器造成电线短路，致使宿舍发生火灾，庆幸的是，火被及时扑灭，没有造成人员伤亡。某校多名学生出现不同程度的头疼、发烧、腹泻、腹痛和呕吐等症状，初步诊断后，系食物中毒。在我们的日常生活中，无数案例告诉我们，很多安全事故本可以避免，小小的忽视也会导致严重的后果。"安全重于泰山"，凡是无视安全的行为必将付出惨痛的代价。每个人的生命只有一次，如果没有安全作为保障，幸福稳定的生活将顷刻间化为乌有。

对于我们的国家来说，安全也是国家繁荣稳定的前提。大家想象这样几个画面：一边是战乱中逃难的难民们，一边是坐在教室里安静学习的学生们；一边是战火纷飞的战场，一边是一片和谐的公园；一边是血流遍地的废墟，一边是充满生机的草地。这几个简单的画面对比，直观地告诉我们国家安全的重要性。国家安全关系着整个国家和民族的生死存亡。如果没有国家的安全，公民个人的安全也就没办法得到保障。在全球化进程中，如果没有解决军事、政治、外交等方面的传统安全问题，那全球安全、国家安全和人的安全等等，就无从谈起。

所以，不论是对于个人还是对于国家，安全都十分重要。"安全重于泰山"应该成为我们每个人的共识，也是我们要谨记于心、笃之于行的一句话。

安全教育

安全无小事，抓好安全工作是维护学校正常秩序、提高教育质量的基础。随着社会的发展，大学生的生活空间也在不断扩大，为培养自我保护意识、风险预防意识和良好的应急心态，学校也需要通过各种方式开展安全教育。

生活安全教育

在大学期间，学校是学生们的主要活动场所，是大家的第二个家。那么在学校里究竟该注意哪些问题呢？

第一，人身安全不容忽视。大学作为一个大集体，学生们会见到很多人，面临很多事，其中部分的人与事也会对大学生的人身安全构成威胁。学校可以通过人身安全教育来提高学生们的自我防范能力。

防盗是重要内容之一。盗窃是高校的高发、多发案件，宿舍盗窃最为常见，既然我们不能预知东西会被偷走，那就应该加强自己的防范意识，不让犯罪分子有机可乘。贵重物品要放置在带锁的抽屉或箱子里；离开寝室时注意随手关门关窗，不将贵重物品放置在肉眼可见处；不留宿外来人员，发现可疑人员要加强警惕；随身携带好包和手机；一旦发现盗窃案件，应立刻上报，配合保卫处和公安机关调查，让损失最小化，并且每一位学生也要知道盗窃的法律后果，自觉抵制社会不良风气。

第二，饮食安全至关重要。每所学校门口似乎都有一条小吃街，学生们很喜欢买买买、吃吃吃。可是，对于食品安全，学生们又关注了多少呢？

民以食为天，食品安全不容小觑。食品安全关系着人的健康与社会的稳定，校园食品安全更是关系到全体学生和教学工作的正常进行。2003 年，基于好奇，某校学生们在操场上捡野果子吃，其中47名学生出现恶心、头晕的症状。2014年，某校部分学生购买学校附近地摊售卖的炒面等食物吃后出现腹痛、呕吐等症状。虽然两起案件并未造成人员死亡，但均对学生的健康造成了很大的危害。因此，不仅学校要从源头抓好学校食堂的食品安全问题，学生们也要保持警惕，尽量在学校的食堂或者有卫生和安全许可的饭店吃饭。在购物时，检查食物的保质期，过期变质的食物一律不吃。当出现剧烈的呕吐和腹泻等类似急性胃肠道疾病的情况时不要恐慌，要及时就医。

交通安全教育

很多大学生在大学期间陆陆续续考取了驾驶证，驾驶热情自然高涨，见到车就有一种跃跃欲试的感觉。对新手司机而言，虽然通过了驾考，但面对真实的路况，还是需要小心小心再小心，要保持良好的心态，不紧张，不急躁。

学生们经常结伴上下课、逛街，在马路上蹦蹦跳跳、嬉戏打闹，甚至倒着走路和同学聊天。如今边玩手机边走路的低头族越来越多，他们沉浸在手机中，大脑放空，殊不知危险悄然而至。作为马路上的行人，我们应该将主要精力集中在走路和观察四周上，而不是嬉戏打闹和沉浸在手机的虚拟世界中。学生在校因为赶着上课而骑车飞快，校园内车辆相对较少，不易发生意外，不少学生因此抱有侥幸心理，这也为交通事故的发生埋下了祸根，学生在校园里自在惯了，到了校外的马路上容易松懈，导致事故的发生。因此每一位学生都应该谨记交通法规，将安全放在第一位。

防骗教育

大学校园作为一个小社会，总是充满形形色色的人和各种各样的骗局。在大多数学生的眼中，大学生活是一段让人期待且美好的时光。在这一切刚刚开始的时候，最容易被忽视的就是学生们的安全问题。

诈骗。不法分子将他们的目标对准学生，利用QQ号诈骗、网络购物诈骗、网上中奖诈骗等方式，骗取学生们的钱财。特别是最近，网络诈骗的案件频发。我认为主要原因是现在大家都离不开网络，通过网络交友、购物、娱乐相当普遍，犯罪分子有机可乘。他们以骗钱为目的，利用各种理由，用尽各种手段来诈骗。面对这种情况，学生们应该提高警惕，只要是涉及钱财的事都要小心谨慎。

传销。传销是以推销商品、提供服务、投资项目等为名，要求参加者通过缴纳费用或购买商品等方式获得加入组织的资格。传销与诈骗不同的地方在于，诈骗基本只是骗取钱财，而传销不仅骗钱，还骗思想和人身自由。由于传销组织的人的洗脑能力很强，很有煽动性，许多涉世未深的大学生因此受骗，也造成了很多悲剧。随着时代的发展，传统传销换了新衣服，新型传销引诱着更多人上当受骗。面对这些陷阱，我们究竟该怎么做？首先，应该了解什么是传销，了解传销的惯用手段，大多数传销活动都是换汤不换药，看透它的本质就不易受骗。其次，学生们应该树立正确的价值观，记住天上不会掉馅饼，一夜暴富是不可能的，尤其应该树立正确的就业观，脚踏实地地创造财富。

网贷。贷款是用明天的钱做今天的事，是随着网络的发展而产生的。由于大学生的信用等级低，大部分银行对大学生的贷款限额控制严格，且贷款程序复杂，无法满足部分大学生的需求。因此各大网贷平台就动起了歪脑筋，将魔爪伸向大学生。大学生购物消费、日常娱乐等方面的需求大，部分学生甚至产生了盲目攀比的心态，而没有固定收入的大学生又不愿向父母、同学借钱，最终选择了操作简单又来钱快的网贷平台。刚开始或许还能还上钱，渐渐地越贷越多，最后导致无法偿还。面对这种情况，学生应该及时止损，教师应给予恰当的帮助。学生们要保持健康的消费习惯，树立正确的价值观和消费观。

安全启示

"安全重于泰山"，这一观点虽然一直在强调，但各种意外伤害事故还是在频繁地上演，给学校、家庭、社会带来了沉重打击，预防和减少安全事故，始终是社会的焦点之一。

掌握基本的安全知识

既然我们无法营造一种完全安全的环境，那么我们自己就要有一定的防范事故的能力。"遵守交通规则，不要与陌生人说话或吃陌生人给的食物，离开寝室时应当关闭电源……"这些都是我们生活中常常听到和看到的安全小知识，但可别小瞧它们，掌握这些基本的安全知识往往能够让自己的命运由被动转化为主动，为生命赢得更多的"生机"。因此学生应当自觉学习和掌握一定的基本安全知识，我相信这对于每位学生来说肯定是有利而无害的。

加强思想教育

人们是否重视安全，关键在其是否具有安全意识，是否树立了正确的安全观念。因此安全教育工作中的思想政治工作显得尤为重要。首先，要引导学生树立"生命至上、安全第一"的思想，不管参与何种活动都应当把保障生命安全作为落脚点，牢牢守住安全底线。其次，学校应当定期组织开展安全教育方面的讲座，提高学生的安全意识，增强其安全防范能力。最后也是最重要的，就是学生自己要时刻敲响安全警钟，学会主动接收安全信息，培养自主安全意识并且改变一些不好的习惯，防患于未然，给自己创造一个安全的学习和生活环境。

加强法制教育

大学校园相对来讲是一个比较开放的环境，大学生相比过去已经是更加独立的人，拥有了独立管理经济、进行抉择的机会和能力。但在成长的同时大学生也将面对更多的诱惑和危险。裸贷、校园暴力、老乡诈骗等一个又一个触目惊心的案例告诫每一位大学生应当增强法治观念和法律意识，要有一定的明辨是非的能力。树立尊法、知法、学法、守法的意识并且懂得如何正确地使用法律武器来保护自己的人身安全和利益，对于每一位大学生来说都是人生的必修课。

大学生的安全教育不能只是一时的，不能仅仅靠一两个活动，而是要多管齐下，多个部门配合，长期地进行，通过明确的分工，明确每一个人的职责，提高安全教育的效率，形成全校学习的良好氛围。同时，学校可以通过举办一系列有关安全教育的活动，加强对学生们的思想教育和法制教育，在潜移默化中，让学生接触到安全教育的知识，让学生自发地加入安全教育的宣讲活动中，让大家在安全的环境下生活和学习。

世上最珍贵的东西是什么？是人的生命。生活中最珍贵的是什么？是平安，没有了安全一切都是浮云。因此我们都应该铭记"安全第一"，尊重生命，保护生命，爱惜生命。

国际大学生节里说"一带一路" 🌀

> 青年是充满朝气与创造力的群体，青春由磨砺而出彩，人生因奋斗而升华。梁启超先生说过："故今日之责任，不在他人，而全在我少年。少年智则国智，少年富则国富，……少年自由则国自由，少年进步则国进步，……少年雄于地球则国雄于地球。"在国际化的时代浪潮中，大学生该怎么做呢？

　　大学生是一个充满活力的群体，是未来社会发展的主力军。今日的大学生应当有自己的情怀与远方，肩上有自己的梦想与担当，那么大学生们应该如何面对当今的形势，又该如何把握住机会，面对挑战呢？

视野·形势

　　近年来，随着全球化的一步步发展，人类的交流逐渐打破了原来的地域限制，世界慢慢成了一个联系密切的"地球村"。在交流与借鉴中，各国的政治、经济、文化和社会信息等多方面碰撞融合，构建人类命运共同体的理念正得到全球越来越多的认同。人类命运共同体旨在追求本国利益时兼顾他国合理利益，在谋求本国发展中促进各国共同发展。人类只有一个地球，各国共处一个世界。我国在 2013 年也提出"一带一路"（"丝绸之路经济带"和"21世纪海上丝绸之路"的简称）的倡议。它充分依靠中国与有关国家既有的双多边机制，借助已有的和行之有效的区域合作平台，促进与有关国家的共同发展，实现共同繁荣。同时秉承共商、共享、共建原则，遵守和平共处五项原则，促进各国在政治、经济、文化上的交流。全球化的趋势为各国都带来了许多机遇，促进了更多国家的发展，优化了产业结构，也为全球各地的人们包括当代的青年们，带来了很多便利。但在各国之间的联系变得紧密的同时，也会有越来越多的问题出现。所谓牵一发而动全身，任何一个国家的微小变化都会导致世界产生巨大的动荡。如现在已经出现的全球气候变暖、资源短缺、疾病流行等问题。如果这些问题越来越严重，那么我们每个人都要为此付出代价。

　　如今，在新时代的背景下，中国也紧随着整个世界的脚步而快速发展，经济全球化进程越来越快。作为当代青年大学生的你们，也应该反思自己，要做一个怎样的青年，才能跟得上这个时代？新时代，大学生要有发展的眼光，思想观念及学习方法不能局限于过去。大学生作为国家发展的生力军，也应该跟上国家的步伐，不能给国家"拖后腿"，因此培养大学生的国际视野是至关重要的，是中国能顺应时代潮流、应对百年未有之大变局的关键因素之一，同时培养出的高素质人才，也是国家进步、人类进步的重要保证。培养学生的国际视野，是不能一蹴而就的，首先应该培养学生的国际意识，这是指让学生对国外一些局势有一定的了解和自己的看法，同时通过了解更多的国外文化，取其精华去其糟粕。这样，学生在面对一些情况时，就能够用国际化的心态和思维方式去看待、分析。可能大部分学生没有机会去国外接受国际化的教育，因此自己寻求教育机会就更加重要了。阅读是培养国际视野的一个重要手段，阅读与国际问题相关的文章，或者关注一下国际组织的理念和它们的运行模式，都是一些低成本但高效率的方法。

打破陈规，突破自我，抛却那些陈旧、保守的理念，通过不断的学习、积累，慢慢地，自己的能力会越来越强。在这个竞争激烈的世界中，懂得主动去完善自己、发展自己，拥有创新精神，才能登上国际舞台。

机遇·挑战

古代丝绸之路架起了欧亚大陆间沟通的桥梁，是最早最重要的东西方文明交流的通道。如今世界在快速发展，在过去的十年到十五年之间，中国的国际地位在国际舞台上不断提高，在国际上有了更大的话语权。政治多极化、经济全球化、文化多样性让各国之间的关系越来越紧密，任何一个国家发生变化，其他国家都不能独善其身。面对当今局势，我们应该如何把握机会呢？

首先，应该抓住机遇

"一带一路"是中国对外开放的一个全新的格局，这一格局的诞生也为大学生带来了新的机遇。

教育方面的机遇。根据 2015 年国家发布的《推动共建丝绸之路经济带和 21 世纪海上丝绸之路的愿景与行动》，中国每年会向"一带一路"沿线国家提供政府奖学金，这不仅能吸引沿线国家的学生来中国留学，中国有意向出国留学的学生也有了更多的选择，也有机会接触到更多元的文化。同时，各国之间的合作离不开教育方面的合作，不同国家间进行交流时，可以通过互相借鉴，推动多元文化的融合与发展。

就业方面的机遇。随着"一带一路"覆盖面越来越广，超过 20 个国家对我国实行了免签等便利政策。中国与"一带一路"沿线国家之间的交流越来越密切，大学生在创新创业和就业方面有了更多的选择，这有助于人才交流和跨国产业、跨国合作的展开与推进。

其次，应该勇于挑战

与机遇相伴的即挑战，在"一带一路"的建设过程中，是充满机遇与挑战的。

"一带一路"给中国带来了市场，在竞争激烈的当前社会，我们需要通过挑战抓住机遇。

产业创新带来的挑战。因为产业创新，让部分产业向国外转移，留在国内的大多是技术型的核心部分。因此，对员工技术等方面的要求变得更高。同时，在一些调查研究中也不难发现，毕业后薪资较高的专业大多是偏向理工科方面的，这也从侧面证明了如今的生产更依靠科学知识，即人的智力和知识。面对如今的形势，理科生如何从竞争中脱颖而出，文科生该怎样逆水行舟是值得认真思考的。

政治思想素质方面的挑战。现代科学技术迅速发展，劳动者的文化素质对生产的进步和社会的发展有决定作用。社会上，有部分人因为工作压力大等问题会产生抑郁的情绪。因此，未来对大学生心理和身体的要求也越来越高。

"一带一路"倡议带来了机遇与挑战，学生们应该勇于创新，脚踏实地，奋勇前行，抓住机遇，迎接挑战！

参与·作为

放眼世界，开阔视野

青年作为新时代的奋斗者和追梦人，也应当具备长远的眼光和开阔的视野。思想观念及学习方法不能只局限在过去，时代在不断地发展和进步，当代青年大学生也不能停滞不前或缓步前进，思想境界也要随之做出改变，紧跟时代的潮流，通过了解国际形势及未来发展的趋势，建立自己的知识库，升华自己的精神面。

青年是国家发展的主力军，用知识武装自己是至关重要的。在全球化的背景下，培养自己的国际视野是十分有必要的，无论是亲身去国外体验，还是在国内通过媒体等了解，都对培养自己的国际视野有着积极的作用，而我认为阅读也是好方法之一。通过阅读与国际问题相关的文章，或者关注一下国际组织的理念和与它们的运行模式相关的新闻动态，结合中国的优秀传统文化，取其精华，去其糟粕，最后使之为自己所有。知识永远不会贬值，知识比金钱更容易积累，趁大学还没有毕业，利用闲暇时光多学一些技能或知识，打破陈规，突破自我，抛却那些陈旧、保守的观念，尝试用国际视野去看待问题，慢慢地，自己的能力也会越来越强。

自立自强，报效祖国

"985毕业生放弃一线城市工作机会，扎根基层，一心为民"，"党的十八大以来，越来越多的大学生奔赴西部地区，为偏远地区的百姓带来希望"，"中国女大学生四年坚守支援非洲铁路建设"等新闻数不胜数，可见当今的青年们都在认真踏实、积极主动地践行着国家赋予的使命与责任。作为一名有理想、有本领、有担当的新时代青年，学会把握当下、加强学习、继续深造相当重要，但不忘初心、落实行动、报效祖国也同样重要。因此青年大学生应当积极响应国家的号召，服务人民，振兴祖国，奉献青春。无论前方是康庄大道还是羊肠小道，即使需要你们披荆斩棘，作为新时代青年的你们，也都应当心怀自立自强的精神，迈着坚定的步伐，继续前行。

脚踏实地，拼搏奋斗

"脚底风云足下生，踏马流星取次听。"对于大学生来说，推进"一带一路"建设，先要做好自己。不管是在学习上还是在生活中，大学生只有努力学习，提高自身素质和综合能力，树立正确的"三观"并砥砺奋斗，才能在社会上站稳脚跟，才能为社会、为国家贡献出自己的一份力量。在此基础上，也希望每位学生能够了解国情、立足现实，脚踏实地地做实事；利用空余时间积极参加社会实践、青年志愿服务等活动，这些活动能够很好地帮助学生提高能力，吸收新思想和新知识。

我始终相信只有一步一个脚印，才能把美好的梦想变为现实，不管你的身份是什么，不管你身在何处，脚踏实地、坚持不懈地拼搏奋斗才是最好的。

视野与形式，机遇与挑战，参与与作为……在国际大形势下，青年人作为未来的主人，更应当全面提高自身素质，担负起历史赋予的使命，努力学习，乘着历史的巨轮乘风破浪、勇往直前。

立冬，"宝藏"青年

"立，建始也；冬，终也，万物收藏也。"立冬，意味着生气开始闭蓄，万物进入休养、收藏状态。传统是以"立冬"作为冬季的开始，冬季是享受丰收、休养生息的季节，也是蓄势待发、积聚力量的档期。

宝藏藏得深，挖掘靠自身。你是否是一位宝藏青年呢？

立冬，宝藏青年

什么？听说你还不知道什么叫宝藏青年？这可不行。快快和我来，让我来给你介绍介绍咱们新时代的宝藏青年，包你眼前一亮。

所谓宝藏青年，顾名思义就是如宝藏一样的青年一代。他们不止步于外表美，内在也十分美好，就像大家所熟知的宝藏一样，藏在不为人知的地方。通过友好相处，我们能发现宝藏青年很多隐藏的、不一般的技能，就像挖宝藏一样。细说这宝藏青年，那可有好多话说。

琴棋书画，技能大佬

我猜你身边一定不缺这样的宝藏青年。他们琴棋书画样样精通：手握钢琴、小提琴、吉他、古筝等各类乐器等级证书，能写楷书、隶书、草书、行书各类字体，会画水墨画、水彩画、国画等，擅长足球、篮球、乒乓球等各项球类运动，爱好摄影、修图、剪辑……总而言之，没有他们做不到，只有你们想不到。这样的"技能大佬"身边还真的不少。

舞台是他们发光发亮的地方，你总能在社团、晚会等大大小小的场合见到他们的身影。大学就如同一个大舞台，充满了挑战和奇迹，而他们在这个舞台上尽情地展示自己的风采，挥洒自己的汗水，发挥自己的特长和能力，不断地锻炼和成长，不断地进步和完善自己。

身兼数职，效率加持

除了我们的"舞台承包商"，还有一类宝藏青年。他们活跃在大学社团、艺术团、学生会及志愿服务团体等多种不同的组织中，为同学们服务，极大地便利了同学们的日常生活。这类宝藏青年，人送外号"小陀螺"。

他们身兼数职，却能把手头的每一件事情都做得井井有条。如果不是亲眼所见，你可能会怀疑上天是不是更偏爱他们，给了他们一天超过二十四小时的时间。当然这并不可能。他们能有序、高效地处理事情，是因为他们有着高度自律的能力和严谨的时间规划能力。从早晨起床的那一刻起，他们就有着明确的奋斗目标，今天该完成什么事情都在计划表上清楚列出。他们没有自怨自艾的抱怨，也没有虚度光阴的拖延，"小陀螺"们做事雷厉风行，干脆利落。在大部分人发出羡慕的声音的时候，他们早就整装待发，准备向下一个目标出发了。

学神出手，全部我有

说起咱们的宝藏青年，自然少不了"图书馆常驻选手"。你以为我要说的是成绩优异的学生们吗？当然不是。成绩优异不是他们唯一的标签。他们乐于研究，勤于钻研，对任何事情都抱有好奇心和求知欲。

他们去的最多的地点，除了食堂，可能就是图书馆了。首先，自然是对专业的相关课程有一定的研究和深入了解，掌握其中的规律。通过高效有趣的学习，他们就能轻轻松松地拿到奖学金。其次，他们乐于观察身边的事物，勤于研究一些未知的问题。在闲暇之余，研究就是他们的代名词。最后，他们敢于挑战，敢于探索。有的时候，学业和创业他们也可以两手抓。

什么是宝藏青年，想必你心中已经有一个答案了。当然，除了这三类宝藏青年，还有很多其他类宝藏青年。每个人身上都有着不同的闪光点，只不过你可能还没挖掘到。所以，尽情地去探索吧，发现你身上的可能性，书写属于你自己的灿烂人生。

宝藏青年的时代

时代在不断地发展，对青年们的要求也在不断地变化。

抗日战争时期，青年流行"到延安去""到抗日前线去"。

20世纪50年代，青年流行"到边疆去"。

20世纪70年代，青年流行"到农村去"。

20世纪90年代，青年流行"到国外去"。

21世纪初，青年流行什么呢？

天大地大，知识最大

"少壮不努力，老大徒伤悲。"这句诗想必大家一定耳熟能详了吧。一座坚实的房子离不开结实的地基，基础是根本，根深才能叶茂，而时代发展的基础就是人才。

时代需要人才。宝藏青年们想要在这个时代大放光彩，学识是基础，在科技主导经济的时代，宝藏青年的科学知识水平、思想道德水平很大程度上决定了国家的未来，一个整天只专注在游戏、娱乐、网上冲浪而忽视学习的网瘾青年很难挑起建设祖国的大梁。宝藏青年们应该以知识为剑，理想抱负为盾，过五关，斩六将，为自己打下扎实的基础，为自己未来的"江山"努力。

让想象力爆发

爱迪生通过想象力发明了复印机、改良了电话机等，被称为发明大王，正如爱因斯坦所说："想象力比知识更重要，因为知识是有限的，而想象力概括了世界上所有的，并且是知识进化的源泉之一。严格地说，想象力是科学研究的一个真正的因素。"

时代需要发明家。创造能推动国家的发展，而青年正是富有青春活力的群体，宝藏青年们若能在这个时候利用自己的长处，发挥自己的创造潜能，结合自己的聪明才智，让想象力爆发，勇于创造，我相信社会的发展会如坐了火箭一般，直飞云霄。

做个品德高尚的人

试问：一个平时一直满嘴讲空话、大话的人和一个平时诚实守信的人来向你推荐同一个产品，你更愿意相信谁？诚实守信的人必然是占了上风的，可见一个品德高尚的人更能成功。

时代需要品德高尚的人。日本著名的企业家吉田忠雄在分享自己的成功经验时，曾表明诚实是首位，他因为诚实获得了他人的信赖，为未来的创业成功打下基础。勿以善小而不为，勿以恶小而为之，宝藏青年们要以身作则，倡导社会公德、职业道德和家庭美德，为时代做出贡献。

时代在不断变化，对青年的要求也在不断变化，在这个特殊的时代，我们需要锻炼头脑，培养优秀的思想品质，为时代的进步做出贡献。

宝藏青年养成记

你可能见过这样一种人，他／她是身兼数职、做事井井有条的超能力者，他／她是学习踏实且上进的学霸，他／她是琴棋书画样样精通的全能青年。每当遇到这种人，我们都不由得发出叹息："太厉害了，要是我也能像他一样就好了！"如果你也有这种想法，如果你也想让人眼前一亮的话，赶紧制订你们自己的宝藏青年养成计划吧！

生活有界限，脑洞要脱缰

都到了 2021 年了，假如没有分身有术的宝藏能力加持，怎么好意思出来混？生活总是充满了未知的因素，作为新时代的年轻人要是没有个"三头六臂"，怎么扛得住命运对我们弱小身体的摧残呢？

当代青年要适当解锁隐藏的能力，虽然生活不是毫无边界，但至少我们要时时刻刻带上我们的脑子扬帆起航，要从多元角度看待问题，打破原有的固定的思维，用一种更加新颖奇特的逻辑思维去解决生活中的难题，即使它是多么的不可思议，要细心感受生活中的奥妙。只要宇宙不重启，宝藏青年就不放弃。

get 免疫力，迷人又自信

进阶宝藏青年必备首要能力就是树立正确的人生观、价值观、世界观，要活出别人的意料之外，拒绝压抑，拒绝沉闷，拒绝自卑，拒绝紧张，拒绝孤单……消灭一切阻碍我们冲破宝藏封印的邪恶力量；同时，宝藏青年不要急于去追求结果，生活更重要的是享受花开的过程，只要你足够自信，足够爱自己，人生就没有过不去的坎，毕竟一切皆有可能。

作为新时代的青年，要善于向自己发问，问问自己为什么活着，为什么不能有另一种可能，或者为什么不能够像很多人一样硬核又软萌，多问几个问题，你就会找到属于自己的那根撬杠，撬动你内心的地球。

融合众技能，展开被折叠

积极参与校园活动是实现多种技能融合的重要渠道之一。相信很多学生在进入大学之前，就已经对大学的一些组织有所了解了。在大学里，社团、艺术团、学生会及志愿服务团体等多种不同的组织为学生们在理论学习、学术科技、文艺娱乐、社会实践、志愿服务、体育竞技等各个方面都提供了丰富多彩的校园文化建设活动，学生们可以根据自己的兴趣爱好选择自己喜爱的活动项目，即使是"小白"也没关系，因为这也是一种学习、一种体验。学生们不仅可以利用闲暇时间掌握一些交际技能、文艺技能，同时又能满足自身的精神发展需求，提高自身的校园生活质量。

多学一种技能，就能给自身多添一丝亮点，让自己今后的人生道路多一种选择，多一次机会，所以各位青年，赶紧行动起来挖掘校园活动中的宝藏点吧。

每一个青年都可能是宝藏。希望宝藏的你狂吃不胖、熬夜不秃、有颜有料、锦鲤加身、尽早脱单。

南京大屠杀死难者国家公祭日里说历史 ③

　　每年的 12 月 13 日，是南京大屠杀死难者国家公祭日。1937 年的 12 月 13 日，日军在南京肆意屠杀，让无数百姓流离失所，南京城内千疮百孔。日军的累累罪行馨竹难书，长达四十多天的暴行中，三十多万名同胞惨遭杀戮。作为后人，我们要铭记这段受尽欺凌和压迫的黑暗历史，我们要懂得现在的和平来之不易，这也是南京大屠杀死难者国家公祭日设立的意义所在。

　　历史是一面镜子，它照亮现实，也照亮未来。

前事不忘

历史长河

在这个重要的日子——南京大屠杀死难者国家公祭日，我们来说说历史。"前事不忘"这四个字旨在告诉我们要记住过去的教训，所以了解历史发展的进程是必不可少的。

作为四大文明古国之一的中国，是人类重要的发源地之一，经过漫长的进化，出现了不同时期的原始人，如北京人、山顶洞人及半坡人等，经历了原始人群、母系社会和父系社会几个阶段。同时，中国又是一个有着五千年文明的古老国度，有着辉煌的历史。从步入文明的门槛之日起，中国先后经历了夏朝、商朝、西周、东周（春秋、战国）、秦、西汉、东汉、三国、西晋、东晋十六国、南北朝、隋朝、唐朝、五代十国、宋辽夏金、元朝、明朝和清朝等历史时期。历代帝王，在历史舞台上演出了内容不同的剧目，或名垂青史，或遗臭万年。

在数千年的古代历史上，中华民族以不屈不挠的顽强意志和勇于探索的聪明才智，绘就了波澜壮阔的历史画卷，创造了同期世界历史上极其灿烂的物质文明与精神文明。

马克思主义历史观

马克思主义历史观的基本问题是社会存在和社会意识的关系问题，主要介绍了三个方面的内容：社会基本矛盾及其运动规律、社会历史发展的动力和人民群众在历史发展中的作用。

首先，我们要明白社会存在与社会意识的辩证关系。社会存在决定社会意识，社会意识是社会存在的反映。这也就要求我们坚持历史唯物主义，承认社会存在对社会意识的决定作用；同时重视社会意识的能动作用。

其次，社会基本矛盾是社会发展的根本动力。主要内容有生产力和生产关系的矛盾、经济基础和上层建筑的矛盾。这两对基本矛盾是相互联系、相互制约的，但地位和作用并不相同。

最后，人民群众是历史的创造者。人民群众是实践的主体，是历史的创造者。人民群众是社会物质财富和精神财富的创造者，从根本上推动了社会的全面进步。这要求我们肯定人民群众的历史地位和作用，树立群众观点，坚持群众路线，相信群众，依靠群众，到群众中去到实践中去，为人民群众的利益而奋斗。青少年要努力实现"情、理、行"的转变。

从思想政治教育者的角度来看，南京大屠杀死难者国家公祭日的设立能提高青少年的民族团结意识，使青少年了解这段屈辱、黑暗的历史后，增强国家安全意识。同时，青少年也要意识到落后就会挨打的事实。只有把我们的国家建设得更加强大，才会避免历史的重演。而青少年作为国家未来的主人，需要承担起这份责任。

勿忘国耻，铭记历史

1931 年 9 月 18 日，日本侵略者践踏了祖国的大好河山，3000 多万同胞沦为亡国奴；1937 年 7 月 7 日，日本侵略者手持利刃，破入中华，发动全面侵华战争；1937 年 12 月 13 日，日军开始了惨绝人寰的南京大屠杀，昔日的繁华城市变成了人间炼狱，无数家庭妻离子散，家破人亡。南京大屠杀成为每个中国人心中一个永远无法愈合的伤痛。时代在进步，历史也在不断地更新迭代，但作为中华儿女，这段历史，与你我的过去和未来都紧密相连。经历的伤痛和不屈的抗争会时刻提醒我们，这强大的国家来之不易，这和平的日子来之不易。谈到这里就不由让我想起最近看的电影《奇袭地道战》中的一句话："枪声不停，哪里来的读书声。"枪声停了，才有我们现在的美好生活。是啊，长存的是历史，更是和平与正义，是血液里对同胞和死难者的告慰与爱，我们虽不记仇，但不能忘耻，不能忘记过去的历史。

现在的青年朋友，大多出生于 21 世纪，没有经历过战火纷飞的日子，一生下来便是大好的和平年代。于你我而言，那段屈辱、黑暗的日子可能只是停留在历史书上的几行字和几张图片，我们很难切实地体会到当年的苦难。我去过侵华日军南京大屠杀遇难同胞纪念馆，馆内墙上刻着在那场屠杀中丧生的遇难者姓名，南京的有些地方还有当时遇难者的残骸，门口的一座座悲惨的雕塑，还有日军那罄竹难书的罪证，包括遗留下来的影像和文字都在提醒着我们，历史不能忘。有机会的话，我希望所有人都去侵华日军南京大屠杀遇难同胞纪念馆看看，相比间接地阅读历史书籍，在那样特定的环境中体会可能更加深刻，更能感受到历史的真实性。

我相信不光是侵华日军南京大屠杀遇难同胞纪念馆，还有遍布中国的其他历史纪念馆，它们存在的意义都不只是为了旅游展览，更是在提醒着当代青年，任何历史都对现实有着巨大的警诫价值，而铭记历史，就是竖起了一面镜子，我们要铭记历史，以史为鉴。无论是企图颠覆历史的人，还是渴望和平的人，都需要这个镜子随时折射提示。从这个角度上说，中国的"国家公祭"，小而言之，是中国人对自己同胞的记忆、缅怀，是对国人应有历史价值观的培养；大而言之，是中国人替世界保留的一份珍贵遗产，是中国人就此确立与国际社会相处的尊严的方式。

七七，九一八，十一，一二一三……这些不仅仅是数字，更是作为中国人必须要铭记的历史和日子，我们需要清醒的前行，也应当铭记历史，勿忘国耻！

后事之师

珍爱和平，开创未来

老舍曾在《四世同堂》中说过："中国人是喜欢和平的。"和平通常指没有战争或没有其他敌视暴力行为的状态，也用来形容人的不激动或安静。面对战争，面对历史，我们所谈论的和平显然是前者。

有人为了和平而努力，有人为了和平而牺牲，我们应该珍爱这来之不易的和平。和平的生活究竟能为我们带来什么呢？

和平是人类的企盼，因为和平意味着远离了杀戮、危险和战争，远离了不确定何时会掉落的炸弹，远离了躲躲藏藏、漂泊不定的生活。古有各诸侯争权夺地，正如元曲《幽闺记》中所写："宁为太平犬，莫作乱离人。"在那些没有和平的年代，百姓为躲避战乱，背井离乡，面对的是饥饿、瘟疫和乱军。在这种时候，百姓眼中的未来是一片漆黑、毫无希望的。因此，学生们更应该珍爱和平，有了和平、安全、安定的环境，人们才能工作、创新、创造，未来才有无限可能。

青年担当，蓬勃力量

南京大屠杀让许多同胞失去了生命，作为青年应该铭记历史，勿忘国耻，肩负起自己的历史担当。青年是国家的前途、民族的希望，他们背负着建设祖国、发展祖国的重任。学生们应该如何做一个有担当的青年？

要做能正确看待历史的青年。南京大屠杀已过去很久，南京城也已经焕然一新，但惨痛的历史要永远铭记。历史的教训不能遗忘，这是许多同胞以生命为代价得到的。面对这段历史，我们应该支持和平、维护和平。

要做能挺身而出的青年。抗战胜利后，当时的国民政府发布公告，号召民众检举日军、汉奸的暴行。广大青年、民众积极参与举报。同时，在南京大屠杀发生后，广大的青年、民众通过书信、诗歌等方式来悼念逝去的同胞们。他们的行动为南京大屠杀有关证据的收集起到了积极的作用。如今的青年们遇到非正义行为，在能保证自己安全的情况下，也要挺身而出。

要做能紧跟时事的青年。如今，形势和环境变化迅速，改革发展稳定但任务重。青年们要能主动地发现问题、预知问题，要让自己能持续地为祖国做出贡献，要不断地学习，了解国家的方针政策，把握政治整体的动向，担当起自己的责任。

历史，是一个民族的灵魂，是一个民族的精神脊梁，我们应当不忘历史，不忘初心，振兴中华，匹夫有责。

冬至，以诚立身

冬至是二十四节气之一，古称"日短"或"日短至"。冬至过后，我国各地气候都进入一个最寒冷的阶段。"冬至"虽寒，但诚信善行却暖心。冬至在温州也有"诚信节"的说法。过了冬至这个节气，学生们将进入一学期的考试阶段，这不仅是对知识学习的检验，也是一次关乎诚信的考验，希望每位学生都能乘风破浪，顺利到达成功的彼岸。

事业参天树，诚信乃沃土。诚信是一切活动的基础，是人和国家发展的基础，希望青年们能以诚立身，做个知诚信、讲诚信、懂诚信的人。

德，为之根本

诚信，是一个社会稳定的基础，是立德的根本。"上不信，则无以使下；下不信，则无以事上。信之为道大矣。"一个国家如果没有建立成熟的诚信体系，那么，社会必会动荡不安，古人说，诚信乃国家之"宝"。作为有着上下五千年历史的文明古国，中国从古至今对于诚信极为推崇。

唐朝时期，在国家层面，倡导诚信执政。公元 626 年，唐太宗李世民从唐高祖手上接过大唐江山。为了一改前朝的陋习，打击官员腐败，整顿史治，他对大臣们说，作为国家最高统治者的"君"如果不讲诚信，那将如何率先垂范，驾驭众臣，治理国家？唐朝初年统治者的治国共识是："德礼诚信，国之大纲。"即诚实是国家执政的大纲。正是因为这样，才造就了盛唐欣欣向荣、繁盛富强的政治经济局面。不仅国家层面如此，唐朝社会也是诚信蔚然成风。当时整个社会对于不讲诚信不守诺言的人是唾弃的，反之，讲诚信的人格外受到青睐。

对个人而言，诚信是高尚品德。中华民族向来推崇"诚外无物"，认为诚信是一种千金不易的可贵品质，有一句古话说得好，"君子养心，莫善于诚"。对诚信的执着，已深深熔铸于中国人的精神血脉中，成为中华传统美德的精神元素。千百年来，商鞅徙木立信的故事广为流传，"一诺千金"的佳话不绝于史，人们心向往之，行践履之。

在 21 世纪的现在，诚信更是一种竞争力。它属于道德范畴，是公民的第二个"身份证"，诚信在日常生活中和与他人交流中时时刻刻体现出来。在语言上，诚信是言而有信。在你做出承诺时，就要想好如何去实现这个承诺，这样才能做到言而有信。如果草率、轻易地答应别人，却没办法做到，便是一种失信的行为。在思想上，诚信是怀揣一颗真诚的心。与人交往和交流时，无论遇到什么样的情景，都要坦诚相见，不撒谎，不违背自己的真心。只有这样，对方才能感受到你内心的真诚。在行为上，所行要和所说、所想的保持一致。做到言行一致，这才是真正的诚信。

子曰："人而无信，不知其可也。"诚信一旦缺失，将会带来极大的危害。对个人来说，诚信是一个人内心的一盏明灯，它可以照亮我们自己，当然也可以为他人带来一点温暖。当一个人没有了诚信，他的内心世界便不再明亮，做任何事情都将一事无成，生活也将变得暗淡无光。对企业来说，诚信是企业赖以生存的一个重要因素。试想一下，如果我们购买到的产品存在严重的质量问题，那这样的产品、这样的企业还值得我们信赖吗？答案是否定的。当一个企业失去诚信的时候，它也失去了生存下去的机会。对于我们国家来说，诚信可以维持公共秩序与公平。对个人而言，诚信是为人处世之本，是个人全面发展的前提。诚信就像源泉之于河流，当一条河流没有源源不断的泉水时，那这条河流将会变成一池死水，再也没有生机。

行，为之具体

诚信是做人最根本的品质，想要保持诚信，就需要不停地付出。思想上装备好了，行为上更要表现出来，摩天大楼靠的是坚实的基础，参天大树靠的是发达的根系，做人要坚持诚信的原则，主动踏上诚信之路。

故事曾子杀猪里，曾子的妻子为不让她儿子跟着她一同去集市，就和他说回来杀猪给他吃，等妻子回来后，曾子准备杀猪却被妻子阻拦，妻子说："刚才只不过是与小孩子闹着玩儿罢了。"曾子说："小孩子是不能和他闹着玩儿的。小孩子是不懂事的，是要靠父母而逐步学习的，并听从父母的教诲。如今你欺骗他，是教他学会欺骗。母亲欺骗儿子，做儿子的就不会相信自己的母亲，这不是把孩子教育好该用的办法。"于是曾子与妻子决定马上杀猪烧肉。曾子用行动给稚嫩的孩子上了诚信这一课，不仅让孩子明白诚信的重要性，同时让孩子理解诚信行为同样重要。

人无信不立，业无信不兴，国无信则衰。周幽王戏弄诸侯，随意点燃烽火的行为让诸侯们对他失望至极，最后因为他不诚信的行为，西周灭亡。生活中，有不少想牟取暴利却自食恶果的人。考场上，有学生为了取得好成绩，夹带小抄，带手机作弊，甚至找人替考。市场里，商人为获取高额利润，以次充好、以假乱真的事情层出不穷，例如注水肉、苏丹鸡、注水果汁等等。这些不诚信的行为就像"病毒"一样侵蚀着社会的肌体。我相信大家都上过关于诚信的德育课，也明白诚信的重要性，但在面对诱惑时，不能坚守诚信的原则，就难以做出最恰当的选择，这也就是诚信认知和诚信行为不统一。

不要让认知和行为脱节。人人都知道应该好好学习，但人人都在好好学习吗？人人都把这几句口号挂在嘴边，但又有多少人能做到呢？有多少人抵挡不住游戏等娱乐项目的诱惑，沉迷在悠闲快乐的生活中，诚信问题也是如此。考虑到不诚信行为所带来的蝇头微利，许多人都会纠结，会徘徊，在这时候做出理智的抉择往往需要更强的自制力和思考能力。在为人处世时，我们要始终谨记诚信，坚持以诚信为准则，遇事冷静不急躁，面对违规、不合法、不合理的行为时勇敢说"NO"，加入诚信阵营。我们要理智地接受自己的错误与不足，乐观地看待生活中的曲折与困难，积极地反思及改正。

　　一个谎言往往需要更多的谎言来掩饰，但谎言终归会被戳穿，这种行为透支了自己的信用，抹黑了自己的形象。青年们要让诚信认知和诚信行为和谐统一，坚持以诚立身。

言，为之影响

"人之所助者，信也。"这句话出自《易经》，讲的是对人最有帮助的是诚实守信。一代代学子，要秉承为天地立心，为生民立命，为往圣继绝学，为万世开太平的使命。而我们在重任下要牢记"至诚而不动者，未之有也；不诚，未有能动者也"。只有诚信方能换取信任。

说话也是一门学问。何为言行举止？举手投足都是一个人内在的展现，我们不要求多高尚的品德，但起码要做到君子坦荡荡。而行为举止则能反映出一个人是否正气凛然，一个面朝阳光积极生活的人所展现出的必然是德行优良的一面，而一个总干着小偷小摸的事且充满讹言谎语的人展现出的必然是平庸懦弱的一面。

中国从古至今都把诚信看得很重要，当今社会更是一个以诚信为首的社会，作为学生的你们或许还没有进入社会，但是在校园里同样也会有各种人际交往，在与人相处的过程中，好的仪容举止会给别人带来很好的初印象，但维持一段长久的友好关系更重要的是一个人的品行，而谈吐则是判断一个人品行好坏的重要因素之一，因此言而有信是一个非常重要的交往原则。失了诚信，人便寸步难行，人无忠信，不可立于世。你们应当明白以诚感人者，人亦以诚而应。

说谎就仿佛一把尖锐的武器，一旦开始说第一个谎，便会有第二个第三个谎言源源不断地出现。信任就像一面镜子，一旦出现裂缝便无法补救，言而有信，对说过的话负责，只有这样才能将这面信任的镜子保护完好。面对繁华的大千世界存在着的种种机遇，我们能做的便是将传承了许久的中华传统美德延续下去，让原本洁白的纸张添上一抹绚丽的色彩。只有培育好一个民族的精神，才能使它不断焕发出新的生机和活力，只有传承历史沉淀中绵延不断的诚信，守好为人处世的基本准则，才能与机遇相遇而不是错过。

人失去了诚信，便像鱼失去了水，幼苗失去了土壤，诚信是人之本，民之基，国之根。我们为中华崛起而读书，无悔担起的责任，坚守诚信势在必行。

"人无信则不立。"诚实守信是中华民族的优良传统，考试需要公平公正，劳动成果需要尊重珍惜，诚信是一种无价的美德，对于每个人都至关重要，我们应该把诚信作为人生中的一个坐标，做老实人，说老实话，将诚实之心付诸行动。

腊八节里说美食

小孩小孩你别馋，过了腊八就是年。腊八粥喝几天，哩哩啦啦二十三。二十三糖瓜黏，二十四扫房子，二十五做豆腐，二十六煮猪肉，二十七杀年鸡，二十八把面发，二十九蒸馒头，三十晚上玩一宿，大年初一扭一扭。

民以食为天。中国的饮食文化博大精深，中国人做菜讲究食材、搭配及烹饪方法，凸显了中华民族的个性与传统、人文内涵与情感积淀。

节日里吃的那些事儿

腊八节在每年农历的十二月初八，当天最有名的风俗就是喝腊八粥。据说腊八节是从古印度传入中国的。腊八这天，各寺院会举行法会，用香谷和果实等煮粥供佛，名为腊八粥。有的寺院于腊月初八前由僧人持钵，沿街化缘，将收集的米、粟、枣、果仁等煮成腊八粥散发给穷人。年复一年，寺院做腊八粥的习俗便广泛传播到民间，逐渐形成了过"腊八节"的风俗。

现在做腊八粥的主要食材有糯米、芝麻、薏米、桂圆、红枣、莲子等八种，当然不同地区加的食材也会有所区别，但大体是在白米等精细食材的基础上，适当搭配一些糙米类、杂粮类等谷物。在寒冷的冬天，能喝上一碗热乎乎的粥便是一种幸福啊。"小孩小孩你别馋，过了腊八就是年。"从这句俗语中可以看出，腊八向人们传递的是进入"年关"的信号，其是大年的开场锣鼓，预示着春节即将来临。大家将对团圆、祥和、富裕、康宁、平安等的期盼寄托在腊八粥上，腊八粥体现了中国人的美好情感和对未来的无限期盼。一碗温热的腊八粥，就能唤醒大家对腊八节的传统文化情结。同时大家选择的熬制腊八粥的食材也蕴含了人们对未来的美好期望。例如，桂圆象征了富贵团圆，百合象征着心想事成，栗子象征着吉祥如意，红枣和花生象征早生贵子，红豆代表着红红火火，等等。一系列有美好寓意的食材放在一起熬成了腊八粥，所以腊八粥在百姓眼中也是美好事物的集合，是他们对今年生活的总结和对来年生活的美好期望。

除了腊八节，中秋节、端午节、清明节等众多传统节日，也都有专属的独特美食。比如中秋节的月饼、端午节的粽子、清明节的青团、重阳节的菊花酒、元宵节的汤圆、春节的饺子和年糕……每一样美食的背后都有它的故事和内涵：月饼就像十五圆圆的月亮，象征着一家人的团圆和相聚；饺子是北方年夜饭里必不可少的食物，饺与交谐音，有"更岁交子"之意，又因饺子的外形像个元宝，吃饺子更有招财进宝的意思；南方的春节有吃年糕的习俗，这寄托了人们"年年高升"的期望；元宵节的汤圆，有团圆、圆满、甜美的意思，寓意着事事如意、合家团圆。人们将对来年美好的心愿和美好的向往寄托在食物上，利用一些谐音寓意来传达美好愿望。这些节日里的饮食所包含的情感、美食背后的温度与深度值得我们细细品味和发掘。

作为有着悠久历史的文明古国，中国的饮食文化包含着太多的内容。美食里有着哲学思想，有着儒家道德，还有艺术与技艺等，不同的美食体现出不同的价值，从而形成了博大精深的中国饮食文化。

美食里蕴含着什么呢？

情感是一种心理情绪，生活中处处蕴含着情感，人的大脑能感知到它。情感能被观察体会，能通过语言表达出来，也能通过物品传达。吃东西是我们的生理需求，吃东西也是寄存情感的一个重要方式，但美食只能满足生理需求是不够的，也得满足心灵的需求。生活中的饮食，总蕴含着制作者的浓浓心意。

对于婴儿来说，来自妈妈的一口母乳，是他们的定海神针。初来乍到，来自妈妈的熟悉的味道是他们击败饥饿和不安的武器，妈妈的气味能让对周围仍旧陌生的他们感到心安，是鼓励他们探索世界的后盾，能让他们感到被浓浓的爱意所包围。

对于学生来说，对饮食的情感更是多元化的。在低年级时，美食更多的是早晨上学路上老奶奶卖的鸡蛋饼，是校门口人挤人的关东煮，是偷偷尝鲜的辣条。随着一天天长大，很多学生会选择到外地求学，家的味道也变得模糊和让人怀念。学生们肯定会时常想念家里那香气扑鼻的蛋炒饭、热乎可口的番茄蛋花汤和简简单单的一碗面。这些在之前看似再普通不过的美食，随着时间的发酵，也能让人回味无穷，因为它们不仅代表了家的味道，还有来自家人们浓浓的关心与爱护。毕业后，再次回想学校，除了老师同学外，最勾人的莫过于当年和大家一同品尝的美食，无论是学校食堂的饭菜，或是校门口的小吃一条街，还是和舍友们一起品尝的火锅，这里面不仅包含了自己的青春，还包含了和好友一起度过的那些珍贵的时光，这些都是他们青春的回忆，是他们对自己学生生涯的怀念之情，也是对时光已逝的惋惜。

151

对于上班族来说，对饮食的情感在电视剧《深夜食堂》中也能体会出来。一个深夜营业的小餐馆，虽然菜单上只有一个套餐，但可以根据客人的要求，用现有的食材制作料理。每到深夜，远离白日的喧嚣与嘈杂，结束一天的工作后，人们在这个安静的小餐馆里品味美食、分享故事。深夜食堂不仅抚慰了胃，更熨帖了灵魂。忙碌了一天回到家后，来自家人的一杯热水或一碗简单的葱油面都能让人感到放松和愉悦，其中包含的关心与爱护能给人巨大的力量。

无论是夏天瓶身上还挂着冰霜的汽水，带着菜刀上蒜味的西瓜，还是冬天冒着滚滚热气的火锅，尽管烫手却还不舍得放下的红薯，它们在我们的眼中都代表着那个季节，代表着我们一年又一年的期待。不同的人对美食有不同的理解，对饮食的情感自然也各不相同。

饮食文化里的美

相信很多人每天问的最多的就是吃什么？吃对于中国人来说，不仅仅是一日三餐，它往往蕴含着中国人认识事物、理解事物的哲理。前几年火爆全网的纪录片《舌尖上的中国》将中国的美食及每一道美食涉及的食材与做法，乃至背后蕴含的故事和文化都淋漓尽致地展现在人们的眼前，它火爆的原因是其关注的不只是美食，更关注美食背后的人。从南至北，从东到西，既着眼金华火腿这样的顶级美食，又能回归日常生活，去拍摄陕西的馍馍。而这些，都构成了我们中华的美食文化，都是我们民族的瑰宝之一。

中国餐饮文化历史悠久，其间也产生了众多菜系，如我们所熟知的八大菜系：苏菜、闽菜、川菜、鲁菜、粤菜、湘菜、浙菜、徽菜。比如，《舌尖上的中国》里播放过的酸辣粉是川菜，东坡肉是浙菜，剁椒鱼头是湘菜。

不同的菜系，不同的厨师，有各自不同的坚持。粤菜爽口脆滑，而又不失高雅，能在大堂中与其他菜品一争高下，又能在百姓餐桌上博君一笑。川菜一菜一格，虽然都是"辣"，但却能辣出百味。浙菜用料不局限于本地，南北各地的材料汇聚在浙菜里。湘菜注重调味，酸甜苦辣，人生百态，凝聚在那一碟里。

不同地区的美食为何差别如此巨大？思来想去，正如我所说，味道的不同，根本便是文化的不同。广东是长久以来的进出口中心，不同社会阶层的人久居此地，像虾饺皇、红枣发糕这些本是雅士才能品鉴的早茶点心，时间长了，也渐渐变成适合百姓消费的茶点。而川蜀地区的人向来性格直爽，"麻辣"就成了川菜最直观的体现，一个红汤火锅，不同的餐馆能做出不同的"麻"

和"辣"。苏浙地区多出豪商富贾，自然能购入各地食材，东坡肉，一口便知其中百味。湖南地处我国中部，调味品种类繁多，而毛氏红烧肉便是湘菜代表，甜中带辣，肥而不腻。究其理，不同地区美食文化的差距，都在于人。没有人，就没有美食一说，在博大精深的饮食文化背后，站着一批又一批为美食投入一生的大厨。这文化的积累，到了今天，便汇成那一句"才下舌尖，却上心头"。美在心里，才足以称之为美食。

无论是街边小吃，还是家常菜，或是制作精细的佳肴，其中都饱含着制作者的心意。饮食是中国传统文化中的一部分，作为中华民族的一分子，我们都应该主动地去了解它、接触它、学习它。

食物不仅仅是为了让人们填饱肚子，更重要的是，它是中华民族在生活上的一种积累和沉淀，它所蕴含的人文内涵是深厚的，是不言而喻的。希望每位学生在品美食的过程中不只是单纯地吃，更要学会品味美食背后的"味道"。

优秀家风家训
与大学生理想信念教育

毕洪东　著

图书在版编目（CIP）数据

优秀家风家训与大学生理想信念教育／毕洪东著 — 杭州：浙江
工商大学出版社，2022.7
（大学生理想信念教育的创新与实践丛书）
ISBN 978-7-5178-4705-2

I. ①优 … II. ①毕 … III. ①家庭道德－研究－中国
②大学生－思想政治教育－研究－中国 IV. ① B823.1 ② G641

中国版本图书馆 CIP 数据核字（2021）第 211252 号

自序

习近平总书记非常重视家庭、家教和家风建设，明确强调：家庭是人生的第一个课堂；家风是一个家庭的精神内核；尊老爱幼、妻贤夫安，母慈子孝、兄友弟恭，耕读传家、勤俭持家，知书达礼、遵纪守法，家和万事兴等中华民族传统家庭美德，铭记在中国人的心灵中，融入中国人的血脉中，是支撑中华民族生生不息、薪火相传的重要精神力量。习近平总书记还指出：大力弘扬中华民族优秀传统文化，大力加强党风政风、社风家风建设，特别是要让中华民族文化基因在广大青少年心中生根发芽。

家风是指家庭或家族世代相传的风尚、生活作风，家训是指家庭对子孙立身处世的道德规范与教诲，家风体现家训，家训涵养家风。优秀的家风家训源自中华民族五千多年文明历史所孕育的中华优秀传统文化，熔铸于中国共产党领导人民在革命、建设、改革中创造的革命文化和社会主义先进文化，植根于中国特色社会主义伟大实践。理想信念是民族复兴的精神动力。理想信念教育是大学生确立正确的世界观、人生观、价值观和提高思想道德素质的重要保障，是落实立德树人根本任务的灵魂和关键。《优秀家风家训与大学生理想信念教育》一书，以优秀家风家训和大学生理想信念教育为主要研究内容，挖掘优秀家风家训所蕴藏着的深刻内涵，探索大学生理想信念教育的理论创新，促进中华优秀传统文化的实践传承。

全书共五章，分别从"问题提出与调查分析""家风家训的历史发展脉络""大学生理想信念教育""优秀家风家训与大学生理想信念教育的内在联系""优秀家风家训融入大学生理想信念教育的可能选择"等方面阐述家风家训、大学生理想信念教育及两者之间存在的逻辑联系，特别是优秀家风家训对促进大学生理想信念教育创新实践和坚定文化自信要求的内在驱动力。

育人为本，德育为先。大学生理想信念教育不仅要"入心入脑"，也要与学科建设、专业建设协同联动，着力培养德智体美劳全面发展的社会主义建设者和接班人。通过此书，笔者希望能够与青年大学生、高校思想政治教育工作者交流学习。受学识所限，书中定有不足乃至错误之处，恳请读者指正。在此特别感谢吴伊依、任佳慧、楼雨青、李可喻、包敏等小友，他们在书稿撰写过程中承担了大量的辅助工作。

2022 年 4 月 15 日　浙江嘉兴

第一章

问题提出与调查分析

家风家训是中华传统文化极具特色的重要组成部分，是传承民族美德的重要载体，是道德教育的基础。当前社会正处于转型时期，学生的成长环境复杂多变，家风家训教育的缺失导致一些大学生思想意识淡薄、责任感不强、理想信念不足。在增强全民文化自信的背景下，坚定大学生理想信念，提高大学生的道德素质，必须植根于优秀传统文化的土壤。本书通过调查问卷、个案访谈等方法了解大学生对优秀传统文化的认知与认同情况，以直观的数据呈现调查结果，并从内因与外因两方面归纳现象产生的原因。

第一节 研究目的与意义

习近平总书记多次在重要场合对重视和加强家风建设做了重要指示，特别强调要注重家庭教育，形成良好家风，培养优秀的下一代。2017 年，中共中央办公厅、国务院办公厅印发了《关于实施中华优秀传统文化传承发展工程的意见》，第一次以中央文件形式专题阐述中华优秀传统文化传承发展工作，该意见强调传统文化教育要贯穿国民教育始终，围绕立德树人这一根本任务，把中华优秀传统文化全方位融入思想道德教育、文化知识教育、艺术体育教育、社会实践教育各环节，凸显了对传统文化教育的重视。

优秀家风家训是中华民族优秀传统文化的重要组成与独特显现，家风体现家训，家训涵养家风。中国社会历来重视家族传承、家风教化、家训劝诫，注重在潜移默化中持续发挥好优秀家风家训的立德树人作用。在"推动中华优秀传统文化创造性转化、创新性发展"的时代背景下，将优秀家风家训融入大学生理想信念教育，可以坚定青年群体的文化自信。

一、研究目的

大学生是国家发展的后备力量，作为社会新技术、新思想的前沿群体，代表着青春与活力，是建设社会主义事业的栋梁之材，更是文化继承与创造的生力军。现下，良莠不齐、价值多元的信息很大程度上削减了主流意识形态的吸引力和影响力，使大学生的理想信念受到巨大考验，也使开展理想信念教育的难度加大。在这种情况下，大学生最真实的生活状态是怎么样的？主流价值观和非主流价值观冲突的根源是什么？大学生对中华优秀传统文化的认同度如何？大学生对家风家训的认知又如何？这些都是当前大学生理想信念教育必须回答的问题。

本章旨在深入研究家风家训文化和大学生理想信念教育理论，厘清家风家训与理想信念教育的逻辑关联，为大学生理想信念教育内容及形式的创新提供理论载体；提出以家风家训推进大学生理想信念教育的可行策略，创设传统文化传承新模式，在贯彻理想信念教育的同时传承家风家训的文化精髓，提高大学生理想信念教育的思想水平与政治高度，以实践检验理论研究。

二、研究意义

坚持文化自信是更基础、更广泛、更深厚的自信，是更基本、更深沉、更持久的力量。深厚的文化积淀支撑着国家、民族的繁荣昌盛，中华文化的繁荣推动着中华民族伟大复兴的航船扬帆起航。

对大学生文化自信的培养离不开对优秀传统文化的继承，离不开传统文化的滋养。在全球化日益深化的今天，面对世界范围内各种思想文化的相互激荡，虽然中华优秀传统文化早已走向世界，且国际社会的认可度越来越高，但国内大学生对中华优秀传统文化表现出来的认同度还有待提高，这也意味着现在的"文化自信"是不够广泛的。因此，重视中华民族的"根"和"魂"，就要从重视大学生理想信念教育开始，从传统文化中寻找文化自信。

（一）理论意义

深入解读大学生理想信念教育的任务、作用与途径。大学生意识形态的强化任务以理想信念教育为核心，深入开展树立正确的世界观、人生观和价值观的教育；以爱国主义教育为重点，深入进行弘扬和培育民族精神的教育；以基本道德规范为基础，加强中华优秀传统文化教育；以全面发展为目标，深入进行素质教育。大学生理想信念教育能引导大学生正确认识社会发展规律，认识国家的前途命运，认识自己的社会责任，根植社会主义核心价值观；能促进大学生思想道德素质、科学文化素质和健康素质的协调发展，实现个体的全面发展；能帮助大学生树立"梦想从学习开始、事业靠本领成就"的观念，有利于培养脚踏实地、坚持肯干、刻苦学习的新生代。

进一步明确家风家训的核心内容、主要功能与传承方式。家风家训的核心内容可以概括为：励志、勉学、修身、处世、治家、教子、从师、交友、养生、婚嫁、终制、为政。家风家训能培养健全人格，熔铸思想情操，内化美好心灵，养成品行规范；能提升道德水准，促进全面发展。家风家训的传承方式多样：深入家风家训研究工作，力求去粗取精与推陈出新；拓宽多元交互认知渠道，聚焦自信回归与民族复兴。建立新型长效常态机制，促进文化传承与时代交融。此部分将在本书的第二章中详细介绍。

辨析大学生理想信念教育与家风家训传承存在的多方契合之处。首先，大学生理想信念教育涵盖政治理想、学习生活等方面，旨在培养德智体美劳全面发展的大学生，而家风家训中的"孝、悌、忠、信、礼、义、廉、耻"等优秀中华传统美德，可为其教育提供良好的借鉴。其次，大学生理想信念教育与家风家训传承在价值上的契合。大学生理想信念教育的核心是对社会主流意识形态的传播，家风家训则集中体现育人价值，理应成为每一个家庭、每一个公民的自觉价值追求。最后，大学生理想信念教育与家风家训传承在功能上的契合。大学生理想信念教育始终将"关注灵魂塑造"作为首要任务，家风家训传承则是一种最直接、最根本且容易实施的多维度教育，二者均有灌输、塑造、关怀等功能，可达到文化育人、道德养人的目的。

在调研青年群体对家风家训认知现状的基础上，本部分构建三维分析模型，通过深入分析现状及其关联性，揭示优秀家风家训对青年思想政治教育的重要理论价值，为实践的开展夯实理论基础。

（二）实际意义

本书将提出以优秀家风家训进行大学生理想信念教育的方式途径，能完善优秀家风家训在理想信念教育体系中的应用。通过分析大学生理想信念教育的任务、作用、途径及优秀家风家训的核心内容、主要功能、传承方式等，论证二者存在的逻辑关联，进而丰富大学生理想信念教育的内容与形式。

提高大学生理想信念教育的现实针对性和时效性。在调研大学生群体对家风家训认知现状的基础上，构建三维分析模型，通过深入分析现状及其关联性，揭示优秀家风家训对大学生理想信念教育的重要价值。

为教育行政部门和一线教育工作者提供政策和经验支持。提出以优秀家风家训推进大学生理想信念教育的理论框架与路径，开拓大学生理想信念教育的新思路，并付诸实施，为大学生思想道德素质培育与践行提供实践依据，这是增强大学生文化自信的重要手段，也是文化发展对理想信念教育革新提出的新要求。

第二节 ◎ 研究思路与方法

本书根据实际情况明确了研究思路和合理可行的研究方法，并请教相关专家、学者，有针对性地对研究过程进行修改与完善。

一、研究对象

在一项研究中，研究对象的全体叫作总体，组成总体的每一个基本单位叫作个体。总体是由具有某种相同性质或特征的每一个个体共同组成的。在实际研究中，要根据具体的研究内容确定所研究问题的范围，规定研究的对象。所研究问题的性质不同，所确定的总体通常也不一样。在选择研究对象的时候，既要考虑问题性质，又要考虑实际可操作性。

正所谓"一方水土，养一方人"，嘉兴南湖作为中国革命红船的起航地，是红色文化发祥地之一，具有较为深厚的文化底蕴。A 高校是一所综合性普通本科高校，全日制在校生人数超过 15000 人。该校学生作为"红船旁"学子，深受红色文化的熏陶，在思想上具有一定的先进性。在充分考虑后，本研究采用随机抽样的方式，抽取嘉兴市 A 高校的 1100 名在校大学生作为研究对象，在抽样时尽可能使每个被抽取个体具有均等的机会，保证抽样的随机性。这样，由样本特征推断的总体特征才有一般性，对总体的研究结果才有推广价值。作为社会主义文化重要组成部分的红色文化，在我国的文化发展中具有重要作用，因此，选择具有一定文化素养的学生能够为研究的科学性与可靠性提供保障。

二、研究方法

在进行该课题研究的前期，笔者做了大量且充分的资料准备工作，结合研究的实际情况，选择文献研究法、问卷调查法、个案访谈法作为本研究的主要方法。

（一）文献研究法

笔者对中国知识资源总库、万方数据、重庆维普中文科技期刊数据库、ASP+BSP 数据库、Emerald 外文数据库在内的各大文献数据库进行全方位的搜索，将重点锁定在"家风家训""家庭教育""社会主义核心价值观""大学生理想信念教育"等关键词上，选取质量较高的文献作为本次研究的参考文献。在文献调查的基础上，拓宽对家风家训的认知渠道，增加理解的广度与深度，为问卷、访谈提纲的编制和课题研究的整体认知奠定了基础。

（二）问卷调查法

为了解当前大学生对家风家训的认知情况，笔者通过查阅文献、社情调研等方式，自编"关于大学生家庭教育之家风家训认知状况的调查问卷"，并对问卷进行信效度检验。经检验，该份问卷具有科学性与有效性。随后，在嘉兴市 A 高校进行问卷发放工作，此次调查对象以 4 个年级的学生为主，采取随机抽样的方法确定 1100 个调查样本。本次调查共计发放问卷 1100 份，收回 1079 份，回收率为 98.1%，剔除漏填、错填的问卷，共计有效问卷 872 份，有效回收率为 79.3%。

该份问卷从多方面了解了大学生对家风家训的认知情况，下面是问卷部分题目设置的原因。

（单选）你认为家庭教育与个人的成长与发展是否存在关联？

A. 是　　B. 否　　C. 说不清

设置这道题主要是为了掌握问卷填写者对家庭教育所起作用的了解情况，让问卷填写者自己评判家庭教育与个人成长、发展之间的关系，起到一个铺垫的作用。

（多选）你认为家庭教育的影响因素有哪些？

A. 教养方式　　B. 教育内容　　C. 社会背景　　D. 生活环境

E. 其他（填写）_____

家庭教育的影响因素有很多，答案中列举了包括教养方式、教育内容、社会背景等在内的因素，希望借此题了解问卷填写者对影响家庭教育因素的认知情况。

（单选）你所接受的家庭教育，是否有体现家风家训的核心内容？

A. 是　　B. 否　　C. 说不清

这道题可以很直观地反映家风家训在家庭教育中的涉及情况，从而了解家风家训在社会中的传播现状。

（多选）家庭教育的过程中，你认同的价值观中观点有哪些？请选出5个词语，按由强到弱的顺序排列。

A. 勤劳节俭　　B. 谦虚礼让　　C. 廉洁自律　　D. 和谐共生　　E. 自强勇敢

F. 积德行善　　G. 公平正义　　H. 心系天下　　I. 乐学善思　　J. 尊老爱幼

K. 报效国家　　L. 热爱和平　　M. 诚实守信　　N. 邻里和睦　　O. 遵纪守法

P. 自由平等　　Q. 其他（填写）＿＿＿＿＿＿＿＿＿＿＿＿＿＿＿

《礼记·大学》记载："古之欲明明德于天下者，先治其国；欲治其国者，先齐其家；欲齐其家者，先修其身；欲修其身者，先正其心；欲正其心者，先诚其意；欲诚其意者，先致其知，致知在格物。物格而后知至，知至而后意诚，意诚而后心正，心正而后身修，身修而后家齐，家齐而后国治，国治而后天下平。"

"修身、齐家、治国、平天下"被赋予了极其重要的历史地位，是优秀家风家训教育想要达到的最高境界。积极培育和践行社会主义核心价值观，与"修身、齐家、治国、平天下"有异曲同工之妙。

富强、民主、文明、和谐是国家层面的价值目标，自由、平等、公正、法治是社会层面的价值取向，爱国、敬业、诚信、友善是公民个人层面的价值准则。此题设置的前16个选项，看似与家风家训无关，实则大有文章，其紧紧围绕"修身、齐家、治国、平天下"，是个人层面、家庭层面、社会层面及国家层面的观点的阐述，而家风家训作为中华民族道德理想的特有形式和中国家庭道德建设的基本遵循，是现代凝练与培育社会主义核心价值观的重要来源。从问卷填写者填写的排列顺序中可以分析出其对四个层面的理解程度，从侧面反映其对家风家训的认同程度。

结束问卷收集工作后，对调查结果进行统计分析。通过某一选项在答案中出现的顺序及次数，判断该词条对应四个层面的社会理解程度，由此推断大学生对家风家训的认知程度。

再如问卷下题的设置：

（多选）家庭教育的过程中，你印象深刻的故事有哪些？请选出 3 个故事，按由强到弱的顺序排列。

A. 匡衡：凿壁偷光　　　　　　　B. 杨时、游酢：程门立雪

C. 梁鸿、孟光：举案齐眉　　　　D. 孔融：孔融让梨

E. 海瑞：海瑞罢官　　　　　　　F. 班超：投笔从戎

G. 苏武：苏武牧羊　　　　　　　H. 岳飞：岳母刺字

I. 其他（填写）＿＿＿＿＿＿＿＿＿＿＿＿＿＿＿＿＿＿＿＿

综上所述，"修身、齐家、治国、平天下"是逐层递进的关系，若选项中单纯地出现"修身""齐家""治国""平天下"四个词语，问卷填写者一眼就能看出其中的层次关系，这样一来，在做题时容易受到限制，因此在设置备选项时采用典型故事来解释这四个词。如选项 A 的凿壁偷光，强调的是修身学习方面；选项 E 的海瑞罢官，强调的是治国理政方面。这些脍炙人口的经典故事，能方便问卷填写者理解题干的意思，从而做出符合自我认知的最佳选择。

通过比较每个故事所对应的四个层面出现的顺序，分析样本对"修身""齐家""治国""平天下"的理解。

（多选）家庭教育的过程中，你认为影响家风家训的形成和传承的因素有哪些？

A. 家长的文化素养与教育理念　　　　B. 对传统文化的认同程度

C. 社会的主流风气与价值导向　　　　D. 家庭的规模、结构与模式

E. 家庭的教养方式与培养观念　　　　F. 对外来文化的接受程度

G. 其他（填写）＿＿＿＿＿＿＿＿＿＿＿＿＿＿＿＿＿＿

本题考查问卷填写者对社会现状及出现该现状的原因的了解情况。对于家风家训得不到良好传承的原因，每个人都有自己的理解。问卷填写者在选项的指引下，会选出符合自己认知的选项，方便调查者归纳、分析、总结。

（单选）家庭教育的过程中，传承良好的家风家训，你认为最重要的意义或价值是什么？

A. 有利于弘扬中华文化，传承优秀美德

B. 有利于培养伦理道德，引领社会风尚

C. 有利于调节社会关系，营造和谐氛围

D. 有利于规范言行举止，形成个体自觉

E. 其他（填写）＿＿＿＿＿＿＿＿＿＿＿＿＿＿＿＿＿＿

本题考查问卷填写者对家风家训起到的作用的认同感，四个选项隐含了

四个层面的内涵，分别是"修身""齐家""治国""平天下"，此题题型为单选题，故问卷填写者只能选择其中一个，从其选择的选项可以推测问卷填写者对四个层面的认同程度。

（三）个案访谈法

调查问卷能反映一定的问题，但还存在一些盲区，访谈法易于控制多方面的信息，不拘泥于形式，问题内容较有弹性，又可随时补充和反问，能对问卷调查起到一定的补充作用。故在收集、统计问卷反馈情况的基础上，笔者编写了"家庭教育之家风家训认知状况的访谈提纲"，采取随机抽样的方法确定受访样本。本次访谈累计访谈人数 52 人，剔除回答含糊、质量不高的，有效访谈人数达 48 人，有效率为 92.3%。

此份访谈提纲中，多数问题是对调查问卷所设置题目的巩固与深入，例如：

什么是家庭教育？什么是家风家训？"家庭教育"与"家风家训"存在什么关系？家庭教育包括哪些，家风家训包括哪些？

作为访谈的首题，设问的意图在于明确受访者对家风家训概念的理解。对事物的主观认知与定义，奠定了个体看待问题的方法论基础。对一些事情产生错误看法的根源在于没有理解其基本概念，因此，想要找到大学生对家风家训的认知存在的问题应该从其对概念的理解入手。在设置此题前，笔者通过查阅文献、问卷调查等方式已经发现部分受访者对"家风家训"与"家庭教育"的关系界定不清晰，不能准确把握二者的定义与内容，故希望通过深度访谈，真正弄清造成当代大学生对传统文化中的家风家训不够了解的原因。此题的设置是一个引子，也是关键所在。

又如：

家庭教育过程中，是否有必要凝练和传承良好家风家训？凝练和传承良好家风家训的目的是什么？这样是否有利于弘扬中华优秀传统文化？说出你的理解。

在明确了概念问题后，以此题正式进入访谈。本研究的初衷在于，借助家风家训这一载体，弘扬传统文化，实现传统文化自信的回归。家庭是人生的第一个课堂，家风家训是中华传统美德的传承。这道题目的设置旨在了解受访者对"继承与弘扬传统文化"和"传承家风家训"内在关联的理解情况。

再如：

结合个人成长经历，谈谈如何在家庭教育中实现家风家训的凝练和传承？

对于这道题，可以做这样的分层解读：一是个人成长经历层面，二是实现家风家训凝练与传承的方法论层面。对于大部分人来说，他们对家风家训的理解水平较低，且不能用准确的语言来表达他们的想法，那么提出方法论的难度也会大大增加。如果能够借助个人成长的实例，不仅可以帮助受访者更好地理清思路，而且能为提出方法论带来便利。通过分析受访者给出的答案，笔者能对样本有更全面的把握。

第三节 ❸　调查概况

收集完数据资料后，课题研究工作就要进入整理和分析资料阶段。在这一阶段中，成员首先对原始资料进行审核、分类、转换和录入，再根据研究工作要求而对所收集到的资料进行加工整理，分析如下。

一、对象情况

对受调查大学生群体的人口学特征主要从年龄、性别、户籍等几个基本方面来考察。考虑到浙江省高校的招生政策、人员构成具有一定的特殊性，加之样本中的学生的个体差异性，笔者选择几个方面做如下简要分析。

（一）性别、年龄

如图 1-1 所示，从性别占比看，女生占 90%，男生占 10%，整体呈现"女多男少"的特点。出现此现象的原因，主要是抽测样本所涉及的专业中，男女比例本就存在较大的差异，导致参与问卷填写的男女性别比无法平衡。

如图 1-2 所示，从年龄来看，受调查大学生群体主要集中于 19—22 岁，其中 17 岁的人数占总人数的比例为 0.1%，18 岁的人数占总人数的比例为 0.6%，19 岁为 35.6%，20 岁为 42.2%，21 岁为 15.8%，22 岁为 5.5%，23 岁为 0.1%，24 岁为 0.1%。

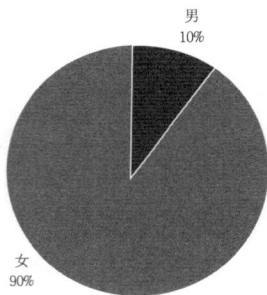

图 1-1　性别构成

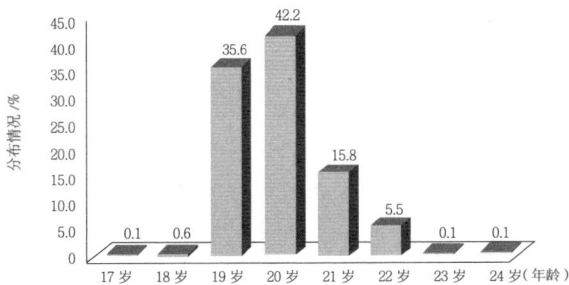

图 1-2　年龄分布

（二）地域分布

如图 1-3 所示，从地域分布来看，样本中超过 90.0% 的学生来自浙江省，其中杭州占 19.0%，温州占 11.0%，湖州占 11.0%，台州占 10.0%，嘉兴占 10.0%，宁波占 9.0%，绍兴占 9.0%，金华占 8.0%，丽水占 3.0%，衢州占 3.0%，舟山占 1.0%，其余来自云南、新疆、江西、江苏等外省的人数占总人数的 6.0%。由于所调查高校的生源地多为浙江省内各地，且虽然省外生源占比不大，但其家乡的文化与浙江省的传统文化存在一些共性，因而对研究文化的多样性与地域差异产生一定的影响。

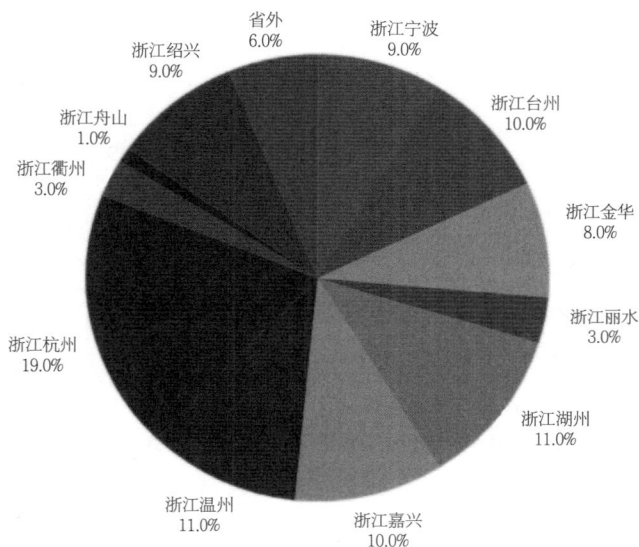

图 1-3　地域分布

二、调查统计

问卷主体部分设置了与家风家训密切相关的问题，以了解大学生对家风家训的认知与认同情况。

（一）概念辨析

如图 1-4 所示，从家庭教育与个人成长与发展是否存在关联来看，有效的 872 份问卷中，仅 2 人认为家庭教育与个人成长与发展不存在关联，剩余的

870 人认为家庭教育与个人成长与发展存在关联。这说明绝大多数人对家庭教育发挥的作用持肯定的态度，只有极少数人认为二者无关联。

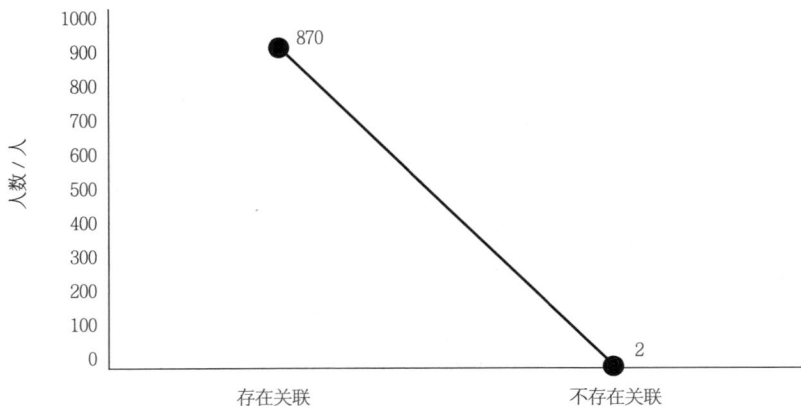

图 1-4　家庭教育与个人成长与发展是否存在关联

　　如图 1-5 所示，从所受家庭教育是否体现家风家训的核心观点来看，74%的受访者认为他们受到的家庭教育体现了家风家训的核心观点，5% 的受访者认为他们受到的家庭教育未体现家风家训的核心观点，剩余的 21% 认为说不清。这个调查结果比较直观地反映了大家认知范围内家风家训"参与"家庭教育的情况。

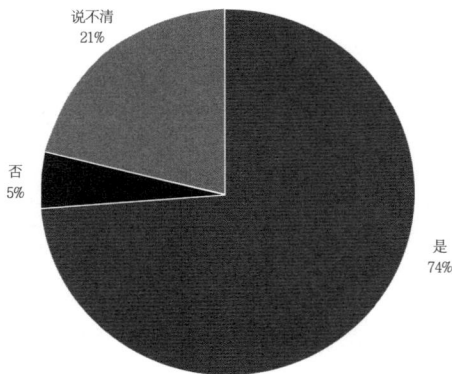

图 1-5　家庭教育是否体现家风家训的核心观点

如图 1-6 所示，从影响家庭教育的因素来看，"教养方式"出现了 851 次，"教育内容"出现了 761 次，"社会背景"出现了 611 次，"生活环境"出现了 822 次，"其他"出现了 9 次。这说明，大家对家庭教育质量与水平的影响因素有自己的理解。

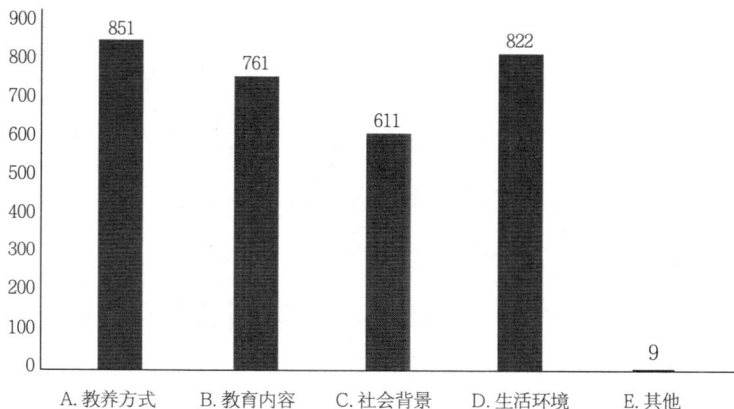

图 1-6　家庭教育质量与水平的影响因素

（二）价值认同

此份问卷主要通过受调查者对"修身、齐家、治国、平天下"这一中华传统道德价值观的核心理念的理解来反映其对家风家训的认知情况，下面是对数据的分析。以排列顺序为一至五的选项出现的频率为衡量标准，按四个维度对应故事出现的顺序及次数进行深入分析。

1. 认同度排序题

"修身"层面对应的四个选项是：勤俭节约、乐学善思、诚实守信、积德行善。

"齐家"层面对应的四个选项是：谦虚礼让、和谐共生、尊老爱幼、邻里和睦。

"治国"层面对应的四个选项是：廉洁自律、公平正义、遵纪守法、自由平等。

"平天下"层面对应的四个选项是：心系天下、报效国家、热爱和平、自强勇敢。

选择"修身"对应的四个选项作为第一位的个案百分比为40.8%，居首位；选择"齐家"对应的四个选项作为第一位的个案百分比为18.1%；选择"治国"对应的四个选项作为第一位的个案百分比为31.0%；选择"平天下"对应的四个选项作为第一位的个案百分比为10.1%。

选择"修身"对应的四个选项作为第二位的个案百分比为40.5%，选择"齐家"对应的四个选项作为第二位的个案百分比为25.7%，选择"治国"对应的四个选项作为第二位的个案百分比为24.5%，选择"平天下"对应的四个选项作为第二位的个案百分比为9.3%。

选择"修身"对应的四个选项作为第三位的个案百分比为35.6%，选择"齐家"对应的四个选项作为第三位的个案百分比为31.1%，选择"治国"对应的四个选项作为第三位的个案百分比为23.5%，选择"平天下"对应的四个选项作为第三位的个案百分比为9.7%。

选择"修身"对应的四个选项作为第四位的个案百分比为31.5%，选择"齐家"对应的四个选项作为第四位的个案百分比为33.3%，选择"治国"对应的四个选项作为第四位的个案百分比为23.4%，选择"平天下"对应的四个选项作为第四位的个案百分比为11.8%。

选择"修身"对应的四个选项作为第五位的个案百分比为37.8%，选择"齐家"对应的四个选项作为第五位的个案百分比为25.3%，选择"治国"对应的四个选项作为第五位的个案百分比为 23.5%，选择"平天下"对应四个选项作为第五位的个案百分比为 13.3%。

2. 故事认同度排序题

"修身"层面对应的故事：匡衡凿壁偷光，杨时、游酢程门立雪。

"齐家"层面对应的故事：梁鸿、孟光举案齐眉，孔融让梨。

"治国"层面对应的故事：海瑞罢官，班超投笔从戎。

"平天下"层面对应的故事：苏武牧羊，岳母刺字。

选择"修身"层面对应的两个故事作为第一位的个案百分比为 31.2%，选择"齐家"层面对应的两个故事作为第一位的个案百分比为 45.5%，选择"治国"层面对应的两个故事作为第一位的个案百分比为 2.0%，选择"平天下"层面对应的两个故事作为第一位的个案百分比为 14.9%，剩下 6.4% 选择了其他，如孟母三迁、悬梁刺股、一饭千金等。

选择"修身"层面对应的两个故事作为第二位的个案百分比为 38.9%，选择"齐家"层面对应的两个故事作为第二位的个案百分比为 31.5%，选择"治国"层面对应的两个故事作为第二位的个案百分比为 3.4%，选择"平天下"层面对应的两个故事作为第二位的个案百分比为 16.1%，剩下 10.1% 选择了其他，如孟母三迁、司马光砸缸等。

选择"修身"层面对应的两个故事作为第三位的个案百分比为 42.9%，选择"齐家"层面对应的两个故事作为第三位的个案百分比为 22.5%，选择"治国"层面对应的两个故事作为第三位的个案百分比为 6.0%，选择"平天下"层面对应的两个故事作为第三位的个案百分比为 22.5%，剩下 0.5% 选择了其他，如牧羊人与砍柴人的故事、木兰从军等。

3.影响因素频次题

如图 1-7 所示，从影响家风家训传承的因素来看，选择"家长的文化素养与教育理念"的次数达到 837 次，选择"对传统文化的认同程度"的次数达到 488 次，选择"社会的主流风气与价值导向"的次数达到 538 次，选择"家庭的规模、结构与模式"的次数达到 531 次，选择"家庭的教养方式与培养观念"的次数达到 759 次，选择"对外来文化的接受程度"的次数达到 294 次。

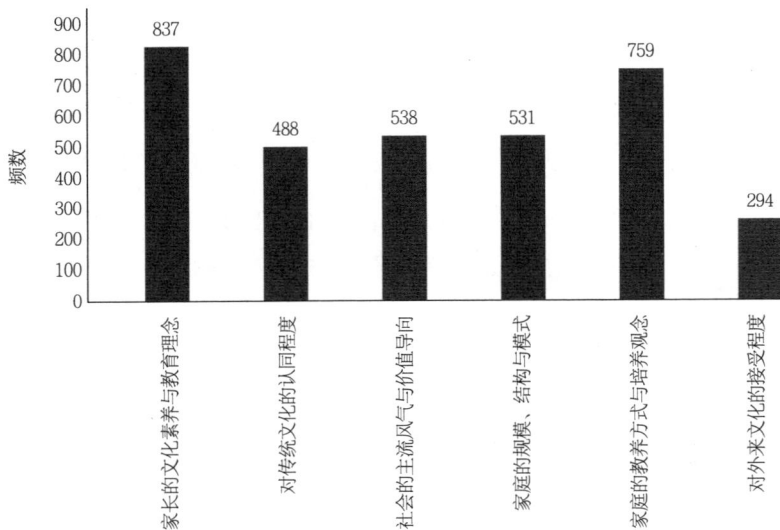

图 1-7 影响家风家训传承的因素

优秀家风家训与大学生理想信念教育

第四节 ❸ 总结分析

　　文化符号的叙事功能，是青年群体传承集体记忆的主要方式。记忆传承是青年形成国家认同与文化认同的过程，也是青年形成群体及国家归属感的过程。优秀家风家训在促进大学生重塑文化自信的过程中仍存在一些问题，发现问题、分析成因，进而提出解决这一系列问题的有效方案，有助于增强大学生的文化自信。

一、归纳总结

　　中华传统文化极为强调个人精神的塑造和涵养。"修己以敬"的修身思想；"谁言寸草心，报得三春晖"的孝悌思想；"精忠报国"的爱国情怀；"天行健，君子以自强不息"的奋斗精神；"厚德载物"的包容精神……这都为培养大学生的文化自信提供了丰富的精神食粮。在社会大环境的影响下，优秀家风家训多方面渗透于大学生的生活中，对其造成影响。要想更好地发挥优秀家风家训对大学生理想信念教育的促进作用，就必须对当下大学生对家风家训的认知现状做深入了解。

（一）大学生对家风家训的认知现状

在访谈中，大家比较坚定地相信中华传统文化具有强大的生命力，赞同其在国家发展的过程中起到的积极作用。

1.概念理解

在前期的基础研究中发现，"家风家训"与"家庭教育"存在一些交叉的内容，但又有很大的不同，笔者根据访谈的结果进行了总结。

（1）对家庭教育概念的理解

家庭教育是一个家庭对孩子潜移默化的熏陶，涉及三观、生活习惯、道德品质等方面。它是有意识的知识传授、道德教育和家庭生活氛围的熏陶，对孩子的个性塑造和各种观念习惯、道德准则的形成具有重要的影响。从性情脾气到为人处世，都与孩子的原生家庭有很大的关系。家长通过有意识的言传身教和生活实践，对子女进行必要的教育影响。这种教育方式受教育人强烈的主观意志的影响，它并不具有连续性，而且在某种程度上其内容也因时因势而变。家庭教育的内容包括礼仪礼节的教导、大事小事的处理方式及待人接物的态度等，最关键的特征是有特定的家族人物对特定的家族成员采取一对一或者其他形式的教育，这种教育有着直接性特点。家庭教育对家庭成员提出的五个基本要求如下。

德行要求。教诲孩子有责任心，有爱心，懂礼貌。坚决反对金钱至上、金钱万能的拜金主义，无论做什么事情都不要太自私，有的时候"吃亏是一种福气"。教育孩子要树立正确的价值观念、效益观念，树立社会主义核心价值观。

能力要求。包括学习能力的培养，独立自主能力的培养及交往能力的培养。学习能力是所有能力的基础，影响着其他各方面能力的掌握与提升，因此必须引导孩子掌握正确的学习方法，培养独立自主解决问题的能力。同时，要学会从内心深处尊重他人，客观地评价他人，挖掘他人身上令你佩服的闪光点，形成良好的人际关系。

身体要求。要让孩子早睡早起，加强锻炼，均衡饮食。"身体是革命的本钱"，爱惜自己的身体应当是每一个孩子最基本的认知，同时，加强"生命教育"也是家庭教育中必不可少的一个环节，要引导孩子明白：重视每一次生命活动的质量就是重视生命全过程的质量。

心理要求。教导孩子们用平常心对待挫折和磨难，敢于迎难而上。儿童的自我意识、自我调节等能力处于较低的水平，很容易受外界的影响而导致情绪失控，甚至会因为调节不当而产生自闭症、抑郁症等心理疾病，因此家长要多加关注，给予关爱。

智能要求。"注重过程，而非结果"，家长不必过分关注成绩，可以适当培养孩子在学习方面、文化艺术方面的兴趣。蔡元培先生认为，美育的目的在于陶冶人的情操，认识美丑，培养高尚的兴趣、积极进取的人生态度。诚然，艺术从来不是艺术本身，而是整个人生观，它能够唤醒人们的美学基因，播下艺术的幼苗，无声地滋润孩子的心田。

（2）对家风家训的理解

受访者认为，家风是一种家庭文化、道德氛围，具有长久性特点，能够在有德望的祖先定下的家训家规中体现。家训是指在传统家庭观念下，为了维护整个家族或者家庭结构的稳定和延续，由较为成功的长辈对晚辈进行的训导和规劝。孟子云："不以规矩，不能成方圆。"不管是家，还是国，都需要特定的行为法则约束自身，它存在的目的就是将家风传承下来，并要求其后辈遵守。家风家训是一种在长期的家庭教育中沉淀下来的精华成分的集合体，是中华传统文化、家庭文化的重要组成部分，能够在一个家族中代代传承。部分人在访谈中直接以《傅雷家书》《曾国藩家书》等具体书目作为家风家训的"等价物"，只是简单地将家书文稿等同于家风家训，说明其对家风家训或家庭教育的了解还很片面，对其内涵与外延缺乏结构清晰的框架。

其实，家风家训涉及人生的方方面面，它包括代表家庭风气的词汇和教育性条例、家庭氛围、家庭规则、对个人立身处世的教诲等，涉及文明礼貌教育、公共道德教育、个人品德教育、纪律教育、观念教育等。某个家族的祖训、某个特定的家族行为准则是家风家训。在现实生活中，家长通过自己的言传身教对子女进行教育，借助社会实践和社会活动，让孩子接受锻炼，并且在这个过程中对孩子的行为进行指导，也是家风家训。尽管不少的家庭有家训家规，但以书面形式呈现的很少，以口头表达为主。但无论是以书面形式还是口头形式呈现，都体现着家族的信仰，能给予本家族子孙后代及社会人士启迪。比如，董必武要求子女"做人要有规矩"，这不仅是一位父亲对子女的劝导，更是董必武同志用一生的奋斗和人格风范实践出来的，深深影响和感染着董家后代，久而久之，这些"规矩"慢慢衍化为董家的家训，鞭策、勉励后人。陈云同志用质朴的十个字"一是读好书，二是做好人"浓缩了其一生的追求。乌兰夫同志告诫子女做事情不能功利，不要一味索取，而是要看自己对社会贡献了多少，并且要以心换心，用心做好每一件事情。

（3）对家风家训与家庭教育关系的理解

通过受访者叙述，课题组发现，受访者对家风家训与家庭教育的包含关系存在不同的理解，少数人认为家风家训包含家庭教育，此种解读并不正确。

其一，包含关系。家风家训是家庭教育的一部分，家风是家庭教育过程中逐步形成的风气，家训是对家庭教育思想的概括总结。

其二，传承关系。家风家训是家庭教育的具体表现，是家庭教育最根本的形式。家风家训作为一种文化符号，丰富了家庭教育的内容。

其三，互相作用关系。家庭教育是家风家训的初级阶段，以口耳相传或是抄写誊录的方式开始传承，在传承的过程中进行不断的交互、修改，修正及融合本地区的文化，最终阶段形成的就是家风家训，因为其历经传承与渗透，不易察觉的外在和富有深度的内在共同浸润影响着人。

需要注意的是，在探讨二者的关系之前，必须清楚"价值取向"这个大前提。价值取向是家庭教育的风向标，价值取向把握人生的航向，一旦失去控制，就会有意想不到的事情发生。试想，如果一个家庭有着"马无夜草不肥，人无横财不富"这样的价值观，怎么能够培养出优秀的子女？最初的方向错了，那么只会误入歧途或者南辕北辙。

2. 对家风家训与大学生理想信念教育契合度的理解

通过研究，课题组发现，优秀的家风家训与大学生理想信念教育存在多方面的契合，实现对二者的融合教育，可以提高文化的传承性。

大学生理想信念教育与优秀家风家训在内容上的契合。马克思、恩格斯在《德意志意识形态》中指出：统治阶级的思想在每一时代都是占统治地位的思想。无论在世界的哪个角落，无论是哪个统治者治理国家，都共同地关注人的思想，而理想信念作为思想的重要内容也引起广泛的重视。青年人是国家建设的主力军，其思想动态、理想信念是他们能否成人成才的关键。

大学生理想信念通常是指大学生对未来的目标和规划，是世界观、人生观、价值观的集中体现，其内容包含着社会生活各个方面的发展状态，而优秀家风家训中的"诚信""忠孝"等中华传统美德，可为高校思政教育提供良好的借鉴。大学生理想信念教育把培养具有坚定理想信念、高度历史责任感的社会主义接班人作为主要任务；优秀家风家训作为文化育人、道德养人的教育方式，其根本也在于培养德才兼备的人，二者皆有灌输、塑造、关怀等主要功能。大学生理想信念教育与优秀家风家训在价值上的契合，主要体现在以下几个方面。

一是培养高尚的爱国主义情操。家风家训深植中华优秀传统文化的土壤，深受社会主义核心价值观的滋润，"茁壮成长"。家风家训中蕴含着较多爱国思想，马应彪先生在 20 岁的时候，辗转到澳大利亚谋生，后来受到"实业救国"思潮的影响，他放弃国外的一切，不顾艰难回到了祖国，用一腔热血报效祖国。马应彪的家风渊源可从南宋初年算起，他的祖先都具有家国一体的概念，血液里都流淌着爱国爱家的基因。马应彪身体力行，白手起家，在国难当头之时，以国家为重，为自己、为后世之人写下了爱国爱家的精彩华章。还有我们熟知的钱学森、钱三强等新中国"两弹一星"元勋，他们本可以在国外享受着较高的待遇，却不惜冒着生命危险，带着家人回国发展，而他们留给钱氏后人的家训中也突出了"爱国"的重要性。多少仁人志士为国家发展抛头颅洒热血，才有了今日之中国，他们身上切实体现了优秀传统文化所蕴含的爱国主义情怀，这些都对加强新时代大学生理想信念教育具有重要价值。

二是提高思想道德水平，促进全面发展。无论何时何地，中华优秀传统文化都是中华民族的文明之根，丢失了它也就丢失了根。面对种种诱惑，大学生的思想认知受到了极大的挑战，某些人为了一己私利，弄虚作假、蒙混过关，更严重者一步步走向堕落，走上了违法犯罪的道路。

三是树立人生目标，追求高远境界。新技术的运用、价值观念的多元化给大学生理想信念教育带来了比较大的挑战，大学生作为社会进步的接续力量，担当着历史发展的重任，优秀传统文化中所蕴含的积极向上的价值观念，有助于大学生树立崇高的理想信念，反对奢靡享乐、金钱至上的拜金主义。要在学生中做好踏实严谨的建设，深入挖掘传统文化中"诚信""和善"等优秀品质，将其运用到理想信念教育中。

四是坚定崇高理想，实现价值追求。优秀传统文化是中国特色社会主义理论体系的重要来源之一。社会主义核心价值观是优秀传统文化的结晶，它将国家、社会、公民三个层面的价值要求融为一体，突出体现了社会主义的本质要求。加强优秀传统文化与大学生理想信念教育的结合，有助于新时代大学生理解和把握社会主义核心价值观，树立传承与创新中华优秀传统文化的理念，坚定实现中华民族伟大复兴的中国梦的理想信念，从而完成自我价值的实现。

（二）大学生传承优秀家风家训的现实困难

目前，在校大学生的成长正好与时代的发展同步。网络对大学生的影响已经渗透到思想观念、生活方式、道德品行、审美情趣等方面，在这种快节奏的信息传播方式面前，优秀传统文化的影响力被削弱了，大学生在认知、实践上存在的一些问题导致优秀家风家训的传承活动遇到阻碍。

1. 对家风家训的内涵及其意义认知片面

大学生对传统文化的了解多局限于非物质文化遗产这种有表现载体的文化，对内在精神层次的传统文化认识浅显。其中，在优秀家风家训概念的理解上，大多数人能够说出一二，但是只是一个简单粗略的理解；就其具体涉及的内容而言，大家的回答反映出他们对传统家风家训的内容所知甚少，对其内涵的解读仍停留在"家风家训"四个字的表面，没有深入，只有极少数人能够说出熟知度较高的《朱子家训》《钱氏家训》等成文的家训，但也无法就家训的具体条目进行解读；能说出重视家风的名人等典型例子，并说明其家风好在什么地方，其后人是如何延续此家风的人几乎没有。换一个角度思考，家风，作为家庭的文化，作为一个组织的文化，它依附于家庭这个社会细胞所存在。短暂持续是时尚的特征，而家风是历经几代人延续，持续到现在，或在子孙后代身上一再出现的东西。也就是说，只要有家庭存在，就会有家风，现代社会对家风的概念理解不深，是因为时代的变迁，旧时的传统逐渐被淡化，而非家风"荡然无存"。

中国的"家国一体"，即"家"是缩小的"国"，"国"是千万个"家"，因此，在岁月的积淀中，家风家训成为中华文化新的组成部分，延续了千年的文明。通过调研发现，即便是对文化有自己看法的人，也存在着对家风家训理解层次较低的现象。以《钱氏家训》为例，它的内容涵盖了修身、齐家、治国、平天下这四个大的方面，而这四个环环相扣的方面，又有层层递进的关系，调查结果显示，超半数人对"修身"的认可度高，他们认为"修身"是最重要的，对"平天下"的认可度较低。对这个结果可以做两方面解读：一方面，大众教育的重点在于个人素质的培养，而民族的发展离不开个人，所以注重个人修养是重中之重；另外一方面，实现"齐家""治国""平天下"的前提是实现自身修养的提高，重视"修身"就是在为后三者的实现打好基础。当然，也存在一种狭隘的理解，认为大家的思想水平未达到国家层面，没有高度。

2.对优秀家风家训的内化和情感认同不够

常言道"态度决定行动。"对传统文化的认同程度会影响传承行动。从收集到的数据来看，对于传承传统文化，大学生表示赞同与认可，且他们愿意成为传承中华优秀传统文化队伍中的一员。虽然课题组在访谈过程中设置的关键词是"优秀传统文化"，但是受访者还是提及了文化的二重性，即优秀文化与不良文化。部分人的观点是，家训必定是健康的、积极向上的。实际上，这种说法不过是表现了受访者对家风寄予的"厚望"，但是就家风本身而言，它并不含有这样的意味。家风表现了一个家庭的风尚和习气，表现了一个家庭的自我和特色，表现的是一个家庭和另外一个家庭的不同。所以，"所有能够传承下来的文化都是好的文化"，这显然是一个伪命题。"取其精华，去其糟粕"是当前对待传统文化的基本态度，现代大学生要能够辩证地看待家风家训的功能及作用，清楚时代给予的任务是继承优秀传统文化，其中部分人认为我们需要保持其原汁原味，另一部分人则认为我们应该融入流行。其实，这两种说法都有些片面，中国的传统文化包括思想观念、思维方式、价值取向、道德情操、生活方式、礼仪制度、风俗习惯、宗教信仰、文学艺术、教育科技等诸多层面的丰富内容。

3. 对西方文化的接受度较高，警惕性不够

随着信息技术的迅猛发展，移动互联网和智能便携终端广泛普及，以美国为首的西方国家通过推特（Twitter）、脸书（Facebook）、微博、微信等即时通信平台推行所谓"民主化进程"，垄断网络话语权，渗透具有典型民族特色的西方文化，恶意攻击中国，刻意抹黑中国，企图破坏中国的国际形象、制造中国的社会分裂。

当代大学生作为互联网的忠实受众，无可避免地会受到西方文化的影响，所谓英雄主义、民族主义很大程度上冲击着中国大学生群体的主体认识，这背后的原因令人唏嘘。以"先进文化"自居的西方文化，能够满足一些大学生的

虚荣心，不少大学生深陷其中，却不以为然。

4. 对优秀家风家训的践行缺乏创新性与自觉性

在访谈中发现，受访者对凝练和传承良好家风家训与培育和践行社会主义核心价值观的解读只停留在：社会主义核心价值观是中华传统文化的一个时代体现，培育和践行社会主义核心价值观是一个有凝聚力的社会对价值观的共同认知。

就价值取向的一致性来说，二者有着较为契合的价值取向，并且是积极正面的价值取向。就来源与目的来说，二者都是以中华优秀传统文化为基础的，都是以培养良好价值观和传承优秀道德品质为目的的，且传承家风家训是培育和践行社会主义核心价值观的方式之一，二者在大方向上是一致的。

就优秀家风家训现有的实践形式来说是比较单一的，多集中于理论知识授课、下社区宣讲、微信公众平台推文等，比较浮于表面，缺乏创新性是优秀家风家训实践达不到预期的育人效果的重要原因。

二、问题分析

著名文化学者黄文山先生认为，文化包含两个状态：一是内部的价值意义系统，可称为"文化的心态"；二是外部有机的或非有机的现象，如物体、事素、历程等，可称为"外部状态"。[①] 我们现在谈到的"文化"，大多指的是"外部状态"。中华上下五千年文化，之所以能够历久弥新，原因就在于它

---

① 郑师渠：《近代的文化危机、文化重建与民族复兴》，《近代史研究》2014 年第 4 期，第 26—32 页。

经历和平与动荡，并且游刃于"内部状态"与"外部状态"之间，如同老坛酒一般，越久越醇香。对于大学生传承优秀家风家训存在较多的现实困难，笔者针对调查结果进行了问题归因。

（一）内在因素

造成大学生理想信念不坚定的原因有很多，但是首先要关注的还是青年自身的问题。

1. 道德素养不够扎实

人的行为准则和价值取向体现其道德素养，这是社会意识形态的具体内容之一。道德素养的养成，主要通过接受教育和自我反省两种方式。大学生接受高等教育，面临着各种文化的渗入考验，如果道德素养不够扎实可能就会跌入"无底洞"。改革开放促进了经济社会发展的同时，也带来了各种思潮，由于大学生对马克思主义的理论学习和理解不深刻，错误地认为马克思主义已经过时，已经不再适合中国国情，甚至对中国共产党的领导地位认识发生偏差。再有"佛系"青年的丧文化滋生，过分强调按照自己的喜好去面对和处理问题，缺少必要的发展规划，淡化应有的人生目标，无意进取且随遇而安。这些客观上就是大学生道德素质滑坡的危机端倪。在错误价值观的影响下，大学生投毒案、弑母案及学术不端等事件不断发生，这些引发社会广泛关注的事件究其原因还是道德不力。

2. 认知能力相对欠缺

认知能力是人们对事物的构成、性能与他物的关系、发展的动力、发展的方向及基本规律的把握能力。时代发展的速度越来越快，很多人已然在繁忙的奔波中忘却了"家"才是人生的原点。祖辈认为过年是一件很"神圣"的事情，需要很强的仪式感，因为他们内心对"家"是充满爱与敬意的。但是，嫌麻烦、没意思、抢不到春运车票却成为现在许多人过"年"时不与家人团聚的理由，"家"慢慢也就不再是这些人所向往的归属了。处于低层次的认知水平，就很容易缺乏判断力，单一的想法很难支撑起逻辑的思考，这也就是为什么很多人无法理解优秀家风家训是中华优秀传统文化的精髓，更无法认识到优秀传统文化对于人的全面发展起到促进作用的原因。

3. 知行依然割裂

知行合一，是指认识事物的规律并按照规律行事，知是内心觉知，行是实际行为，知是行的前提，行是知的结果。正如访谈中受访者所述，他们知道优秀家风家训的重要性，但是并不清楚优秀家风家训为什么重要，优秀家风家训的传承又当如何实践；同样他们也知道中华优秀传统文化博大精深，但是对于如何发挥出中华优秀传统文化的时代价值也是知之甚少，更谈不上有什么可供借鉴的实践心得体会或创新经验。知即是行，行便是知，内有良知则外有良行，良知是每个人与生俱来的道德感和判断力，依良知而行，这是亘古不变的客观规律与基本逻辑。

（二）外在因素

人在不同的环境下会有不同的表现，做出的行为是在外在环境和内在自我的共同作用下形成的。而社会心理学更注重的是外界环境对人的影响，大学生对家风家训的认知也受到外在因素的影响。

1. 社会转型加剧非主流意识形态多元化

近代中国经历了从封闭走向开放、从传统走向现代的一个重要转型期，传统文化、家风家训的传承与发展也随社会转型发生着一些变化。

（1）经济社会转型

社会的发展必然伴随着经济的繁荣，经济社会转型对主流意识形态也有较大的冲击，近代中国的转型大致可以分为以下两个阶段：

乡土中国阶段。费孝通先生说：从基层上看，中国社会是乡土性的。[①] 乡土社会，当它的社会结构能满足人们生活的需要时，是一个最容易安定的社会，因而它也是一个鲜有"领袖"和"英雄"的社会。所谓安定是相对的，指变得很慢。结合费孝通先生的观点和现实的发展，这个"慢"，对社会经济的发展来说，未必是一件好事，但是对文化的积淀来讲，尤其是注重以家庭为单位的中国人来说，可能是一个促进发展的时期。

城乡中国阶段。这个阶段，一半人来自农村，一半人来自城市。这一阶段变化最为剧烈，而城市化并不能代表这个阶段。社会变迁常是发生在旧有社会结构不能应对新环境的时候。处于城乡中国阶段的社会，在新旧交替之际，不免有一个惶惑、无所适从的时期，此时人们在心理上充满着紧张、犹豫和不安，更多地希望生活水平得到提高，也就因此忽视了文化在发展上所起到的积极作用。

（2）文化社会转型

国际人类学与民族学联合会副主席张继焦教授提出了一个在笔者看来可以比较完整地概括中国近代以来的六次文化转型的划分，即文化自满、文化自卑、文化自省、文化自立、文化自觉和文化自信。[②] 下面就以此种分类为依据，对中国文化的几次重大转型进行一个细致的描述。

---

① 费孝通：《乡土中国》，人民出版社 2008 年版，第 1—2 页。
② 张继焦、杨林：《中国近代以来的六次文化转型：从文化自满、文化自卑、文化自省、文化自立、文化自觉到文化自信——国际人类学与民族学联合会副主席张继焦教授访谈》，《广西师范学院学报》（哲学社会科学版）2019 年第 3 期，第 66—70 页。

第一部曲：文化自满

说到自满，人们可能会想到"天朝上国"，这种说法具有片面性。早在先秦时期，古人便认为中国是世界的中心，由此也划分出了天下五服及天下九州。并且古人还根据地理位置和文明的程度，划分了华夏及四周的少数民族。而到了秦汉之后，这种"天朝上国"的思想体现为周边国家向中国朝贡。而到了隋唐时期，周围少数民族更是称当时的皇帝为天可汗。这个"天朝上国"的观念到了明清时期发展到了顶峰。当时明太祖朱元璋驱逐蒙古人，便是提出驱逐胡虏、恢复中华的口号。而且在后来的朝贡制度之下，只要周边国家承认了明朝的天朝地位，那么就会得到许多的赞赏及赏赐，郑和下西洋，便是将这种朝贡贸易的形式发展到了巅峰。但是到了清朝，这种"天朝上国"的观念却逐渐限制了中国的发展，乾隆更是认为因为中国是天朝上国，所以其他国家是完全不需要重视的。

举一个比较熟悉的例子，1792年英国政府正式任命马戛尔尼为正使，乔治·司东为副使，以贺乾隆帝八十大寿为名出使中国，就在访使团抵达之后，双方就因觐见仪式产生分歧。我们都知道中国古时候见到皇帝不下跪就是死罪，但外国人哪里懂得，下跪在他们看来是一件何等荒唐的事情。乾隆也不是一个随意的人，他就是要让这一批人行三叩九拜之礼，英使则认为这是一种屈辱而坚决拒绝，后乾隆知悉马戛尔尼此行并不是为他祝寿而来，大为光火，直接下达驱逐令。

乾隆以"天朝上国"自居的文化自满，在这个时候就有一种"我的国家，我说了算"的感觉，上至国家、下至家庭（个人），一副唯我独尊的样子。眼光一旦局限于眼前，就难免会刚愎自用，如果膨胀就会夜郎自大，如果卑微就会畏首畏尾。他们不知道，英国使团带来了一批当时先进的科技产品：前膛枪等武器，望远镜、地球仪等天文学仪器，钟表和一艘英国最先进的110门炮舰模型。但清政府称这些东西为奇技淫巧，不足为道，乾隆在看到礼物之后，觉得英使不过是夸大其词，更是说"所称奇异之物，只觉视等平常耳"。

不仅如此，自诩"十全武功"的乾隆在文化方面也是下足了"功夫"——大兴文字狱。他为了打击异己分子，清除对自己统治不利的思想言论而制造的一些案件，除了极少数事出有因外，绝大多数是捕风捉影，实属冤案。可以说文字狱是封建专制下的产物。它实际上也是一种思想文化专制，是统治者对自身文化过度自信而导致的。这种思想文化专制不仅束缚人的思想，而且坑杀有识之士，不利于中国传统文化的发展，也阻碍了中国社会的发展，这是近代中国知识分子思想始终得不到彻底解放的一个原因。

第二部曲：文化自卑

中国在鸦片战争中的失败，引起人们普遍的心理焦虑、行为失范，从而使社会陷入危机状态。当时中国太落后，所以从知识分子到老百姓都普遍有一种文化自卑心理，认为中国落后是由文化落后造成的，所以想要改革文化甚至废除自身的文化。

一直到晚清，中国的文字都是以繁体字为主的，但是伴随着洋务运动和文化改良，许多文人志士接触到了西方的字母文字。通过分析和对比，加上对世界潮流的判断，不少学识出众的大师认为：繁体字已经落后于世界潮流，如果想要文化改良，想要普及知识，那么繁杂难写的繁体汉字，就必须废除。这种说法，从某种程度上看就带有文化自卑的意味。

在与世界文化的碰撞中，我们不难发现，一些我们曾引以为豪的"传统观念"透露出国人内心的自卑，比如好面子、做人上人。从表面上看，这些说法再正常不过，因为几乎所有人都认同，但从心理学上看，自卑的人渴望别人对自己有充分的尊重，无止境地索取别人对自己的关注，这个在心理学上被称为神经症人格。再比如，衣锦还乡、光宗耀祖的人生追求等，都是自卑心理的诉求，即通过外在的符号来彰显自我的价值。

清华大学心理学系教授彭凯平深入研究了中国人的人格类型，做了大量调查，对中国人的人格类型做出了一个基本判断，那就是互依型人格。这是与独立人格完全相反的一种人格类型。它的特点就是对他人的评价非常敏感，自己的人生价值感来自外界的评价。用俗话来讲，就是好面子，敏感脆弱。具有互依型人格的人的快乐完全来自他人的评价和社会化的肯定。因此，他们也就不可避免地受制于人，也不可避免地陷入自卑。当一个人的"心理状态"掌握在别人的手里时，他肯定处于一个无助和绝望的状态。在我们身边，这样的人比比皆是，而且越是底层的人越有这种倾向。

第三部曲：文化自省

自从欧洲进入工业革命、开启全球化进程以来，客观上已经迫使各种文化必须进入比较与自省的时代。洋务运动是中国近代教育的开端。洋务派创办新式学堂，为翻译、工程、兵器、通信、医务等行业培养新型人才，打破了原先选拔人才的制度，为社会培养了一批具有一定世界视野的科技人才，为后来的文化运动、思想革命的开展输送了人才，为社会文化氛围的形成做了铺垫。紧接着，新文化运动高举"民主""科学"大旗，提倡白话文的呼声日渐高涨。中国的白话文的确方便了人们之间的交流，但也在一定程度上让人们产生了文言文没有存在必要的错觉。

1919年，中国政府在巴黎和会上的外交失败，中国主权被西方列强践踏，软弱无能的北洋军阀政府被迫与西方列强签订丧权辱国的不平等条约，而国内的爱国青年学生听闻此消息，抱团反抗，也就有了震惊全国的"五四运动"，不仅仅北平的学生参加了游行示威，很多爱国人士也广泛参与。这场运动，孕育了意义深远的"五四精神"，影响着一代代青年为解放运动做出贡献。

从项目研究来说，外来文化对社会心态有较大影响。与社会习惯不同的是，社会心态形容的是人们的心理状态，能够体现一个人对公众事物的认知与评价，是世界观、价值观的体现。青少年时期，是一个人的世界观、人生观、价值观形成的关键时期，在此时期，他们会接触到各式各样的外来文化，这些文化在其成长中发挥着一定的积极或消极作用。积极的影响表现在多方面：开拓视野，丰富对世界的整体认知；对于长期形成的传统的民族文化中故步自封、软弱虚伪的社会心态来说，是一次具有积极意义的改造和洗礼，对文化思想的进步、自我优化、文化全球化有一定的促进作用。外来文化对本民族传统文化的消极影响表现在其不成熟的判断能力上。青少年正在成长，从身心发展的角度来说，强烈的好奇心驱使他们对新世界进行探索，对于他们来说，外来文化就是极具新鲜感的新事物，他们容易被外来文化带入思想误区，从而灾难性地阻碍和破坏民族文化的发展和完善，使文化融合演变为文化侵略，甚至危害到国家安全。

第四部曲：文化自立

1949 年中华人民共和国成立后，社会经济得到了发展，促进了社会整体的进步。这一时期文化建设的根本任务是保证文化的性质和其在社会中所凸显的领导地位，所以这一时期所形成的文化具有极强的现实意义，但因为文化建设经验不足，经费、人员投入不足，此时期的文化建设成效不够显著。

1956 年，毛泽东在中共中央政治局扩大会议上的总结发言中提出文化、文艺发展的"百花齐放、百家争鸣"方针，鼓励文艺工作者坚持文艺创造，充分调动了文艺工作者的积极性。在文化、科技各领域自由、蓬勃发展的背景下，我国公共文化事业建设也取得了很大进步。

然而，1966 年，历时十年之久的"文化大革命"开始了。

1975 年，在会见联合国教科文组织总干事恩布时，邓小平就指出："西方世界垄断的状态已开始转变了。我们这些国家长期以来受帝国主义、殖民主义的侵略和奴役。要真正完全独立，光政治独立不够，还要经济独立、文化独立。现在第三世界的经济独立刚刚提上日程。经济上真正独立恐怕还要几十年的时间，文化方面花的时间更久。"此时，邓小平已经看到，作为社会主义国家，作为最大的发展中国家，中国特色社会主义现代化不仅要取得政治独立和经济独立，更要取得文化独立；这种文化独立不是自我封闭中的自我陶醉，必须是主动面向世界的、在充分自觉基础上的、更为自信的表达，是在与世界多元文化价值充分交流对话、竞争博弈中，对自身发展的现实基础、特色优势、未来指向等深度反思与追问基础上的更为明确坚定的主张。

在 1976 年"文化大革命"结束后，中国迎来了改革开放的春天。在多元价值对话中，如何重塑自身文化价值的主导与主流，切实提升其现实说服力、阐释力、引领力、传播力、影响力、竞争力等，日益成为需要着力解决的重大问题。1980 年，中共中央开始贯彻落实第四次全国文代会精神，在总结和反思的基础上，再次确立了文艺工作"百花齐放、百家争鸣"的方针。这是我国当代文化政策极具特色的转折点，文艺工作开始向多元化发展。1984 年，国家开展"以文补文"活动，鼓励文化事业单位举办讲座，允许报社和出版社开展有偿服务和经营活动，以此来补贴文化经费，为更好地开展文化服务工作提供资金保障。这些政策激发了文化创作的热情，丰富了文化活动的类型，为文化活动和文化产业的发展做了铺垫。

第五部曲：文化自觉

费孝通先生将"文化自觉"的历程概括为："各美其美，美人之美，美美与共，天下大同。"中国共产党代表中国先进文化的前进方向，是实现文化自觉的主体力量，也是重塑文化自信的领导力量。马克思主义对于中国共产党精准判断中国社会性质及未来发展方向具有重要的指导作用，特别是针对社会文化发展问题确定大体解决思路和方向，这对于中国共产党来说，是实现"文化自觉"的关键之举。时代向中国提问"未来向何处去"，若想回答好这个问题，必须对中国目前的社会定位、发展阶段有一个清晰的把握，我国的社会主义脱胎于"半殖民地半封建社会"就是最客观、最准确的定位，这为中国特色社会主义文化确定了逻辑前提。凡是在社会发展与文化发展问题上，中国共产党都是以客观规律和现实情况为基本遵循的，这也体现了马克思主义科学真理的伟大效力和中国共产党人高超的文化自觉能力。最难能可贵之处在于，中国共产党人在进行反帝反封建的革命实践过程中，不忘将其与马克思主义基本理论相结合，力图将"文化自觉"转化为革命的"行动自觉"，使文化自觉的理论力量得以转化为强大的实践力量。

对于高校而言，以文化为教育的源头活水，不仅能够创新育人模式，更有助于时刻关注学生发展的动态。那么高校文化从哪里来？要到哪里去？这恐怕得先从高校文化所呈现的特点入手。它是理性与感性的统一，是历史性与发展性的统一。文化发源于人类的理性，在自然的历史范畴之内，经历从低级到高级，从低水平到高水平的渐进过程。高校文化的理性体现在对办学方针、规则的坚守和遵循上，其归宿是通过自觉的实践活动将理想主义的使命、愿景和价值观转化为具体的行动，也就是文化实践。

文化自觉主要有三层内蕴：一是文化自觉建立在对"根"的找寻与继承上，二是建立在对"真"的批判与发展上，三是建立在对发展趋向的规律把握与持续指引上。目前，应试教育的根本性质没有发生改变，教育内容与形式的创新程度仍有待提高。从某种角度来看，学习四书五经、古典诗词等国学经典是非常有意义的一个举措，不仅能让学生熟知经典诗词，而且能让学生有效地"应付"考试。但是在实践中却发现这种方式可能让学习中国传统经典陷入形式主义的泥潭——为了考试而学习、为了背诗而背诗，这与我们倡导的学习和理解中国传统文化的精神内核这一目标是本末倒置的。而学生作为知识的接受者、文化的传承者，传统文化教育的缺失、不到位，不利于其自身的发展，也不利于文化的再创新。

带着这份文化自觉，我们可以更为客观全面一些。比如，在中国的文字上。在看到日本文字中的假名时，人们不会说"中国汉字好像日本文字啊"，而是会说"哇，日本的假名好像我们的汉字哦""你们看呀，这个日本假名分明就是借鉴了汉字的行草书简写和偏旁部首"。再比如鉴赏持统天皇时期的作品《那须国造碑》时，脑子里蹦出来的第一想法是它与唐代的《化度寺碑》相似度很高，而不是"崇洋媚外"地认为他国文化就是高端。当然光有文字上的优越感远远不够，在讨论文学作品之时，也要有这种文化自觉。

第六部曲：文化自信

2012年11月党的十八大以来，习近平总书记曾在多个场合提到文化自信，传递出他的文化理念和文化观。实际上，在今天坚定文化自信，关键就是要站在马克思主义唯物史观的高度，在5000年中华文明、500年世界社会主义运动的交汇互动中，把握和勘定中国特色社会主义的历史定位、基本指向，从在社会主义基础上实现中华民族伟大复兴、开辟人类现代文明新道路、拓展人类现代文明新内涵、提升人类现代文明新境界，从中国梦与世界各国现代化愿景交相辉映、互鉴互容和在全球现代化大潮中携手共建人类命运共同体的角度，勘定和书写中国特色社会主义面向世界的基本主张、文化价值、积极影响和深远意义。[①] 2017 年 10 月，习近平总书记在党的十九大报告中又提出，要坚定文化自信，推动社会主义文化繁荣兴盛。

学校是教书育人的主要场所，要坚持"立德树人"的根本任务，将培养"德智体美劳"全面发展的人才作为方向。在实际操作中，通过开设校本课程，将中华民族一步步发展壮大的历史、一步步繁荣向前的历程讲述清楚，普及基本知识，在学生心中打下深刻烙印：我们伟大的祖国是一个有着几千年辉煌历史文化的国家，身为中国人，我们自豪，我们骄傲。对中华文化发自心底的热爱与推崇是文化自觉与文化自信的基础。

2. 全球化加剧意识形态认同复杂化

全球化是 20 世纪 80 年代以来在世界范围内日益凸显的新现象，是世界发展的必然结果，是当今时代的基本特征。全球化进程的加快，使得资本流通更加迅速，经济更加繁荣。不仅仅是经济全球化了，文化也受到全球化的影响，多元的思想碰撞出了更耀眼的火花。

（1）中国传统思想的发展

天人关系是中国哲学的基本问题，"天人合一"思想作为中国传统文化之精髓包含着古代哲人丰富的生存智慧，是中国古代最具代表性的思想观念之一。儒家、道家、佛家思想文化中包含着丰富的"天人合一"思想，其"天人一体""天人相通"的天人观至今对人们的思想与生活起着潜移默化的影响。

在儒家思想中，天人和谐、仁爱万物是重中之重。《周易·乾·文言》中写道："夫大人者，与天地合其德，与日月合其明，与四时合其序。"儒家将《周易》奉为群经之首，同样注重对天人关系的研究。儒家学派创始人孔子虽然较少谈

---

① 薛秀军：《文化独立、文化自觉与文化自信——新中国 70 年面向世界的文化主张》，《福建行政学院学报》2019 年第 4 期，第 13—21 页。

及天道，但他也主张要敬天法地；孟子作为儒家"天人合一"说的倡导者，他的"天人合一"思想主要是人与义理之天的合一，"尽其心者，知其性也；知其性，则知天矣"。(《孟子·尽心上》)孟子认为人心、人性要以天为本，做到天道和人性的统一。

与儒家不同的是，道家的"天人合一"观主要指的是人与自然之天的合一。道家更主张要顺应天道，热爱自然山水，保持生态，尊重生命，顺应自然。先秦道家的"天人合一"论就是其道论，"一"即"道"，天人合于道，合于自然。

佛家的"天人合一"思想与儒家期于"成己"的思想明显不同，佛家期于成佛。在佛家看来，"凡夫即佛，烦恼即菩提"，人性本就是佛性，人们一旦觉悟到世俗的观念、欲望不是真实的，其本性将自然显现。佛家"天人合一"思想的价值旨在向善向佛，敬畏自然，善待万物。佛家的"天"与儒、道的"天"截然相反，指的是与人的世界相对立、没有人世间一切苦难的另一个世界，而通向这个世界就要修行，要积大功德。

儒释道文化是马克思主义生态观中国化的文化基础之一，是中华民族治国理政的重要思想渊源，对于人们养成生态思维方式、文化传承与发展等都具有重要的现实参考价值。首先，它从天与人、天道与人道的关系出发，提倡"天地万物一体"，尊重自然万物，承认自然内在的生命价值，认为"合"是万物生存的法则；其次，它提供了一种对立统一的辩证法思维，认为"天人合一"内在地包含了"主客二分"，"主客二分"是前提，而"天人合一"、人与自然和谐发展才是归宿。由此可见，传统儒释道文化对环境保护、可持续发展提供了一定的参照。对文化本身来说，从儒释道文化的继承与发展历程可以窥见中华传统文化的时代发展。

（2）西方社会文化的"侵袭"

当代青年身处复杂的文化环境中，这是一个不争的事实。这也对中华优秀传统文化的传播与青年的文化认同造成了一定的影响。

文化渗透是社会发展的必然结果，这个渗透有本民族文化的渗透，也有其他民族文化的渗透。大学生在接受文化熏陶的过程中也反映出一定特点。第一，多样的渗透渠道。这集中体现在文化产品的多样性方面，电影、书籍、音乐、艺术作品等有形的产品中，文化交流、文艺演出、旅游访问等无形的产品中，都可以巧妙地嵌入西方的生活方式、价值观念等。第二，主动的渗透方式。针对大学生容易接受新鲜事物的特点，西方文化主动向大学校园渗透，寻找各种途径宣传推广西方文化的形式与内容，展现自身魅力，让大学生追捧和迎合。第三，先进的渗透手段。便捷的移动互联网、海量的网络信息，加之大学生强烈的求知欲，信息交互的手段、范围被更新和扩大，跨越国界的不同文化、不同价值之间的渗透变得悄无声息，但影响甚广。第四，明确的渗透目的。西方文化渗透到大学校园，其根本目的就在于诱惑大学生接受西方的生活方式和价值观念，兜售拜金主义、个人主义及西方所谓的"普适价值"，进而使其逐渐背离中国传统文化和社会主流文化。

3.高校传承优秀传统文化的有效机制尚未形成

传统文化教育对人的性情品格、行为道德、气质风度等各方面的塑造发挥着至关重要的作用，不仅极大地抵制了恶俗文化对心灵的侵蚀，而且有助于培养惩恶扬善的正义感。根据调研情况，就社会与学校教育而言，缺少对传统文化系统性的教育规划；就家庭教育而言，家庭是最早对孩子施以教育的平台，但绝大多数家长对传统文化的了解不深，使得其在对孩子进行相关教育的过程中底气不足，不能很好地发挥家庭教育在传统文化传承中的关键性作用；就人自身而言，很多人的传统文化素养还处于低级水平，各因素导致他们缺乏学习传统文化的兴趣和动力。虽然当下的教育有由应试教育向素质教育转变的态势，但是在大学阶段的课程设置中仍无法体现传统文化的教育，仍以理论知识的"灌输"为主，缺乏实践的检验，这大大降低了传统文化在大学生身心发展过程中所发挥的积极作用，且高校的传统文化教育正处于发展阶段，不能很好地发挥教育宣传的作用。虽然大学生的"三观"已经基本形成，想要再去改变有些难度，但也不能忽视家庭教育的作用，必要时家庭教育还应该持续发挥作用，特别是伦理教育、道德教育，主要应该在家庭中进行，而家庭当中的教育者就是父母。

（1）实践活动

教育的根本目的是立德树人，实现人的全面发展。家风家训教育也有这样的功能与目标，二者并行不悖。但就实际而言，家风家训的教育实践与高校教育的现实情况之间存在着错位和断层。究其原因主要有：一是家风家训尚无系统性的传承实践经验或案例可供参考；二是家庭、学校对家风家训教育的必要性、重要性尚未达成共识；三是碎片化的家风家训教育难以融入逻辑完整、规范系统的高校育人体系。

虽然有些学校探索将家风文化或家训教育与大学生理想信念教育进行融合，但是还处于较为浅显的层次。从教育者的层面来说，即使在教育教学中推行家风家训教育也只定位于完成任务，至于学生的接受程度如何则不在他们关心的范围内；从学生层面来讲，接受此类课程多是被动的，这就导致了学生"一只耳朵进，一只耳朵出"，无论是对于优秀家风家训文化的理论概念还是其深层表达，都没有深刻的印象，且其活动开展的形式单一，多以展示条条框框的家训内容、刻板的宣传海报为主，缺乏创新，也就无法调动学生参与学习家风家训的积极性，因此达不到思想育人的目的。另外，有些学校虽然将优秀家风家训教育作为一门单独的课程，但其严密性与科学性仍有待考证，其在理想信念教育中的实践效果自然也就无法衡量了。

（2）文化氛围

校园文化氛围是指一所学校经过长期发展积淀而形成的一种共同的价值体系，即办学理念、办学思想、群体意识、行为规范等，它是一所学校办学精神与育人理念的集中体现。学校从建立到发展，是文化积淀的过程，也是文化传承的过程。在社会上，被大众认可的"百年名校"，多半是经历过重要事件，积累了丰富的育人经验，才使得学校文化的底蕴日益丰厚，它们办学的成功，必有其非同寻常之处，特别是在文化建设方面。

但在现行教育制度下，学校教育以单一教育评价模式为主导，教师也以传授"考试知识"为主要教学任务。学生在学校中的大部分时间用于学习各种文化课知识，应试教育模式适应中国的各类学校，且被大众所接受与肯定，所以学校在课程设置上，更多地倾向考试课程，旨在适应社会，培养应试型学生。这样的培养模式，不利于提升学生的人文素养，也很难形成具有足够张力和包容力的育人文化。

（3）物质环境

物质是精神的现实存在。著名教育家陶行知先生提出过大学选址的"五项标准"："一要雄壮，可以令人兴奋；二要美丽，可以令人欣赏；三要阔大，可以使人胸襟开拓，度量宽宏；四要富于历史，使人常能领略数千百年以来之文物，以启发他们光大国粹的心思；五要便于交通，使人常接触外界之思潮，以引起他们自新不已的精神。"由此可见，校园的任何物质存在都蕴藏着丰富的人文精神，都可以成为育人的鲜活课堂。

中国传统社会中，建筑本身就是道德伦理的"无言教化者"，具有抽象教育和隐性教育的功能。唐玄宗时期，中国的学校以书院的形式存在。综观历史，书院建设者们早就已经承认自然对人的情操具有陶冶功能，特别重视人与周围环境的协调。中国四大书院中就有三所建在风景优美的地方，建筑者更倾向于依山傍水，这很好地体现了自孔子以来的"山水比德"思想，将草木山水与人的某些内在品德或道德对应起来，将自然人格化、精神化，不仅体现出管理者对仁、智的无上追求，也体现出对学术和学派集大成者们的尊念。① 景观物件的运用就是自然与文化的结合，以本真体现本质，从而真实、客观地发挥自然教育意义。②

4. 家庭的影响

城市化进程使得农村聚族而居的居住模式发生了根本性变化，宗族、祠堂、家谱、乡贤这些过去维系家风文化的基础慢慢消失，人们在思考家风家训沉寂的同时，应该回到家风家训文化的起源之地——家，小"家"就是社会大"家"的缩影。

（1）家庭与家族

家风家训的"家"指的是大家族，是宗族的概念。回顾历史，几乎每个长盛不衰的家族，都有着自己独有的文化特色，有着至高无上的家族荣誉感、使命感、责任感，正是这种文化、这种精神支撑着整个家族走向辉煌。一个家族的文化形成，需要数代人的共同奋斗，通过他们的不懈努力，形成富有特色的家族文化、家族精神。

我们在影视剧中经常会看到，古代某个官员或者平民犯了重罪，会被处以"诛九族"的惩罚。《三字经》有言，"高曾祖，父而身。身而子，子而孙。自子孙，至玄曾。乃九族，人之伦"。中国人自古重视家族制度（也叫宗祠制度），这是我们传统伦理体系最重要的组成部分。古代正因为家族的存在，家风家训才能得到较为有效的传承。其一，作为上层建筑，家风家训得以存续发展是与我国长期稳固的经济和社会基础高度一致的，农业文明的经济基础、聚族而居的生存模式及家国同构的治理机制是家风家训得以传承的前提条件。其二，父权制的家长制和等级制助推了家风家训的巩固，一个家族中德高望重的人要对这个家族负责，其实现家庭治理的主要方式是通过训导、教诲来保持一致性（家风），家训既是宗族法，又是教育的形式。国家的治理是家庭治理的延续和深化，家庭治理是国家治理的具体体现。

在封建社会，生活中的很多大事小事，一般先经过家族来处理裁决。在农业社会向工业社会转型的过程中，传统家庭结构和生活方式受到了冲击；在以"打倒孔家店"为口号的新文化运动的推动下，传统思想道德及其体制化的制度变成了"吃人的礼教"，传统家庭治理理念及家庭关系受到了沉重的打击。

即使是在这种情况下，我们依然对家庭给予了很高的期望，这是由中国人自古以来对家庭的忠诚、对先人的崇拜及根深蒂固的家国情怀所决定的，这是中国文化的内在特征。尽管城市化导致传统的家庭居住方式和家庭结构发生了根本性变化，但每个中国人心中的家国情是根深蒂固的。在中国传统社会，"三纲五常"是个人与他人相处的律令，其中在家讲究对长辈的绝对服从。家庭中最年长的人具有绝对的领导权，加之古时家庭相对封闭，有严格的等级秩序，家族和家庭成员注重家风家训，这样家风家训才能够稳定地传承。我们讲的"孝"文化，多半是从家族文化中来的。家族伦理讲求"百善孝为先"，我国的大家族，四世同堂所占的比例最大，五世同堂的应该也不在少数。在家族中，进行"孝道"文化教学的可操作性极强，因为长辈能够给晚辈做示范，比如早起请安等古代的礼教，虽然现代人对此褒贬不一，但就"孝"文化的践行来说，这一做法还是值得肯定的。中国人常说"富不过三代"，出现这个现象的原因大概就是家族文化传承的方式方法有问题。

（2）家庭规模

随着社会的发展，个人的经济能力不断提高，独立生存能力不断提高，同时，人们对家庭的依赖程度逐渐减弱，对"家庭"的情感逐渐变淡，以致家庭规模不断缩小。中华人民共和国成立以来，城乡的家庭规模不断缩小，家庭结构趋于单一化，最为普遍的是核心家庭。在几十年前，以三代同堂居多，如今，子女结婚后，离开父母，选择独立成"小家"的情况占多数，导致现代家庭多为"父母＋未成年子女"式结构，这种家庭结构在越发达地区越为普遍。且 20 世纪 80 年代国家开始施行"计划生育"政策，人口出生率呈下降趋势，现在的年轻一代正处于政策实行期，虽然近几年"二孩"政策放开，但是独生子女家庭仍是中国家庭模式的主流。古代家风家训作为家族精神的结晶，具有权威性与不可替代性，其在家庭关系处理方面着墨颇多，对于独立"小家"来说，家风家训就好比"英雄"无用武之地，它就只是阶段性地针对一两个家庭成员了，教化力和教化范围有限。我们都知道铁器长时间不用就容易生锈，那么家风家训也不例外，如果家庭中缺少一个"强制"维护家风家训的长辈，那么后一代人也自然不会太注意遵守家训的相关条目，良好的家风也就没有办法继续延续，一旦一个家庭失去了对家风家训的敬仰之心，他们的家风家训就极有可能走下坡路。

到了现代社会，加强交流和多元合作是我们所倡导的模式，家庭受到时代潮流的影响，变得更加开放，渠道的多样化与信息的多元化使得家庭成员有了更多的思想碰撞，家庭关系受到了前所未有的挑战。父母和子女所处的时代不同，成长的环境不同，在同一件事情上容易持不同的观点，甚至有可能是对立的，双方发生争执的概率就会大大增加。很多孩子不会轻易向他人妥协，其中也包括他们的父母，在他们的眼中，父母的观点是传统的、老套的，如此一来，他们对传统文化的认同度就会降低。

由传统的大家族变成了"三口之家"，这种发展不可逆，若想要优秀家风家训重新焕发生机，得从根源上寻找答案，家庭文化氛围建设显得尤为重要。

（3）家庭教育内容、方式

家族群体和家族主义是中国在数千年来"以农立国"的社会中长期积累的产物，其在思想上主要是以儒家伦理观念作为理论基石的。家风家训规范着人们的言行举止，对人们起着潜移默化的影响，所以，在当下的社会，若想增强文化凝聚力，提高文化软实力，深入了解家风家训，对其内容、功能、作用等有一个清晰的认识是第一步。

首先是修身养性。如果把人生比作一局棋，那么要走好的第一步棋就是教育子女"修养身心"。受到中华传统文化和思想的影响，中国家庭教育一直特别关注子女修身，包含了立身、为人、行事，这是品德养成的基础教育。综观传统家风家训典籍，修身都被置于十分重要的位置，其具体内容也涵盖了立志、读书、交友等方面。而立志是修身的基础，更是取得成功的关键。曾国藩认为，"虽懦夫亦有立志"，每个人都可以立志，每个人也都要立志，而且强调要以立志为始，效仿先贤，培养自己良好的气质和珍贵的品质。正如，王阳明告知其三弟王守文"君子之学，无时无处而不以立志为事"。

其次是诚实守信。诚信从古至今都是一种可贵的品质，在崇尚仁德的古代，家庭教育更是将诚信视为安身立命的基础。诚实守信在《弟子规》"信"篇中所述详细："凡出言，信为先，诈与妄，奚可焉……"。内诚于心，外信于人，诚实和信用是相互统一的，诚实离不开守信，守信更离不开诚实，只有建立在诚实基础上的信用才可能让你获得成功。

再次是勤劳节约。自古就有许多诗歌、童谣唱诵"勤劳"与"节约"，这不仅是中华民族的优良传统，更是优秀品质。所谓"赖其力者生，不赖其力者不生"，讲的就是这个道理。要做到勤劳节约，在家庭生活中就是要"勤俭持家"，传统家风家训典籍中也有许多关于"勤俭"的佳话。司马光告诫司马康"由俭入奢易，由奢入俭难"，希望他的儿子能够身体力行，崇尚节俭、杜绝骄奢。

最后是仁者爱人。儒家追求君子之道，培养博爱的胸怀，从"小家"到"大家"，由家庭之小爱延伸至对国家、民族之大爱。《弟子规》中的"凡是人，皆须爱，天同覆，地同载"，《朱子家训》中的"见贫苦亲邻，须加温恤……施惠勿念，受恩莫忘""人有喜庆，不可生妒忌心；人有祸患，不可生喜幸心"等，均是关于博爱精神的阐述。它劝诫人们要时时处处关心他人，注重培养君子之风和大爱情怀。当然除此以外，孝悌、谦恭、礼仪、爱国等方面也是众多传统家风家训的重要内容。

（4）家庭经济情况

文化资本在代际间的传递也是教育再生产的重要原因。根据多项社会调查，具有较高教育水平的父母，能够为他们的孩子扩大更多教育文化资源上的优势，以促进下一代的学业发展和取得教育成就。文化资本不仅包含教育和知识的积累，还包括父母的品位、喜好及对现行教育系统规则的了解等，这些文化资本通过家庭社会化过程在两代间进行习得、传递和内化。经济水平较高的家庭，相对应地在教育与精神文化活动中有更多的支出，有条件让孩子参与更多的活动，融入社会文化的建设中，对其身心发展产生积极的作用；家庭经济水平不高，易导致其家庭在教育经费的支出与文化生活的满足上受到客观条件的限制，孩子的精神生活得不到满足，更会对传统文化提不起学习的兴趣，不利于其文化素质的提高。

父母对子女的教育参与行为同样存在着差异。相关研究显示，具有更高社会经济地位的父母会更多地融入孩子的教育中，但融入的方式和程度有所不同。父母的参与对儿童的自我观念形成、成长发展具有显著的促进作用。家庭的社会经济背景在代际资源传递与阶层再生产的过程中扮演着重要的"中介角色"，它提供了孩子成长的结构性环境，但是这些经济资本和人力资本优势需要借助于积极的父母参与等形式得以发挥，才能促进下一代更好地成长。

第二章

○

家风家训的历史发展脉络

习近平总书记在会见第一届全国文明家庭代表时的讲话中指出："无论时代如何变化，无论经济社会如何发展，对一个社会来说，家庭的生活依托都不可替代，家庭的社会功能都不可替代，家庭的文明作用都不可替代。"家庭是人生的第一个课堂，家风是社会风气的重要组成部分，家训是中华民族传统文化的精华。立足新时代，传承好中国传统家风家训，扣好人生的第一颗纽扣，对于一个人、一个家庭、一个民族、一个社会来说都有着极其重要的特殊意义。

第一节 ❀ 家 风

家风，这是一个既熟悉又陌生的名词。它是一种家庭风气吗？它是传统文化的精髓？家风是一成不变的吗？家风是一种神奇的存在，它既抽象又具体，它连接着过去与未来，统合着历史传统与创新思想。在社会迅猛发展的当下，了解家风的内涵、内容、作用，对于个人发展、民族振兴、社会进步有着重要的意义。

一、家风是什么

中国是屹立在世界东方的四大文明古国之一，那方正的古汉字、神秘的古壁画等悠久的历史传统散发着内在独特的气质，无一不激发着中外学者的探索热情。随着社会的发展，一些古文明销声匿迹，但是中国传统文化中的传统家风家训却随着时代的变迁，愈发展现出不一般的魅力。

在中国漫漫五千年的历史长河中曾有过许多显赫的家族，这些大大小小的家族的发展史是中国历史发展的缩影，家族内流传的家风家训对家族的发展及家族中个体的成长有着直接且深远的影响。然而，随着社会的变迁，古时庞大的传统家族已经演变成现代意义上三至四人的小家庭，这些小家庭构成了现今社会，它为家庭成员的成长、成熟提供了一种独特的、具体的环境，它铸造了一个人的人格、品性。

家庭为何具有如此重要的作用？因为每个家庭都有着独特的家风，它是中华传统文化的宝藏。"家风"也被称作"门风"，它是一个家庭或家族的传统，是一个家庭或家族的重要组成部分之一，是一个家庭或家族代代相传的生活作风，是一个家庭或家族表现其整体精神面貌、道德气质的文化风格。"家风"有着强大的感染力，在一个家庭文化道德形成的氛围中发挥着重要作用，它不仅能够体现一个家庭的风气、一个家庭的伦理、一个家庭的美德，还能够作为一种精神力量，在思想道德上约束家庭成员，帮助晚辈树立正确的人生价值准则意识，集中体现家庭成员的道德水平，并使一个家庭或家族在一种文明、和谐、健康、积极的氛围中不断发展。

家风是一代又一代的先人留下来的智慧结晶，它经过历史的汰选逐渐成为一个家族特定的传统文明。家风沉淀了众多优秀传统文化，在现代社会中也具有学习、借鉴的价值。

二、家风的历史变迁

家风积淀着中华民族文化深层的精神追求和价值观念，为中华民族的生生不息和发展壮大提供了丰厚的文化滋养，也为中国精神的形成提供了一片沃土，它经历了产生、发展、成熟、繁荣、衰落等历史阶段，是中国所特有的文化符号。家风的历史变迁与中国朝代的更替息息相关，家风的起源最早可以追溯到先秦时期，并且随着中国历史朝代的更迭，家风的内涵不断发生变化，其发展趋势主要为由盛转衰，但现在正重新得到重视。

（一）先秦时期

西周时期，由于社会生产力发展水平及社会制度结构的制约，在社会中形成了"惟官有书，而民无书。惟官有器，而民无器。惟官有学，而民无学"的学校教育现象，而此时的家庭教育也已经初露端倪。西周对于幼儿教育极为重视，最早提出了胎教的主张，其家庭教育也显示出明确的计划性。子弟会在家中接受基本的生活技能与习惯的教育，贵族还会教以基本的礼仪规则等，对女子的教育相对受限，女子需接受女德教育。至春秋战国时期，私学兴起，百家争鸣，社会中不同的思想文化相互碰撞，其中以孔子为代表的儒家思想为盛。儒家思想重"仁义"、重"孝悌"，强调立志、克己、内省、改过等，这丰富了家庭教育的内容，且对于家族文化的形成、家风的孕育有着一定的影响。①

（二）秦汉时期

秦朝一统天下，社会平安稳定，这为家族的成长及家风的形成奠定了良好的基础。到了汉代，士大夫及以上的人有着浓郁的强国固家的观念，他们不

---

① 张波、韩子玉：《儒家"五常"思想与家风建设的契合研究》，《铜陵职业技术学院学报》2015年第3期，第14—16页。

仅在意自身的行为品德，而且更注重家庭的内在涵养，在士大夫的观念里，家与国以一种同构的状态而存在。在当时的社会更是涌现出了一批受士大夫强国固家观念影响、以教化天下为己任的人。但究其根本，汉代并未形成明确的家风观念，仅仅出现了家风的雏形。

（三）魏晋时期

《魏书》第三十八卷中有记载："刁氏世有荣禄，而门风不甚修洁，为时所鄙。"可见当时虽然没有"家风"一词，却已有与之相似的"门风"的说法，翻阅历史典籍也可找到许多有关门风的故事。

西晋文学家潘岳在《家风诗》一文中写道："绾发绾发，发亦鬓止。日祇日祇，敬亦慎止。靡专靡有，受之父母。鸣鹤匪和，析薪弗荷。隐忧孔疚，我堂靡构。义方既训，家道颖颖。岂敢荒宁，一日三省。"这首诗的主要意思是爱护自己要从爱护自己的头发一样的日常小事开始，在教育子孙后代时要强调孝敬的重要性，要教会他们懂得感恩。对于自己要经常反省，并且严格要求自己等。[①] 虽然作者并未在诗中直接具体地写到"家风"，但是通过他的描述，我们可以感受到当时的家庭教育，其含蓄地表达了"家风"的含义。

东晋文学家袁宏提出，"有家风化导然也"，这较为明确地指出了"家风"的作用是"化导"，是为了教育引导子女走向正确的人生之路。

（四）隋唐时期

隋唐时期，士族主张将家族子弟置于良好的教育氛围中使其潜移默化地受

---

① 丁婧：《论魏晋时期的"家风"诗——以潘岳的〈家风诗〉为例》，《河北北方学院学报（社会科学版）》2012年第6期，第4—8页。

到家风文化的感染和熏陶。陈寅恪曾在《唐代政治史述论稿》中谈道："所谓士族者，其初并不专用其先代之高官厚禄为其唯一之表征，而实以家学及礼法等标异于其他诸姓。夫士族之特点既在其门风之优美，不同于凡庶，而优美之门风实基于学业之因袭。"他指出，将士族与其他人区别开来的依据并不只是他们承蒙祖上之光，继承高官厚禄。士族之人的成长发展与家族的兴衰成败，都来源于对家风文化的传承。[①] 可见，此时期的家风已逐渐成熟，家风的重要性也已经广为人知。

（五）宋元时期

宋元时期，是中国历史上一个特殊的时期，虽然在这个时期社会动荡，封建社会已经开始显现出走向衰落的兆头，但是却无法阻止文化的进步。这一时期理学兴起、宗族组织迅速发展，传统家风进入了一个较为完善的繁荣时期。此时的家风中更加注重爱国主义和民族气节相关的教育，且大量的仕宦家族重视家长的以身示范，注重家风的传承。在家庭教育中，关注知识的可操作性与家族子弟品德的培养，倡导开明、平等等一系列科学的教育思想观念，同时也存在惩罚等传统辅助手段，家风的发展进入全盛时期。

（六）明清时期

明清时期，为了抵抗外来强国的侵略，维护国家统一，稳定统治秩序，原本被舍弃的儒家纲常伦理思想又重新得到了统治者的重视，明太祖颁布的"圣谕六言"、清圣祖康熙颁布的"上谕十六条"等以一种直接的、官方的形式向人们普及文化教育，通过这样一种独特的形式也使家风得以传播，完成其社会

---

① 邢晓丹：《论家风的文化传承与历史嬗变》，《魅力中国》2018年第1期，第271页。

化的功能。[①] 除此之外，明清时期的仁人志士也试图通过家庭教育来普及社会文化，为后世留下了不少有名的"家教联"，如明朝书画家徐渭曾道："好读书，不好读书；好读书，不好读书。"郑板桥有言："咬定几句有用书，可充饮食；养成数竿新生竹，直似儿孙。"此时的家风在继承前人的基础上得到了更广泛的传播。

（七）近　代

新文化运动使中国逐渐步入近代社会，中国传统文化在这个时期发生了翻天覆地的变化。儒家文化思想在社会大层面上遇到了前所未有的抵触，以儒家文化思想为代表的传统家风也随着中国传统社会结构的巨大变动与变迁受到了巨大的破坏与挑战。与此同时，受西方文化的影响，先进的知识分子提出了家庭制度改革的主张及新的婚姻、伦理道德、家庭角色等家庭观念。传统家族的概念日渐从中国的政治、经济上的消失不仅削弱了传统家族势力，也丢失了传统家风的载体，使得传统家风的印记从社会生活中消退。

在传统家风消退及社会习俗的变迁中，不难看出，中国传统家风在形式上日渐式微。但是随着男女平等、民主科学等新思想被人们所接受，近代家风也开始将其吸收为自身的新内涵，并且一点点地传承下去。

（八）现当代

1.改革开放时期

改革开放的提出给家风提出了时代的挑战。在传统社会中，人们重视农业生产，人们的生活与农业息息相关，与土地息息相关，这是一种固有的农耕

---

① 赵忠仲：《明清时期的徽州家风渊源辨识》，《重庆社会科学》2017年第3期，第92—98页。

文化。因受土地制约，传统的人们安土重迁，一个家族好几代人都会在同一个地方扎根定居，并不会有大的迁徙。在这样的一个聚族而居的生活环境中，人与人之间容易培养出同一种习性，这为独特的家族家风的产生与传承奠定了良好的基础。进入城镇化之后，人类文明逐渐从农耕文明转化成工业文明，人们不再将目光放在土地上而是放在机器化生产上，且由于工业具有不固定性，传统的家庭结构逐渐被解构，人口流动逐渐增加，虽然很多人仍有回老家看望长辈的习惯，有一些家族也会修家谱并不断对其进行修订，但是这些都无法避免传统家族凝聚力的日渐削弱。每个家庭都成了社会上独立的一个存在，这种结构的改变从某种程度上破坏了家风形成的社会基础，但这也为"新型"家风的产生奠定了优势。

在"引进来"政策的引导下，许多外来文化融入了中国传统文化中，也融入了中国的传统家风之中，如"自由""民主"成了万众的焦点。这些新文化的融入使得家风有了新的魅力，但是新文化对于家风文化的价值究竟如何仍需要时间的检验。

2.全面深化改革时期

当下，中国正处于全面深化改革、全面建成小康社会的时代。在经济快速发展的当下，人们的生活水平有了很大的提升，但这并没有立刻带动人们精神生活的进步，现下所存在的代际文化差异十分明显，新生的一代人可能从未见过家族祠堂等传统的关于家族的建筑物，也从未感受到自己家族曾经拥有过的影响力。有许多人对家风有着一定的误解，缺少对家风的理解与思考，他们会将一些法律、社会公德等约束大众的文化当作自己的家风。为了继承中华良好的文化传统，党和国家领导人在中国共产党第十八次全国代表大会上就将目光放到家风建设上，让全国人民重新认识到家庭建设、家风建设的重要性。

习近平总书记曾专程拜访焦裕禄的后代，在了解其家风的基础上大力号召全体党员学习焦裕禄的公仆情怀、求实作风、奋斗精神及道德情操①；2014年，中央电视台推出"新春走基层·家风是什么"系列报道，这使家风又一次正式进入人们的眼帘；2016年，我国评选了第一届全国文明家庭，并通过一档以家风为主题的电视节目播出；国内各高校也开始积极宣传有关家风的知识，家风开始在新时代焕发生机。

红色家风作为革命年代中国共产党人日常生活和革命建设中培育而成的家庭风尚，在现当代社会中也较好地为国家建设提供了精神动力，有效地指导了新一代青年树立正确的人生观与价值观，在规范人们的日常行为中起到了很好的约束作用。

党的十九大报告已经明确指出，中国特色社会主义已经进入新时代，社会主要矛盾发生了改变，红色家风是我国众多杰出的共产党人为家人与后世留下的极为珍贵的精神财富。红色家风的基石是严守法纪、忠贞不渝的政治品格，是爱党爱国、忠于革命的家国情怀，是从严治家、励志传承的历史责任，由此可以看出，红色家风对于新时代共筑"中国梦"有着极为深远的意义，因此，新时期要大力传承红色家风文化，传承红色精神气脉。② 开国元勋朱德将军就非常重视对子女后代的培养，他特别强调要把子女后代培养成革命事业的合格接班人，他说"应尽到我们的责任，把你们培养成无产阶级革命事业的接班人"。在中华人民共和国成立以后，他从未放宽做人做事的标准，而是更加严格地要求自己，他告诫子孙，不要贪图享乐，要靠勤劳的双手来创造自己的生活。③

① 焦守云：《父亲焦裕禄留给我们的家风》，《党建》2018年第8期，第38—41页。
② 吴世丽：《红色家风的核心要义、时代价值与传承路径》，《湖北师范大学学报（哲学社会科学版）》2019年第1期，第107—110页。
③ 黄德锋：《朱德红色家风及其时代价值》，《毛泽东思想研究》2018年第4期，第107—113页。

这种勤劳致富、忠于革命的家风文化对于当代的年轻人来说是一种财富，能够引人深思。习近平总书记谈到家风时也多次强调，他受父亲的影响极大，在父亲的言传身教下，养成了勤俭持家的习惯，这是中国共产党人的家风，这样好的家风应世代相传。[1]

"将教天下，必定其家，必正其身。"好家风是人生的精神财富，能够带动身边人，在社会上起到正作风、兴党风、促民风的作用。红色家风里有一代又一代中国共产党人的家国情怀，要传承这样一种良好的家风，不忘初心、牢记使命，从中汲取营养来教育一代又一代的中华儿女。红色家风在社会主义核心价值观的建设中发挥了能动作用，能帮助人们更好地树立正确的"三观"，因此，于新时代而言，传承红色基因，涵养红色气质，绝对不能忽视红色家风这笔宝贵的精神财富。

"家风"一词发轫之初，往往与"门风"互用，虽然在历史上家风的发展十分曲折，但是其内在独特的含义、气质却未曾改变与消失。家风作为一种极为抽象与特殊的事物，联结着过去、当下与未来。理解家风便是理解中国传统文化，这是一把能够打开中国历史、了解中华传统文化的钥匙。在当下这个飞速发展的时代，在理解传统文化的同时将其与未来的发展与创新紧密联系，重新思考传统家风、家风文化渊源与现代思想的联系能够碰撞出新的火花，这对国家、对民族的发展与进步有着特别的意义。

① 刘静、徐丹华：《习近平家风建设思想及实践路径》，《阜阳职业技术学院学报》2019 年第 3 期，第 4—7 页。

三、家风的主要内容

按照不同的年代、民族等标准对中华传统家风的主要内容进行划分，可谓多样广泛。

（一）古代及近代家风的主要内容

古代文人不仅注重自身修养，而且会经常告诫子女要时刻注意个人修养，因此，古代家风主要围绕个人的"修身"而展开，并且与儒家文化思想紧密相连。

《颜氏家训》是中华民族历史上第一部内容丰富、体系宏大的家训，其中包含了为人处世、修身养性等不同方面的内容，其中写道："吾家风教，素为整密。昔在龆龀，便蒙诱诲。"它强调对孩子的教育要从娃娃抓起，将读书做人作为家训的核心理念，要教育孩子如何修身养性并帮助其明确为人处世的各种原则。[①]

中国历史上另一部影响力极大的家书——《曾国藩家书》[②]中也有写到修身的重要性，如："吾人用功，力除傲气，力戒自满。"这句话表明做人不能骄傲自大，目中无人，这样会让与你接触的人头痛不已。我们在交朋友的时候要给别人留下一个好印象，那样朋友才会越来越多。《曾国藩家书》的核心理念是"修身、齐家、治国、平天下"，这也是曾国藩一生所秉承的理念。

此外，在传统经典《周易》的《家人》一篇中也有提到，古代早期家风的主要内容包括忧患意识、和谐是福、男外女内、敬祖善奴。这是因为中华民

---

① 赵原、李家奕:《〈颜氏家训〉中家庭教育的研究及当代启示》,《中外交流》2019年第52期,第67页。

② 李向阳、李孝阳:《曾国藩家书的思想蕴含及其当代启示》,《湖南人文科技学院学报》2017年第1期,第23—28页。

族自古便有"居安思危""生于忧患死于安乐"的意识，注重家庭内部、家庭与外部环境等各个部分之间的关系，主张构建和谐的氛围，始终强调将孝文化作为家风文化的核心。

步入近代后，随着传统小农经济的解体，商品经济的快速发展和西方文化对国人的精神渗入，自由、平等、理性等新家风逐渐形成，改变了传统家风的内容，为家风文化带来了新气象。

（二）现当代家风的主要内容

1. 孝敬长辈

古人曾讲："老吾老，以及人之老；幼吾幼，以及人之幼。"孝敬父母，是中华民族历来的传统。在封建社会，大多数家庭的结构较为复杂，社会上人与人之间的关系主要是以血缘宗法为纽带的。因此，孝作为古代家庭的重要伦理核心，可以说是家风体系的基础。古代有著名的"黄香温席""卧冰求鲤"等有关孝顺的故事，"二十四孝图"也是流传至今的关于"孝"的故事。

现当代以"三人"为主的小家庭结构成为社会主流，但是"孝"这个主题仍是家风的主要内容。不同于古代的愚孝，现代家风中注重亲情教育和感恩教育，强调以正确的方式来体现孝顺。在 2011 年感动中国人物中，来自山西的女孩孟佩杰因孝顺母亲的事情而感动了许多人，她妈妈亲口说道："虽然我是养母，但是她比亲生的女儿都好！"[①] 由此可见，"孝"仍是现当代家风的主要内容，"孝"的建设与培养对于一个家庭和一个社会来说都很有必要。

---

① 学芝、秋雨：《孟佩杰：孝行天下，感动中国》，《中国社会工作》2012 年第 11 期，第 7—10 页。

2. 诚实守信

古人云："民无信不立。"诚实守信是我们中华民族的传统美德，《论语·颜渊》有语："夫子之说君子也，驷不及舌。"鲁迅先生也曾说："诚信为人之本。"

诚信是一块试金石，它检验着一个人的品德，折射出一个国家、一个民族的性格。在中国这个经济高速发展几十年的大环境下，有人会在利益的驱使下铤而走险，把诚信抛之脑后。但是诚信是一种精神，是一种力量，其重要性显而易见，它不仅有利于他人，而且有利于自己，更有利于社会的存在与发展。习近平总书记在北京大学师生座谈会上提到，中华文化强调"言必行，行必果""人而无信，不知其可也"等。这些思想观念无论是过去还是现在，都极具鲜明的民族特色，更具有永不褪色的时代价值。因此，在现代的家庭教育中也应突出诚信的重要地位，将诚信作为家风，以家庭教育的模式、言传身教的方法，培养子女为人处世时讲诚信、讲信誉的良好品德，将诚信树立成一种家庭形象，一种民族形象，一种国家形象。

3. 勤俭节约

在古代，由于劳动生产力的紧缺，物质经常会出现供不应求的现象，因此，养成勤俭节约的道德品质显得尤为重要。古语有言："一粥一饭，当思来处不易。半丝半缕，恒念物力维艰。"这句话写出了勤俭节约的良好品质。

到了现代，经济飞速发展，物质生活水平有了明显的提高，人们偶尔会出现铺张浪费的行为，但是，无论是贫困，还是富裕，都应该始终秉持勤俭节约的优良道德传统。习近平总书记在会见第一届全国文明家庭代表时的讲话中提出"要积极传播中华民族传统美德，传递尊老爱幼、男女平等、夫妻和睦、勤俭持家、邻里团结的观念"；在中国共产党第十八届中央纪委二次全会上，告诫各级领导干部"要坚持勤俭办一切事业，坚决反对讲排场比阔气，坚决抵制享乐主义和奢靡之风。要大力弘扬中华民族勤俭节约的优秀传统，大力宣传节约光荣、浪费可耻的思想观念，努力使厉行节约、反对浪费在全社会蔚然成风"。

由此可见，将勤俭之风融入现代家风主要内容之中是很有必要的，在家庭教育中父母可以身体力行地教育子女从日常小事中养成勤俭节约的习惯，摒弃盲目追风和错误的消费观念，学会视自身情况进行绿色消费、适度消费、理性消费，将"勤俭节约"印记于脑，自觉成为一种道德操守。①

四、家风的建设途径

传统意义上的家风仅仅是一个家庭或一个家族的文化符号、文化象征，每个家庭都有属于自己的家风，用于体现其不同的家庭价值观，因此，家风从一开始并无"建设"之说。但是，人们在传承家风的过程中，慢慢感受到家风除了能够展现家族共同的价值取向以外，也有着明显且强烈的育人意义，历代以来的文人志士都喜欢把自家的家风逸事作为随笔，撰写了不少有关家风的文章来记录自己的家风理念，遂有《颜氏家训》《傅雷家书》《钱氏家训》等等。人们逐渐意识到，家风不仅可以在一个家庭或家族内部流传，更可以在继承先人的家风的基础上发展，顺应时代的变迁与要求。

（一）创设家庭环境

家庭是家风的始源地，也是能够体现家风作用的场所，从某种意义上来说，

① 孙立刚：《家风的历史传承及当代内容》，《湖北函授大学学报》2018 年第 1 期，第 110—111 页。

建设家风其实就是一个建设良好家庭环境的过程。这个家庭环境不仅包含一个家庭的氛围，也包含家庭成员的行为、语言与思想教化，更囊括邻里关系、教育方式等方面的建设。

家庭这个大环境主要包括心、道、德、教四个维度，其中心指明心与净心，让好家风净化心灵，来展露人内心本质中的仁爱、中庸、真诚与和逊。道、德、教则指导人们如何提升自己的格局与境界，以此来建设心灵品质，继而回归于心。做到"心、道、德、教"四维和谐，有助于教化人们以更高的格局和境界来面对和解决家庭中的问题。人们在探索家风建设的过程中也应清晰地认识到，其实建设家风并不是无凭无据的，如果使用不恰当的方法手段，不仅不能达到建设家风的效果，反而会使原本良好的家风惨遭破坏。

（二）培养邻里友爱互助氛围

不同于其他直观的教育形式，家庭环境教育是一种隐性教育，一个良好的家庭环境能够以一种春风化雨、润物细无声的形式来进行思想品性的教化。和谐的家庭氛围与邻里关系能够对一个人的成长起到不可忽视的作用，它有助于孩子的身心健康成长，进而有助于建设良好的家风。

众人皆知清朝"六尺巷"的故事：张英秉着"退一步海阔天空"的原则，为自己家庭和邻居创造了"六尺"的和谐空间。如果夫妻之间、长幼之间能够有如此相互尊重的态度，如果家庭与家庭之间能够保持相亲相爱的状态，那么这对于营造一种民主、和谐的环境必定有极大的益处，进而有助于共同营造出一种良好的家庭氛围，必然有助于家风的建设。现代很多家庭在很多方面都沿用了一些中国古代的思想观念，沿袭了传统的家国情怀教育等，人们通过不断地汲取、保持并改进传统文化某些方面的优点，将其作为建设优良家风的重要素材，不断丰富家风的内涵。

（三）树立学习榜样

在家风建设过程中，每一位家庭成员的行为都起着至关重要的作用。作为家庭的一分子，每一位家庭成员都要学会将自己作为他人的榜样标杆，学会以身作则。《论语·子路》一篇中讲道："其身正，不令而行；其身不正，虽令不从。"这句话足以让我们意识到，一个人，特别是一个"领导人"，其行为的重要性，就像父母长辈，教育子女前需先思考和检讨自己是否做到了这些要求，如果父母长辈自身言行不一，那么子女又怎会听从他们的教育之言？而且，孩子具有强烈的模仿能力，他们会模仿父母的一言一行，因此，家庭的每一位成员都要时刻约束自己的行为。

"最美妈妈"吴菊萍用自己的双手接住从高楼坠下的女婴，她不仅挽救了那个女婴的生命，更是以一种最为直观的行为来为自己年仅两岁的孩子做出榜样。这种言传身教的形式有助于培养孩子正确的认知观念，且能达到对其进行行为品德教育的目标。在现代社会中，由于各种工作压力，有许多父母在家庭教育上都选择"隔代教育"，然而这种教育方式会导致一些棘手的问题，如老人的年纪较大，有时在孩子面前并不会过多地注意自己的行为，一些不良行为就会被孩子渐渐记住。因此，这种接受隔代教育的小孩常常会做出某些不好的行为，而当其已经显露之时，往往已经难以挽回。

（四）创新教育方式

创新是一个民族进步的灵魂，是一个国家兴旺发达的不竭动力。我们做任何事情，都要以一种创新、以一种发展的眼光去看待事物。在家风建设的过程中，也需要注重教育方式的创新。

在古代，传统的家庭中有着森严的等级制度，父母与子女之间的情感关系与交流经常受到制约。然而随着时代的发展，人们意识到这一做法的一些不可取之处，开始强调"父母要和子女做朋友"这一观点。父母要学会重视家庭，关注每一位家庭成员的动向，用心感受身边的人与事，用心体悟如何改善与子女的关系，用心思考如何更好地了解子女的思想，用心制定一份独属于自己家庭的家风理念，用心从源头上做好家风建设工作。每一个孩子都有着自己的气质，作为家长，要针对孩子的个性特点，从孩子的思维模式出发，让孩子参与到符合他们年龄特点的活动中，让他们在日常的家庭活动中认识到思想与行动要有高度的统一性等。通过创新教育方式，严肃抽象的家风教育变得活泼、生动、有趣，从而让子女进一步受到良好家风的影响。

家庭是社会的细胞，是社会的组成部分，关注家风建设从另一个角度来说就是关注社会的建设。如果一个家庭有着良好的家风传统，那么这个家庭所培养出来的人才定能够给国家、给社会创造巨大价值。一个个小小的家庭组合成一个社会，一个个小小家庭的家风建设支撑起一个社会的风气建设，这也是家风建设的重要意义所在。

五、总　结

家风贯植根于中国优秀传统文化这片肥沃的土壤之中，虽然其内涵会随着时代与社会的变迁而发生微妙的变化，但大体上总与传统文明、时代精神相契合。

家风常常巧妙地隐匿于日常的家庭生活之中，对家庭成员进行熏染影响、沾溉浸濡，体现于家庭成员的举手投足之间，它就如同一个人的气质一般，是具有自己特性的风尚习气和精神风貌，这是一种集体认同，是每个个体成长过程中的精神足印，是一个家庭在长期的延续过程中形成的一种风尚。而一种良好的家风需要长期的"润物细无声"的教化，正所谓"身教重于言教"，家风并不需要刻意教诫或传授，恰是一些来自父母或祖辈对后辈进行的身体力行和言传身教的隐性教育让家风得以传续，而这并不是一天两天就能够做到的，需要长期的耳濡目染与自我修炼。

家风并不全然具有正面的意义，其是一个中性概念，正如有"没有家风，本质上也是一种家风"的说法，家庭连着地方、社会和国家，不好的家风会导致"家门不幸出逆子"的后果，成为破坏家庭、地方、社会、国家的因素。从古至今，大大小小、形形色色的家庭中，有的家风可能是努力刻苦、勤俭忠厚、以礼待人的，有的家风可能是世俗凶恶、为非作歹、恣戾不顾的。优秀家风与红色革命文化、中国特色社会主义先进文化相融合，可以凸显明确的中国文化特征；同时，优秀的传统家风又有利于约束并规范家庭成员的行为和作风，可以培养出更多的忠心报国、勤俭节约、刻苦钻研、敬业奉献的志士仁人，他们会为国家的繁荣昌盛献出自己的一份力量，推动国家发展与民族进步，为社会和谐提供源源不断的动力。

第二节 ❧ 家　训

　　家训是什么？家训是中华民族传统文化的一种特殊表现，是中国传统文化的重要成果之一，是人类社会发展中的实践经验。家训拥有丰富的内涵及表现形式，并且随着朝代的变迁，其内容也在发生相应的改变，不断去除糟粕，加入符合时代要求的内容。家训是一种重要的德育资源，它的作用与意义无论是过去还是现下都是不可估量的。

一、家训是什么

　　家训相对于家风而言是显性的。自从仓颉造字以来，人们就喜欢用一些线条或笔画来对生活进行标记，我们可以将家训通俗地理解成古代人们为了使家族后人更深刻地理解、感悟、体会自己的家庭风气而标注的一种产物。

家训是为了让人们更好地知道家风的内涵，与此同时，也是为了更好地发挥家风建设的纽带作用。家训作为中华传统文化的重要组成部分，形成已久，并且对个人、家庭乃至整个社会的发展有着良好的、极大的促进与推动作用。

在中国传统的家庭教育中，主要用家训来约束家族子女的行为，规范家族子女的思想，强调礼的教化作用，强调安身立命等。家训的意义与内涵一般会因其形式的不同，长短的有异，涵盖范围的大小而产生比较大的差别。通常情况下，家训是用各种文字进行记录的，如采用书信、诗歌、散文、楹联等各种形式进行撰写，而且人们也会将家训写入家族的族谱之中，以便后人学习。

中国传统家训文化蕴藏着极为丰富的德育资源，它对于国家及社会的稳定与发展有着重要的影响作用，是我国传统伦理思想的核心。

二、家训的历史变迁

古言道："人必有家，家必有谱，谱必有训。"我国向来就有重视家庭、家族、子孙后代的传统，光耀门楣、显祖扬宗，是整个家族的共同理想。家族为了维持必要的宗法制度，便拟定一定的行为规范来约束族人，这就是家法家训的最早起源。基本上每个家族都有属于自己的族规、族训等用来约束家族成员行为的规范条约，这是一个家族长辈将自己的人生感悟、处世哲学、经验教训传达给子孙后代的一种形式。

家训产生的最主要的先决条件就是家庭的产生。儒家文化是家训思想形成的重要思想来源，为家训的形成与发展奠定了坚实的思想基础。另外，文字的发明，造纸术、印刷术的出现等也为家训的形成提供了必要的技术支撑。

与家风相似，家训在时代更替中也随着家庭模式的改变而不断地发展，中国历史发展经历了许许多多的王朝，家训也历经更迭，经历了产生、发展、成熟、繁荣等阶段。一般认为，"家训"一词萌生于西周时期，于两汉时期定型并在隋唐时成熟，以宋元两代最为繁荣，于明清时期进入鼎盛期，而随后便由盛转衰，逐渐没落消亡，直至现代，家训又以一种新形式重现于世间。

（一）先秦时期

1. 西　周

自周王朝始，在以血缘关系为纽带的宗法制基础上，家庭、家族的文化得以代代相传。此时，小家和谐，逐级而上，百姓皆安居乐业，社会正气，国家富庶，天下太平，"家国一体""家国同构"思想得以显现。

最早的家训可以追溯到西周时期，周公旦的《诫伯禽》是中国家训产生的标志，《周公诫子》《孔鲤过庭》被认为是最早的家风家训代表作。《诫伯禽》中记载了周公对儿子的谆谆教诲，并且周公家中的良好风气逐渐在周公所处的国家盛行，从而形成了最早的"礼仪之邦"，有道是"周公吐哺，天下归心"。[①] 周公的家训代表的是王室家训，是一种政治意义上训诫族人的家训模式，它主要关注个人行为对家族乃至社会发展的意义。

2. 东　周

已知的春秋战国时期的家训都是士人级别的，内容主要是治家之道与为政之道，普遍重视个人德行，重视孝道与礼制。值得一提的是春秋时期，百家争鸣，孔子作为儒学的开创者，其儒家思想包含的政治、经济、道德、伦理、生活等方面的哲学思想受用于不同阶层的人（平民—士—大夫—诸侯—天子）。

---

① 平矶：《中国十大家规》，《当代工人》2016年第4期，第16页。

他提出，"礼"和"仁"的关系在潜移默化中影响着不同阶层的人，并代代相传。"礼"为道德规范，"仁"为爱人，《史记》上说"究天人之际，通古今之变"，"礼""仁"是道德的最高准则，被后世家族的家训所容纳并得到广泛传承。

（二）秦汉时期

《说文解字》的序中说，战国之时，车途异轨，言语异声，文字异形。可见，在秦始皇统一中国之前，文字和道路都不统一，人们在知识、情感上均无法得到有效交流与满足。秦始皇一统天下后，社会各项制度逐渐归于统一，家庭逐步稳固，家庭教育处于形成和初步发展阶段。

另外，李斯"罢其不与秦文合者"而造出小篆，成了当时通用的文字。小篆作为中国汉字统一的开端，为家训的传承提供了记载和传播的媒介。由此，家训初具规模，但当时并没有严格的"家训"一词的说法，多表现为长者对幼者的训诫与儆导，是零散的，流传范围也并不是特别广泛，通常情况下只出现于王室及文人学者家中，因而具有零散性、简明性特点。

到了西汉，统治者吸取秦亡的教训，采取了不同于秦朝的执政手段，汉武帝在全国实行"罢黜百家，独尊儒术"的政策，确立了以儒学为主流的统治思想，儒家文化思想因此在社会中占据尊崇地位，并体现于教育的方方面面。

从家庭教育方面看，两汉时期的家训主要分为皇室家训、士人家训和女训这三个部分，其家庭教育方面的内容多以儒家文化为内涵，以"三纲""五常"为核心。在家庭中，教子读经的热潮兴起，胎教理论和女子家庭教育理论逐渐出现，并崭露头角，强调通过示意感化、模范导向法启发诱导，易子而教，因材施教，直至暮年仍注重言传身教。

在汉景帝即位时期，石奋官至太中大夫，虽然没有过高的学问，但他恭敬谨严，无人能比。他的四个儿子，长子石建，二子石甲，三子石乙，四子石庆，在其"严谨""重礼"的教育理念的引导下，成了品行善良、孝敬父母、办事谨严的人，官职均至二千石。[①] 这一不同寻常的社会现象大大丰富了我国古代家庭教育的理论。

可见，两汉时期的家训重视家族后代的社会性发展，重视家庭中女子对男子的依附性教育，重视教化世人以德立身、以礼修身。此时期的家训多以家书、家信为重要载体，家族长者通过教导家族后代做人的道理，约束其不良行为。

（三）魏晋时期

在魏晋南北朝时期，家训的基本概念得以发展与完善，形成理论体系。此时家训文献数量繁多，家训文献传承形式从单行本到汇编，甚至有相关的专著问世。颜之推所著的《颜氏家训》，是中国历史上首部家训专著，开创了"家训"先河，被统治者推崇为"古今家训，以此为祖"。他所提出的治国实用型新观念，其本质上还是儒家"诚意、正心、修身、齐家、治国、平天下"的思想。

由于前朝已有大量优秀家训读本流传，士人在继承前朝家训内容的基础上，结合自身，对当时的家教教育观点和理念进行评价，家训的内容更加丰富、多维。如三国时期思想家嵇康告诫其子修养不止于自身，对周围环境也要有所察觉、有所见地，他写道："若见穷乏而有可以赈济者，便见义而作。"

（四）隋唐时期

隋朝的建立结束了魏晋南北朝分裂三百多年的局面，此时，我国封建社会的发展可以说是进入了历史上的全面鼎盛时期，手工业发展迅速，商业繁荣，

---

① 徐少锦：《两汉时期的家训》，《政府法制》2016 年第 21 期，第 35—37 页。

对外贸易频繁，科学技术领先，出现了中国著名的四大发明之一的印刷术（雕版）等，坚实的经济基础为教育事业的发展提供了很大的帮助。

唐朝时期，国家重科举并且广兴学校，家庭教育也得到了前所未有的迅猛发展，一些文人世家有了专门的家训书籍，如王方庆作《王氏家训》、柳玭作《戒子孙》等，人们将此作为家族家训文化绵延的方式，为后世了解家训文化提供了莫大的帮助。

（五）宋元时期

宋代以来，聚族而居的大家庭显著增多且不断发展壮大。为了维护家族的良好秩序，保持大家庭的稳定发展，不仅需要国家法律的约束，更需要家族内部规章制度的有力保障。因此家法、族规从宋代开始增多，其内容和形式日益趋向详尽、完备。

宋代著名诗人陆游的训子诗涵盖面广，内容翔实丰富，以百余首的数量创中国家训史之最。这些诗传达了有关"爱国""爱民""为官""为人"四个角度的家训内涵，具有深刻寓意与特色。①

陆游的"纸上得来终觉浅，绝知此事要躬行"体现了宋代家训重视实践教育。苏洵时年二十七岁，发奋读书，励志学成之后报效国家。后来的《三字经》中便有"苏老泉，二十七，始发愤，读书籍"，苏洵以自身的经历和经验告诫儿子苏轼和苏辙，要把为国家为人民而发愤读书作为人生坐标。"三苏"好以史为鉴，在其位谋其政，在力所能及的范围内关注民生、为民办事，广受百姓称赞和爱戴。忠孝仁爱、乐善好施的"三苏"家风促进了和谐、友善的家

---

① 蔡丽平：《陆游家训诗的当代价值》，《文学教育（下）》2017年第9期，第34—35页。

庭氛围和社会风气的营造。《苏氏族谱》通过"三苏"的言传身教,被后世流传。[①]

元朝是由少数民族建立的封建王朝,大一统的时间较短,所以在此时期内与家庭教育有关的成果较少,但正是其特有的少数民族文化,使得这一时期的家训有其独特的魅力,如耶律楚材的家庭教育,为我国家庭教育宝库增添了新的内容,值得后人细细琢磨、品鉴。

(六)明清时期

明清时期,我国社会的整体形势呈现出由盛转衰的状况,但是家训文化的发展却达到鼎盛,继而由盛转衰。在"治国以教化为先,教化以学校为本"的文教政策影响下,明朝统治阶级大兴文教,试图通过重文轻武的政策促进文化的繁荣、教育的发展,并再次推动经济复苏。[②] 因此,这一时期的家训著作急剧增多,不可枚举,著作数量远超以前各个历史阶段的总和。

清代著名的史学家章学诚说:"夫家有谱、州有志、国有史,其义一也。"由此可见,该时期家训文化的繁荣。但是到了清末,国家饱受外来文化的冲击与西方国家的侵略,先前积累的文化基础全然破碎,这不仅使中国饱受西方列强的欺凌,还使人们丧失了赖以生存的精神支柱。家训文化赖以生存的自然经济处于逐渐解体的状态,家族离散,儒家文化式微,满清统治者否定了向来推崇的儒家文化,许多家族的族谱大量遗失,大量的祠堂、家庙受到破坏。

---

① "三苏家风研究"课题组:《"三苏"家风研究》,《中华文化论坛》2017年第1期,第35—42页。
② 张妍:《明清家训及其现代价值研究》,《辽宁教育行政学院学报》2017年第6期,第10—15页。

（七）近　代

鸦片战争的失败，标志着中国进入半殖民地半封建社会。西方列强的坚船利炮迫使中国打开了国门，大量外来文化涌入。西方列强加剧对中国的文化侵略，封建统治愈发腐朽，近代中国跌入惨痛的危难深渊，国家和民族到了危亡的关键时刻。家训文化也在各种社会思潮的风起云涌下深受影响。如林则徐在给儿子们分家产时特别嘱咐："……各须慎守儒业，省啬用度，并须知此等薄业，购置甚难。凡我子孙，皆当念韩文公'辛勤有此，无迷厥初'之语，倘因破荡败业，即非我之子孙矣。"他教育后代必须节俭生活，谨守家业，懂得创业艰辛、守业艰难的道理。① 林则徐在其家训中，注重对子弟的教化和以身报国的身教，训诫子弟学会在社会中学习与历练，并传授其做学问的经验。

传统的家教家训因为中国社会结构的剧烈变动而受到冲击，此时的家训文化暗含"实业救国""改良与革命""民主与科学"的教育理念。

（八）现当代

在动乱的年代中，家训文化有了不一样的色彩。革命文化的力量给人们提供了新的精神支柱，无数老一辈无产阶级革命家在建立中华人民共和国、建设社会主义的征程中呕心沥血，以坚定的思想和过硬的党性凝练了严格的红色家训。他们以这种以红色革命精神为底色的家训，教育他们的子女后代不忘初心，注重提升自身的品性修为，并鼓励他们积极投身革命事业。如"红色"战队的传奇将军李文模，不忘红军长征的初心，他的家训是"红色"基调的，他将"身教重于言教、低调做人高调做事"作为其最基本的准则，将"认真、严

① 陈延斌：《林则徐的家训》，《少年儿童研究》2005年第12期，第36—37页。

谨、责任、总结"作为其最基本的要求。他的女儿李甄始终牢记父亲的谆谆教诲，以长征精神铸就的红色家训，在她的身上得到了传承延续。

党的十八大以来，习近平总书记在不同场合多次谈到要注重家庭、注重家教、注重家风，强调"家庭的前途命运同国家和民族的前途命运紧密相连"，指出"无论过去、现在还是将来，绝大多数人都生活在家庭之中"。因此，无论风云如何变幻，经济社会如何发展，家庭结构如何改变，对于个人、对于社会，家庭的依托是不可替代的，家庭的社会功能是不可替代的，家庭的教育作用也是不可替代的。历史和现实都在警醒我们，家庭是社会的细胞，家庭的前途命运同国家和民族的前途命运紧密相连。因此，在国家领导人的重视和号召下，全国上下又重新将目光聚集到传统家训文化上来，开始对传统家训文化进行全新的审视，并慢慢地将传统家训文化与新时代新兴文化相结合，创造出符合时代发展需要的、具有中国特色的家训文化，传统家训文化逐渐在新时代进入发展期。

归根结底，家族的发展与家训文化的发展，都依赖时间的积淀，正所谓"十年生聚，十年教训"，在中国传统家族文化的背景下，一个人往往是以一个家族成员的身份出现的，而家族为一个人的生存与发展提供了各种要素。从物质角度来说，家族为每个人提供了必要的物质保障，因此，每个人需要回馈其家族；从精神角度来说，家族给成员以性格特征，因此，个人的气质代表着整个家族的气质，这需要不断地丰富与完善。

正因这样一种身份的存在，每个人生来便带有一种使命感，每个人都不仅与整个家族利益与共，而且安危与共。个人与家族之间这种隐性的、微妙的纽带，将两者牢牢地拴在一起，使传统家训文化在中国传统文化中始终占据着十分显著的位置。中国历史上那一篇又一篇或长或短的家规家训，无一不体现出家族长辈对本族子孙后代的殷切期望与谆谆教诲。一个家族通过家训这样一种灵活的途径来实现对家族内部成员产生人生影响，促进他们身心的全面发展，使家族血脉得以延续。

我国家训的变迁史顺应了时代发展的要求。家训历经迭代的同时，也正以完美的姿态走向未来，在新时代重新绽放光芒，照亮无数中华儿女前进的方向。

三、家训的主要内容

家训一类文章是我国传统文化宝库的重要组成部分之一，是我们这个东方文明古国璀璨耀眼的文化遗产之一。

从形式上来看，家训类的作品形式多种多样，既有家范、家诫等长篇专论，也有家书、诗词、箴言、格言、歌诀、碑铭等简明训示；既有循循善诱的规劝，也有明令禁止的家法、家规、家禁。孙奇逢的《孝友堂家规》，康熙的《圣谕十六条》，陆游、曹端的示儿诗，庞尚鹏的《训蒙歌》，朱柏庐的《治家格言》《教儿经》等，都是传统家训作品，其文字工整对仗，整齐押韵，极具感染力，读起来朗朗上口、通俗易懂，便于记忆。虽然家训保存的形式各不相同，但是从其主要内容上来看还是大同小异、基本一致的。

从内容上来看，家训一般包括家庭或家族要遵守的社会道德和学习、生活、行为方式等，它是一个家族为了较好地规范家人或族人的言行，对子孙后代立身为人、处世治家、治业救国等方方面面进行的教导，它的内容是具体的，有着较强的可执行性。

在我国古代巨大的家庭教育的宝库中，传统家训作品的内容十分丰富，古人的家庭教育多重视对子孙的人格培养，讲究淡泊名利、勤俭持家、交友之道、读书治学等。而当下，虽然我国传统的家国同构的格局已被打破，但家庭仍然是社会的基本单位和伦理实体，因此，古代家训内容对于现代人来说仍有很大的启迪作用。

（一）文人雅士的家训

1.自我修养

加强自身修养是古今家训文化中首要的内容。在古代，家族长辈的心思很大一部分用在如何教育家族的子孙后代加强自我修养上。那么，应如何加强自我修养呢？这一内容大致可以围绕立志高远、学有所成、勤俭节约、宽厚爱人、谨言慎行、洁身自好及养生健身等方面展开。如周文王在教诫太子姬发时告诉他"不为骄侈，不为泰靡，不淫于美"，这即是在告诉后人要学会节俭和自我约束；如孔子在教导其儿子孔鲤时说"不学诗无以言，不学礼无以立"，这即是在要求自己的子孙后代时刻注重学习；再如"竹林七贤"之一的嵇康在其所撰写的《家诫》中说"人无志，非人也"，这即是在告诉家族后人要树立远大志向，阐明立志应置于个人修养的重中之重。

2.耕读传家

耕读传家是古今家训文化的重要组成部分之一，也是古代家训中亘古不变的主题之一。中国古代历时久远，不同朝代的更替使得中国古代家规家训的内容涉及面非常广，但是深入研究家训可发现，耕读传家是其根本。以著名的《颜氏家训》为例，该书分成序致、教子、兄弟、后娶、治家、风操、慕贤、勉学、文章、名实、涉务、省事、止足、诫兵、养生、归心、书证、音辞、杂艺、终制等方面，其中包括子女教育、兄弟关系、家庭治理、称谓、知足少欲等内容，也涉及个人的治家、立身、处世等，通过这些内容对家训进行阐述，是为告诉家族的子孙后代为人处世时所应遵循的伦理道德规范。从《颜氏家训》中我们可以看到，其实古人并不是希望子女成就斐然，而是希望子女能够明白农业为主要营生之道，因此，古人在家训中也将耕种放于其中。

读书是改变命运之法，如曾国藩在《曾国藩家书》中写道："吾不望代代得富贵，但愿代代有秀才。"南阳冯家的家训中也有写道："不指望代代有举人，只要代代有秀才。"仔细揣摩这两句话，其中的内涵也着实发人深思，能领悟到原来古代的人这么看重读书，不仅将此化为行动，更将此纳入家训，而这样的做法只是希望子孙后代能够好好读书，通过寒窗苦读来改变自己的命运，来改变自己家族的地位。

3. 善良感恩

教导子孙后辈如何成为一个心地善良且心怀感恩的人是家训文化的主旨内容。古代的人认为，行善举并不是为了获得什么，不是为了让别人看到，又或是沽名钓誉，这种善举是发自内心的，是在从小接受到的家训中学习到的，并且是已经内化成自己的修养的一种行为。正所谓"滴水之恩当涌泉相报"，如果自己在遇到困境时受到过别人的恩惠的话是不能忘记的。以《朱子治家格言》为例，作者通过明白的事理及耐心的讲解，从勤俭、读书、孝悌、行善等方面出发，来告诉家族后辈应该如何从自身出发，约束自己的行为，完善自身，提高自己的修养，而这些方面的基础则是"行善"，如"善欲人见，不是真善，恶恐人知，便是大恶""轻听发言，安知非人之谮诉，当忍耐三思；因事相争，焉知非我之不是，需平心暗思""施惠勿念，受恩莫忘"等。虽然整本书的文字不是很多，但是作者以质朴无华的语言，细细向家族后人道来行善感恩的家训内涵，告诫后人将此作为自己的行为准则。这些家训名言，都向我们表明了普通人家其实并不是期望子孙做官发财，而是想教导子孙做心地善良、待人友好的人。

另外，古代的人受到男尊女卑、三从四德观念的影响，夫妻之间的关系其实长期以来都是不平等的，因此，古人在家训中也很少提到有关夫妻之间相处之道的话题。

（二）商贾的家训

在古代，商人阶层的社会地位是比较低的，他们所从事的工作也不太能够受到人们的尊崇，但是，随着朝代的更迭，商人的社会地位在历朝历代中也是颇有差异的。商贾的家训与之前所讲的文人家族的家训在内容方面是有较大差异的。商人的家庭教育不同于文人的家庭教育，他们从过去单一的教子读经变为读书从商并行，有些商人甚至不将读书学习或是修身养性列入其家训内容之中，因为就商人的人生经历而言，修身养性对于今后的历练并无大益，他们干脆教育子孙后代应该如何经商，他们将经商之道分为两大类，通过素质培养和技能练习这两方面对祖孙后辈进行家庭教育，并将此经商之道当作自己传家的家训。①

1. 传承衣钵

在经商的家族中，长辈会积极鼓励家族后辈继承衣钵，继续走经商之路。功利和实效经常会被商人当作衡量其职业好坏的一个标准，因此，他们在教育并引导子孙后代时，通常会教导他们选择见效显著、利润丰厚等相对而言效益

---

① 孔康平：《明清时期徽商的家风述论》，《池州学院学报》2016年第5期，第79—82页。

比较高的经商之法，如徽州祁门倪人穆在教育其子孙后代时曾说过"人生贵自立耳，不能习举业以扬名，亦当效陶朱以致富"，他的这句话是在教导子孙后代，并非一定要考取功名才能实现人生价值，其实，从商也是帮助实现自立和自我价值的有效途径之一。

2. 素质训练

商人们的家训内容中会记录如何将子孙后代训练成既有素质又有能力的人。要知道商场如战场，其形势瞬息万变难以预料，因此，商人在教育后代时，会将能力素质提升至重要位置。

在能力方面，商人们通过自己从商多年的经历认识到，要想获得商业成功，提升自我的综合素质及培养同伴之间的合作是很重要的一个因素。因此，商人们为了将子孙后辈培养成能够应付自如的成熟商人，常采取将家族中的子孙后辈统一起来进行集中训练的方式，通过训练让后辈明白合作的重要性，并将此要义牢记于心。识字书写、记账算账是商人必备的能力之一，也是商人的家训中主要的一部分内容。著名的歙商郑敬伟曾经明确告诉他的三个从商之子"非勤无以生财，非俭无以足用"。商人常会采用现身说法的方式传授其子女一套行之有效的经营手段和经商理论，这样一来，家族的子孙后代在学习了家训内容之后就能够在今后从商的过程中少走弯路。

在素质方面，商人主要是对子女进行诚信教育，因为经商主要在于一个"信"字，商人若没有诚信，定会走向失败。不仅如此，商人也十分注重培养子孙后代坚毅的意志品格及敢为人先的冒险精神。在徽州地区就流传着这么一句名言："前世不修，生在徽州，十三四岁，往外一丢。"这样如俗语一般的家训如实地反映了明清徽商是如何训练并教导家族后人品行坚毅，如何成为一个成功的商人。[①]

3.实践练习

正所谓实践获真知，商人会将自己的后代推向社会，此举是为了让后代根据自己所学到社会上磨炼，借此来不断锻炼意志和增添勇气，让他们通过自己所经历的苦难与挫折来获得打开成功大门的钥匙。我们能从中感觉到，虽然商人们的家训内容与文人士族的家训内容有很大的差异，但是，从本质上来讲，古代所有的家训内容的主旨都是从帮助家族子孙后代提高品质、提升修养出发，为其之后的人生奠定一个完美的基础。

家训文化作为中国传统文化的宝藏之一，其内容是丰富的，是变化的，也是深刻的，家训的内容看似随着社会、经济、政治、文化的发展而发生迅猛的变化，但是，其本质又是统一的，它只是在发展中不断吸收内化而逐渐充实，逐渐丰满。各个时代的家训的重点不尽相同，它会随着社会的需要与家庭境况的不同而改变，但纵观总体不难发现，无论是哪一维度的家训内容，都重视对子孙的人格培养，都强调淡泊名利，维护交友之道，尊崇读书治学，崇尚勤俭持家等，这些都是家庭教育的宝库。

真可谓"古今家训代代传，人品古今始如一"。

四、小　结

"家"是中国人的精神家园。许慎的《说文解字》指出："家，居也。从宀，豭省声，古牙切。""家"是个象形会意字，"宀"像屋之形，是供人居住的

---

① 伍胤鸿：《徽商优良家风及其当代传承》，安徽师范大学 2019 年硕士学位论文，第 33 页。

房子，屋不养豕，为农牧经济的象征。段王裁的《说文解字注》对"家"的释义是："其内谓之家，引申之天子诸候曰国，大夫曰家。"家训，正如筑成中国意义上的"家"的一砖一瓦，使"家"在形象上、内容上、内涵上都变得更为圆满丰润。

中国传统家训将中国传统文化的基本内核作为其发展的文化沃土，是吸取了传统宗法制度和伦理所成长和发展起来的，它是中国传统文化的重要组成部分，是传统儒家文化精神的重要载体和组成部分，也是中国传统文化的重要体现成果之一。家训文化是中华民族传统文化在家庭这个社会细胞中的一种特殊体现，是古往今来的人们所总结出来的人生实践经验，是人们在不尽相同的社会生活与实践过程中逐渐积累积淀的教育思想精华，它承载着中华民族传统文化传播的重任，无形之中也对当代社会的道德教育普及起着至关重要的支撑作用。

总览中国家训史可见，无论时代发生多大的变化，这些家训依然能够陶冶我们的民族，能够代表、展示出我们独特的民族传统文化。那些千古传诵、流芳百世的经典家训是我们中华民族历史长河中弥足珍贵的灿烂遗产之一。

鲁迅先生说过："倘有人作一部历史，将中国历来教育儿童的方法、用书，作一个明确的记录，给人明白我们的古人以至我们，是怎样的被熏陶下来的，则其功德，当不在禹下。"这句话深入浅出地点出了什么是先人的智慧，无论是从教育，还是经济，抑或是文化入手，若是想要在当代社会或者是未来社会中立稳脚跟，那么我们就要"牢记历史""牢记传统"。但是，历史也好，传统也好，总是有好有坏的，家训亦是如此。因此，人们要学会批判地继承中华传统家训文化，吸收其中蕴含的精华部分，剔除其封建性糟粕，把其中一些科学的、合理的观念和方法运用到我们今天当代的家庭教育之中，让当代人领略到古代人家庭教育中蕴含的智慧，这样才能更好地丰富和发展家庭教育，贯彻有益的家庭教育理念、实施科学的家庭教育方法，使后人真正成为德才兼备和对社会有贡献的人。

另外，传统的家训文化与具有新时代精神的家训文化，都具有能够很好地伦理教化与维护社会稳定等功能，正是因为家训这一独特的、不可取代的作用与意义，我们更应该在当代认真研究、解读并借鉴它的内涵，感悟其对中国传统社会的巨大影响，保护和传承这笔宝贵的文化遗产。

第三节 ❸ 家风与家训的比较

家风家训有着提升国民素质、改善社会风气等功能，是中华传统文化的重要组成部分。虽然家风与家训在内容与功能等方面有许多相似之处，但两者并非完全等同。简言之，家训对于家风的养成有着潜在的作用，家风融于家训之中，两者之间相互联系、相互影响，不可分割。因此，正确认识、对待并传承家风家训的意义是十分深远的。

一、家风与家训的异同

传统中国文明发展的千百年中，传统的家风家训一直都存在于中国人生活的每一个细节中，但是，由于文化的断层，很多人对于传统家风家训并没有清晰的认识，常常将两者混为一谈，甚至有人会将家风等同于家训，这样的说法未免失之偏颇，容易误导他人。事实上，家风与家训存在着许多细微的不同之处。

（一）释义不同

根据《中国古代生活词典》所述：家风是一个家族传统风习的生活体现，是在家长或主要成员影响下自然而然、潜移默化所形成的行事习惯与精神风貌，具有无形性及教化性。正如一句话所说：如果想要治理好家庭，主要不是靠长篇大论的说教，而是靠"风化"的潜移默化之功。这种道德教育方法强调自然的变化，是在尊重个人自由的基础上促进人的精神成长、发展和自我形成，达到自身的内在认同，从而形成内在推动力。这确实很好地解释了"家风"的含义。

家训与家风看似很相近，但两者实际存在较大差异。一般认为，家训是家族中的长者为达到调节、约束家庭成员的行为而制定的规则、规范。传统的家训文化是传统社会意识形态的家庭化，同时也是社会意识内化为个人意识的中介，它是作为家中长者垂训后代子孙如何为人处世的训诫而存在的，能够很好地缓和或消融自我意识与社会意识冲突的矛盾。

（二）形式不同

中国传统的家风不像家训那样有着外显的形式，它总是以潜在的形式而存在的，就像某一个人如若不经过反思和总结，就不容易察觉到这种习惯的存在，也不能够用语言来明确具体地向外人表达他们家族的家风是什么。所以家风是隐性的，在长时间家庭环境的熏陶之下，一个人自然而然地就具备了某种习惯，而这种习惯正是其自身家庭所特有的。

因为家风是隐性的，且在多数情况下，有多数家庭并没有特别认真地总结其家风到底是什么，仅仅将其当作一种十分自然的状态而存在。因此，部分家庭长者在经过深思熟虑之后，将自己家族的家风总结并转化成一种文字化的内容，使家风变得明显外露，简浅易懂。这些有关家风的内容有的抽象，有的具体，有的只有一两句话，有的则是长篇大论，但是它们都能使后人明知自家家风，这便是家训在家族中所存在的形式。

虽然，传统家风与家训存在些许不同，但若归根结底，家风与家训两者之间的内在联系仍然是十分紧密的，它们是统一的、融合的，是相互转化的，是互为结果的。一般来说，家训的存在和践行，会形成家风，家风能够影响家训的践行和传承，会促进家训的丰富和完善，有的时候家风也会反过来促进家训的形成。

二、家风家训的功能

中国传统家风家训具有重要的德育功能，在教育家族子弟的过程中总是以一种潜移默化的独特教化方式来引导一个儿童如何成长为大人，这样一种别具一格的教化方式对于中国传统德育系统形成的影响来说是十分深刻的。

从纵向层面上对家风家训的功能进行划分，可以将其分为锤炼个人品德、涵养家庭美德、树立社会公德、这三大板块。因此，通过研究中国传统家风家训的德育功能，梳理传统家风家训的德育优势，总结传统家风家训的德育方法，可以全方位、多维度、多层次地促进个人意志品质的提升，同时还可以对当代社会的历史传承及未来发展产生重大意义。

（一）锤炼个人品德

个人是社会中存在的最小计量单位，是家风家训发挥作用的最主要的对象，同时也是评价家风家训是否有教育价值的最直观的标准之一。众所周知，一个人的成长受到多方面因素的影响，这些影响主要体现在两个方面：一个是内在的思想，一个是外在的行为。思想与行为之间有着紧密的联系，一个人的为人处世及其行为表现受到其思想的制约，其思想的觉悟又受到外界诸多因素，如旁人的言行举止等的影响，而一种良好的家风家训对于培养一个人良好坚毅的意志品质则发挥着重要作用，具体体现在内化品质和影响他人这两个层面。

1. 内化品质层面

在古代，人们常常把"崇忠义"作为人生追求的最高准则之一，而这些人所追求的理想信念也好，道德准则也好，其实都是构建人们内在品质的最好的"砖块"。中国传统的家风家训文化作为历史悠久且保存较完善的传统文化之一，是集众多优秀文化因素于一体的，在一个人的成长中发挥着重要的德育作用，它不仅能够帮助一个人构筑起内心道德的高台，还可以让一个人学会无论是在顺境还是在逆境中都要顽强生存，始终且时刻在内心坚持正确的人生信念。

志存高远、以德立身、品行高洁等是中国传统家风家训中常见的，在一些名人的家风家训中也会时不时地提及类似的一些关于如何提高自身修养的语句，就志存高远这一个最基本的品质来说，竹林七贤之一的嵇康在《家诫》中从一开始就言"人无志，非人也"，这句话的意思是，一个人之所以成为人是因为他有着自己的志向理想。嵇康将其放在最前面也可以说明他对于立志的态度，他认为立志是为人之根本，如果想要拥有良好品质，那么人一定是有所追求的，这充分体现了立志的重要性。之后，嵇康在《家诫》中进一步讲道："若志之所之，则口与心誓，守死无二，耻躬不逮，期于必济。"他认为立志是实现人生价值、成就自我的基础，但是又不能止步于立志，更要守志，坚持不懈、坚定目标、持续奋斗。[①] 在中国历史的长河中，存留的优秀品质不单单只有"志存高远"这一个，所有的优秀品质的培养，都是需要人们坚持不懈的，传统家风家训涵盖历代以来为人所称道的意志品质，教人如何变得更好、更强，变得更加无坚不摧。

中国传统家风家训中不仅有许多关于优秀的意志品质的阐述，还有数不胜数的成功的经典案例。传统家风家训通过清晰的文字记述及成功的实践事例来潜移默化地影响、教化人们，从道德的高度上让人们意识到构建良好品质的重要性。同时，家风家训也让人们在平凡的生活中如春风沐雨一般慢慢学会坚韧、善良、迎难而上、永不放弃等优秀品格，在体悟他人人生经历的同时，磨炼自身的意志，逐渐形成自己的内在品质。

2.影响他人层面

不同的家庭会有不同的家风家训，但并不是所有的家风家训都是可取的，都是对人友好的，如果优秀的家风家训只存在于某一个家族中，它的教育影响和范围是有限的，也是令人惋惜的。优秀的家风家训不仅仅是对某一个人的教育，更是对一群人的教化，如果家风家训只能依赖家庭、家训书籍的存在而被世人所知，岂不是太可惜了。因此，优秀的家风家训岂能止步于一个家庭，它总是通过各种途径向更远的地方传播，且人类本身其实就是弘扬优秀家风家训的优良载体。

① 郭昊：《从〈家诫〉看嵇康的教子思想》，《文学教育（上）》2016年第28期，第40—42页。

通常情况下，家风家训的影响体现于家中长者的一言一行中，家族中的长辈通过自己的言行举止，身体力行地告诫子女是非曲直，这就是人类本身作为家风家训传播载体的一个鲜活的例子。其实家风家训不仅是在家族中传播，一个人在自己家中习得一种优良品质之后，当他与周围的人接触、交往之时，这样一种优秀的意志品质自然会潜移默化地感染别人，让他们在彼此了解的过程中相互影响，这便体现出俗话所讲的"物以类聚，人以群分"中蕴含的道理。就古代而言，有著名的"六尺巷"的故事。这是发生在清代康熙年间的故事，传说有两个家庭因为宅基问题发生了矛盾，其中之一是官员张英的家庭。张英面对该问题却批诗一首云："千里修书只为墙，让他三尺又何妨。万里长城今犹在，不见当年秦始皇。"张家的家风家训使张英懂得了彼此理解，相互退让，而张英将此优良家风家训淋漓尽致地体现在自己的行动之中，也正是因为张英所表现出的大度胸怀，双方纷纷让出三尺，从而形成了一个六尺宽的巷子。从此，人们每每提到"六尺巷"就会教育后人"退一步海阔天空"的道理，这就是家风家训强有力的影响力的表现。近年来，各个新闻媒体都在报道感人事迹，如"最美妈妈"吴菊萍身上展现的是一种将心比心的品质；"最美司机"吴斌身上，体现的是一种兢兢业业的工作态度；"最美教师"张丽莉身上，敞露出一种无私奉献、撒播爱心的博大胸怀……如果不用心体会，就不能感知到身边之人对自己的感染，但是，如若用心体会并回头看看，我们并不难发现自己身上的一些不良习惯正在因为他人的缘故悄然改变，那些从自己原生家庭中带来的、固有的优秀品质也正在悄悄地改善身边人的品质。

传统家风家训一直"隐身"在我们身边，一直都在影响他人，不论是家中长者对后辈的影响，还是好友之间的互补，又或是陌生人之间的举手之劳、擦肩而过，传递的都是满满的正能量，所有这些正能量的来源都是一个个不同家庭中优秀的家风家训。正因为有了人与人之间有意无意的交往，优秀的家风家训才能相互交织，社会风气也因此愈来愈正。

（二）涵养家庭美德

家庭是一种基于血缘关系而建立起来的社会生活组织，是社会的组成结构之一，家庭这一微观的社会层次通常被人们作为进行品德教育的重要环境之一。在家庭中通常有着长幼之分："长"一般是指年龄较大的，以父母为主的长辈，他们在家庭教育中扮演的是教育主体的角色；"幼"一般是指年龄较小的以子女、孙辈为主的孩童，他们在家庭教育中扮演的是教育客体的角色。而传统家风家训是流传于家族、家庭中的一种实践经验与处世作风，它总是以一种潜在的、不被人察觉的形式贯穿于家庭之中，能够对家庭中的子女，甚至包括父母在内的家庭成员的思想、道德、品行产生潜移默化的影响。都说家庭教育是孩童接受教育最初也是最重要的源头，能够对一个人的成长起到奠基性的作用，而传统家风家训中所蕴含的人生哲理则是家庭教育中最基础最根本的。因此，如果能有效地运用好家风家训的教育功能，那么它将对一个家庭美德层面的提升发挥出巨大的作用。

1.教育子女层面

俗话说"父母是子女的第一任老师"。父母的一言一行总是被子女默默记在心里，并时不时地通过行动表现出来。对父母而言，传统家风家训的教化能在其教育子女时起到一定的帮助；对子女而言，传统家风家训的教化在其思想品德的形成和发展方面起到润物细无声的效果，子女总是在耳濡目染中悄悄地接受着家风家训的教育。

在古代，人们常说"上梁不正下梁歪"，这句俗语恰恰表明了家庭教育中，父母的行为在教育子女方面有着多么重要的影响，而古代的人们也因此十分注重家教，父母在子女面前通常是一种端庄严肃的形象，家中长者也会撰写自己家族的家规家训，严格地要求子女恪守家法，从而达到规范子女品行的目的。一个人可塑性最强的时期便是其幼年时期，人在幼年时，通常具有爱模仿、表现欲强等突出特质，在这个特殊的阶段中对其进行正确的引导是十分重要且必要的，而良好的家风家训正有着这样一种引导的功效。由于家庭中父母与孩子通常扮演着教育主体与教育客体的角色，家庭中父母不经意的行为往往会给心理尚未成熟的子女留下深深的印记，当他们以后经历日常生活中的问题或磨难时，便会不自觉地做出与父母相似的举动。

家庭教育与传统家风家训具有原始性、持久性、全面性、继承性等特点，就家风家训教育的全面性而言，它包括一个家庭的生活方式、情感态度、行事作风，家庭成员的价值观、人生观、行为规范等，这些丰富的教育内容在家族内代代延续，慢慢转化成趋于稳定的家庭文化。也正是因为家庭教育具有这种代代相传的特殊的教育影响，所以，家风家训教育从新生命的诞生到生命的终止都在进行着。但是，也有不少人对于家风家训是否具有教化功能产生怀疑，并对此进行研究。曾有人通过研究分析大量数据得到：一个人大部分的时间是在家庭生活中度过的，人的一生都接受着各自家风家训的熏陶与洗礼，伴随着家庭的熏陶而成长，因此，一种良好的家风家训教育对于家庭成员世界观、人生观、价值观的形成具有意义深远的影响。另外，也有心理学的相关研究显示，人都是具有可塑性的，即便先天会存在不足，也是可以靠后天进行弥补的。

所以，传统家风家训在家庭教育中确实具有教育子女的功能，如果一个家庭的家风家训是不良的，那么该家庭的成员对整个世界、整个人生及事物价值的根本看法都会发生不同程度的扭曲；而如果家庭长辈能够进行正确的、具有示范性与引导性的规劝教育，采用灵活多变的方式，根据家庭子女不同的情况进行有针对性的教育，便可发挥家庭教育原生性的作用，就会发现传统家风家训在教育子女方面有一股内在的、固有的、强大的生命力。

2. 磨炼自我层面

良好的家风家训并不是一蹴而就的，正如冰冻三尺非一日之寒那般，它需要代代人的反思与积淀，需要祖祖辈辈的经验与总结，它是宝贵的精神财富，是不可替代的信仰支柱。传统家风家训在家庭教育中不仅可以达到教育家庭子女的作用，而且对于家庭中的家长这一教育主体而言，也能够起到很好的行为规范作用。

家庭教育区别于其他教育最突出的地方便是它的原始性与潜移默化性。家庭环境是实施家庭教育的主要场所，而家长作为家庭中的教育主体在进行教育时，必须起到一个良好的示范性与榜样作用，因此，传统家风家训在磨炼教育主体的自我行为品质方面有主要作用。

在中国历史上，有许多家庭的长辈都十分注重自身形象，为后辈打造了一个良好的家庭教育环境。如孟母通过不断改变家庭住址，来让自己的孩子意识到该做什么不该做什么，而不断地改变住址对于孟母来说也是一个充满挑战性的选择；岳飞在其母亲的教诲下领悟到要用心秉承"尽忠报国"的信念；范仲淹倡导"先天下之忧而忧，后天下之乐而乐"；诸葛亮恪守"淡泊明志，宁静致远"；等等。这些在历史长河中闪闪发光的人都无不或多或少地受到各自家族优良家风家训的影响，而他们不仅受益于家风家训，锤炼出坚毅的优良品质，更是借助家风家训直指一个家族文化的灵魂所在，即灵活地运用它来引导家族后人前行，支撑家庭前进，延续家族辉煌。

传统家风家训在传承与发展的过程中，曾因社会的时局动荡而在近现代出现过一定时间段的文化断层，对于社会思潮的发展产生严重的影响。但是，传统家风家训这样一种"禁锢"家庭中教育主体的行为举止的作用在现代社会中仍然在发酵。教育方式的逐渐多样化，对于家长而言要注重自身形象更是难上加难，家庭中的孩子，作为教育客体，经常会从各个角度，通过多种渠道来指出家长身上的不足，如果家长自身不能规范自己的言行，那么，势必在教育自己子女的过程中显露出力不从心的趋势。

习近平总书记在近几年一再强调家庭教育、家庭建设的重要性，认为家庭教育的内容、载体、方式都要进行改革创新，让全国人民重拾并重视家庭教育，扬优良家风，塑清正国风。"齐家""治国"本就是同源文化，现在的父母更要懂得利用家风家训不断地锤炼自我品质，在培育良好家风家训的过程中强化知行合一、言传身教、身体力行，进而给子女起到示范的作用，使其认同、接受、践行好优秀家风家训，强化"明大德、守公德、严私德"的效果。①

简而言之，传统家训家风以家族家人之间血浓于水的亲情关系为枢纽，以循循善诱、谆谆教诲的规劝为方式，以通俗易懂、简单明了的警诫为标志，采用理论结合实践的形式来锤炼家庭长辈的意志品质，来教育规范家庭子女的行为品格，而在教化的过程中也能更好地发挥传统家风家训的化人育人的功能。

（三）树立社会公德

"家是小国，国是大家"是中国素有的文化理念，"家"的概念在中国传统文化中有着不一般的地位。家风家训作为强大的文化软实力，其特殊的育

---

① 刘雯璟：《习近平总书记关于家庭美德重要论述的主要内容及其指导意义》，《理论学习——山东干部函授大学学报》2019年第5期，第12—15页。

人功能对于整个社会的进步具有非同凡响的意义，传承与建设家风家训尤为重要。党的十八大以来，习近平总书记多次指出"文化自信"与"家庭建设"的重要性，强调个人、民族、国家都要充分肯定并积极践行自身文化价值，努力从自身出发，从家庭出发，从民族出发，践行文化价值，改善社会整体的公德教化。①

优秀的家风家训是立足于个人、立足于家庭的，当家庭成员从家庭小天地走向社会大舞台，其优秀的传统家风家训便也随着个体群体化而得以传播弘扬，这促进了家风家训从家庭美德教化到学校道德引领乃至社会风尚提升的有力延伸，体现出家风家训由小及大的道德力量。优秀的家风家训以其自身独有的源源不断的内在力量，从社会风气和道德素质提升这两个层面入手，为主流意识形态的传播开辟了更为宽阔的道路。

1.社会风气层面

社会风气的形成与变化依靠的是维系社会发展的个人与家庭，一个有良好家风家训的社会公民，能进入出淤泥而不染的境界，能抵制不良风气，更能够凭借自身内在的气质积极地维护正常秩序、践行良好的社会风尚。

18世纪法国伟大的思想家卢梭曾在《爱弥儿》一书中写道："家庭生活的乐趣是抵抗坏风气的毒害的最好良剂。"的确，一个家庭的风气对于社会风气也能够起到良好的作用，一种优秀的家风家训对于形成一股良好的社会风气可以产生莫大的帮助。就2011年英国伦敦的骚乱事件，很多专家表示，家庭教育的缺失抑或是整个骚乱事件的重要诱因。当地政府对该事件进行深入的反思并开展"家长教育运动"，提出"没有合格的家长就没有合格的公民"的口

---

① 戴宏纾：《中华优秀传统家风的当代价值及其传承》，《湖北开放职业学院学报》2020年第9期，第112—113页。

号。由此可见，重视培养良好家风家训，严格把好家庭教育关，将良好的家风家训沁入社会生活的方方面面，是提升社会文明水平、营造良好的社会风尚的一剂良方。

传统家风家训作为中国"土生土长"的传统文化，中国人也同样意识到它具有改善、提升社会风气的作用。随着"小家庭时代"的到来及当下社会人口流动加快的趋势，人们可以明显地感觉到生活节奏是极快的，正因如此，从某种程度上来说，传统家风家训已经伴随着大家族的解体和时代的发展而渐行渐远，家风家训在传承上逐渐淡化甚至缺失。但是，传统家风家训中积极向上的内容及其特殊的教化价值是不会在时代变迁中失去意义的，社会各方也在想方设法使其重新融入当代社会。中央电视台 2014 年推出的"新春走基层《家风是什么》"系列活动，使得传统家风家训再度受到国人重视；在农村，村委会授予村民家庭优秀家风家训门牌，以此方式来宣传优秀的家风家训；在城市，居委会大多会采用宣传栏、文艺汇演、楹联等形式宣传家风家训，以增强人民群众的文化自信。①

社会的演进与时代的发展紧密相连，而社会则是由一个个家庭所构成的，由此可以看出家风家训对于时代发展而言，扮演了重要角色，起到了极大的推动作用。在新的历史条件下，全国乃至全世界正在重新审视传统家风家训的社会教化功能，发掘其中的时代价值。这是十分重要的，也是很有必要的。中国传统优秀的家风家训正在用一种通俗易懂、贴近生活的形式，通过寓教于乐的方法，将其内涵与社会主义核心价值观内容相契合的真善美伦理道德渗透到普通大众的日常生活中，借此来达到真正育人的效果，从而转变社会风气。

---

① 张宇珺：《央视新春问"家风"引领弘扬核心价值观》，《传媒》2015 年第 24 期，第 21—22 页。

2. 道德素质层面

中国传统家风家训坚持以文化人的教养方式，在时间的沉淀与推进中提升人的思想素养，通过文化的形式让文化得以细水长流、循序渐进，最终达到化人育人的目的。但是，由于时代的复杂性及阶级的局限性，传统家风家训中的育人之道也并非"篇篇药石，字字龟鉴"，要厘清其中的精华与糟粕。对于鼓吹天命、神化皇权等糟粕文化，我们要坚决地加以摒弃；对于烙有明显时代色彩的内容，我们要擦除其厚重的历史印记，建设全新的精神文明；对于具有"传统美德"性质的部分，我们要大胆传承，给予后世之人真善美的启迪。

传统家风家训的育人之道对于加强家庭道德建设、促进社会风气好转、提高国民文化素质、推进思想政治工作改革等有着重要作用，就家风家训对于国民素质的影响来说，其实是十分明显的。国民素质的变化受众多因素的影响，会随社会的发展而产生不同的变化。从我们身边的小事着眼，素质的体现可以说是随处可见的，也是显而易见的，公交车上的"让座"，生活中的随手关门、节约用水、问好敬礼、垃圾分类等点点滴滴便是素质的"现身"。

近几年，社会上闹得沸沸扬扬的关于"扶不扶"的讨论，反映了现实中的道德问题，从原则上来讲，看到老人摔倒在地，上前搀扶就是应该做的，是无须考虑的事情，在我们小时候，家长便会教育我们助人为乐的道理。但是，这样一种热心肠却经常被不道德的人所利用，将"热心肠"看得过于理所应当，甚至将其作为自己获利的途径，正是这样一种对于道德的"不良消费"与"过度消费"，使得当今社会人们的道德信用逐渐趋于"贷款"状态，这让提升国民素质面临着不小的阻碍。

道德的"不良消费"和"过度消费"的根子源于家庭教育，家风家训的良好教化若能引起社会上每个人的重视，并将其践行，就能有效地提高国民的整体文化素质，从而真正使整个社会沐浴在"赠人玫瑰，手有余香"的氛围当中。所幸的是，在国家的重视和引导下，人们正逐渐意识到家风家训的重要性，时下对社会主义核心价值观的培育和践行的重视正是家风家训的内涵化身，是家风家训在当代社会的转化与传承形式之一。这样一种立足于公民、社会、国家三个层面的有温度的人文教育，能够让人们逐渐意识到其核心的内涵精髓，并将此作为自身日常工作生活的基本遵循。

当优秀的家风家训蔚然成风，国民的文化素质便会自然而然得到升华。

三、家风家训的衍生

家风家训产生于家庭教育，却不仅仅止步于家庭教育，随着教育途径的增多，家风家训的内容也被逐渐沿用到其他教育途径之中，学校教育便是其中之一。虽然学校教育有着与家庭教育完全不同的模式，如学校教育有着固定的场所、专门的教师、来自不同家庭的学生、特定的教育目标和教育方法及教学内容，但是，与家庭较为相似的是，每所学校也拥有属于自己的独特的校训。一个学校的校训，能够鲜明地突出它的办学理念与治校精神，让人直观地感受到一所学校的校风、学风、教风，因此，校风校训与家风家训有着大同小异的功效。

从某种角度来说，家风家训是校风校训的鼻祖，校风校训是家风家训的衍生。在当代浙江，家风家训的作用范围远远超越了家庭范围，有的衍化为校训。袁了凡为告诫他的儿子而撰写了著名家训《了凡四训》，他提倡以记"功过"的办法进行道德自律——把每天所做的事情以"善恶"为单位进行计数，以便"隐恶扬善""迁善改过"。嘉善县杜鹃小学将《了凡四训》的"功过格"修身方法运用到学生思想品德教育中，分为"勤孝礼善诚"五大项，评比"能量少年"。① 这就是由家风家训延伸至校风校训建设的典型案例，家风家训在学校范围内的育人功效现正在被从事教育工作的人所重视，大家认为这样一种新颖独特的方法，不失为一种公共精神培育的新理念。

对于教育者而言，传统的家风家训对于学校形成良好的校风校纪有很大的帮助，家风家训中的精华如果能够被较好地运用于课堂，穿插进入学生的校园生活之中，那么，对于学校打造自己的品牌文化课程等也有极大的便利，如传统家风家训能够为学校普设课程增添趣味性，一方面丰富学校的课程设置，另一方面激发学生的学习兴趣，培养他们对于传统文化的熟知度，从小构建起良好的文化自信。

对于受教育者而言，在学校中学习家风家训的内涵，从某种程度上说是弥补了家庭教育的缺失，也是在原有家庭教育基础上的更高层次的提升。而且家风家训教育的融入为原本学校设置的学科教育、应试教育增添了不少趣味性，不仅提升了课程的层次感，让学生在学校里接受到的不仅仅是应对考试的理论知识，而且让学生习得了如何做人、如何待人接物，这对于将来学生走出学校、走向社会来说大有裨益。

家风家训融入学校教育是当下大势所趋，家风家训走出家庭，走向学校，甚至是走向更大更广的平台正在慢慢变成现实，而家风家训内在的德育功效的作用范围也愈来愈广。

---

① 王宇翔：《〈了凡四训〉家教家风思想的当代价值》，山东大学 2018 年硕士学位论文，第 13 页。

四、小　结

　　《诗经》有云："刑于寡妻，至于兄弟，以御于家邦。"司马光加以评论："此皆圣人正家以正天下者也。"改善社会风气、提高国民素质的源头在于每个家庭都有良好的家风，传承中华传统家风家训还能够大大增强人民群众的归属感与文化自信；同时，将传统家风家训与社会主义核心价值观的内涵相融合，可以使优秀的家风家训更好地、更有温度地、更悄无声息地融入百姓的日常生活当中，使之成为人生的训诫信条，真正起到约束和引导人们行为的作用。

　　优秀的家风家训联结着传统与当下，直击着中国社会的未来与发展。它是一把能够打开过去与未来大门的钥匙，当下是一个传统文化发展与国家未来联系紧密的特殊时代，如果能够重新思考优秀家风家训的本质与文化渊源，那么它也将会在新时代发挥特别重要的作用。

第三章

大学生理想信念教育

大学生作为青年群体中的先进代表，是建设中国特色社会主义的未来力量，在国家走向繁荣富强、民族实现伟大复兴的过程中，他们将接续奋斗、争创辉煌。大学生正处于人生道路的起步阶段，在学习、工作、生活方面往往会遇到各种困难和苦恼。受人生阅历、生活经验的限制，他们容易站在个人的视角、现实的状态去认识和理解世界。基于大学生的年龄及发展特点，明晰大学生理想信念教育的内涵、外延、功能及作用，分析大学生理想信念教育的现状、重要性及实现途径，探索大学生理想信念教育的发展趋势，是高校思想政治教育的重要任务。

第一节 大学生理想信念教育的基本概述

中共中央、国务院印发的《关于进一步加强和改进大学生思想政治教育的意见》指出，思想政治教育工作的主要任务就是"以理想信念教育为核心"。理想信念是一种观念意识，反映出人们对于目标的一种追求，是个人世界观、人生观、价值观的具体体现。高校的核心任务是立德树人，理想信念是立德树人的关键，也是人民精神世界的支柱，厘清大学生理想信念教育的内涵、外延、功能与作用，重视和加强大学生理想信念教育，有利于为中国特色社会主义建设积蓄后备力量。

一、大学生理想信念教育的内涵

党的十九大明确，中国特色社会主义进入了新时代，新时代的高等教育在时代发展中肩负着重要的支撑和引领作用，同时，高校也提高了对思想政治教育的重视程度，力求高标准、严要求，思想政治教育的发展成为高校的一个重要研究课题。高校思想政治教育的核心应当始终聚焦于大学生理想信念教育，这无论是对大学生个人的发展还是国家的稳步前进都有重要意义。厘清新时代大学生理想信念教育的内涵，首先需要清楚理想信念的基本概念，才能对此问题拥有更为深刻的把握。

（一）理想信念

理想信念是一个综合性的概念，包括理想、信念、信仰三个层次，但它并不是简单地由理想、信念和信仰三个概念拼凑而成，而是理想、信念、信仰三个概念的逐级递进和有机统一。

理想，是指美好愿望、抱负、宏伟的目标等精神层面的追求，同时也是人们在实践过程中逐渐形成且有实现可能性的、对自身和社会未来发展的憧憬及对更高一层物质、精神需求实现的期望，是我们人民幸福的民生事业与民族振兴、国家富强的伟大梦想有机融合的内在动力与精神支柱。理想集中体现了人们在世界观、人生观和价值观方面的奋斗目标。它的产生基于社会现实及已有的物质基础，同时又超越了现实，具有一定的社会历史性，而社会结构与关系的复杂性也决定了理想的多重性和多样性。

根据理想主体的不同，可将其分为个体理想和群体理想。个体理想是指处在一定历史条件下和社会关系中的个体对于自己未来的物质、精神生活所产生的种种向往和设想。个人理想按照内容的不同又可以分为个人具体的生活理想、道德理想和职业理想。生活理想是指人们基于自己的生活方式和标准，憧憬自己将来在物质、精神等方面的生活状态。道德理想是指人们基于对社会或阶级基本道德要求的一定认识而自觉追求和憧憬的某种理想人格和理想社会中的道德关系。职业理想是指个人对自己所期望达到的职业境界而设定的奋斗目标。群体理想即社会理想，是指各社会团体、阶层、阶级、政党、国家和民族的共同理想。群体理想是一个国家、民族能够屹立于世界之林的根本理想，是一个国家、民族能够屹立不倒的精神支柱，也是个人理想得以实现的基础，对个人理想起着制约和决定的作用。正确的群体理想对于个人的发展、社会的进步、国家的繁荣及民族的复兴有着重要的正向促进作用。

信念是人们在一定认识基础上确立的对某种思想或事物坚信不疑并身体力行的心理态度和精神状态，它将认知、情感、意志进行有机统一。信念与其他观念及意识形态的不同之处就在于它的核心和关键在"信"，"信"即相信、信服，表示精神上全面接受服从，信念和理想都属于意识形态范畴。但是信念指的是个体对某一观念、理念的高度认可，其诞生与存在都来源于实践，同时也能够指引个体的实践。挪威作家温塞特说过：如果一个人有足够的信念，他就能创造奇迹。信念支撑着个人进行日常行为和实践，能产生持久的精神动力，也正因为如此，信念具有坚定性、持久性和稳定性，能够表现出深刻的指导作用，能提升个体行为的目的性、计划性，提供强大的精神动力。

理想与信念是个体的精神支撑与追求，理想以信念为支持，能够体现并折射出信念，而信念则产生于理想的形成，决定着理想的实现。理想面对着将来，重在对目标的憧憬与向往，而信念则重在当下，表达的是对实现目标的强烈渴望。理想和信念的产生都基于实践与现实，而信仰产生于信念形成的基础之上，信仰是人们对生活所持的某些长期的和必须加以捍卫的根本信念，却超越现实，是人们灵魂的标注，是一种灵魂式的关爱，它是人类的一种情绪。信仰是对某种主张、主义、宗教、某人或某物极端相信和尊敬，拿来作为自己行

优秀家风家训与大学生理想信念教育

动的指南或榜样，是一种精神寄托。不过，信仰很少是针对人的，而宗教也并非信仰物件，而是信仰的表现形式。信仰之中，确实有一部分无法以常理来解释，也没有人可以解答，但是信仰的力量确实存在，且极其强大。信仰回答的是个人最为关切、最有深度的方面。信仰的对象也是个人最为崇拜的对象，信仰的产生正是因为，在人类经验领域内的万事万物，一切皆为有限的，也都只拥有有限的价值，这些只拥有有限价值的事物很难满足个人超越现实的渴望。唯有超越现实的无限才能真正成为弥补人自身局限性的渴望。因此，信仰是为了超越一切的有限，对信仰的需要正是一个生命延续的体现。

理想信念从具体内容上来看，可以被分为社会层面、道德层面、职业生活层面的理想信念。身为中华儿女，我们在社会层面的理想信念即实现共产主义远大理想、中国特色社会主义共同理想及中华民族伟大复兴的"中国梦"，道德层面的理想信念即完善个人的公民道德、家庭美德及职业道德，职业生活层面的理想信念即完成个人的职业理想、目标及对未来向往生活的憧憬。

理想信念是指引人们前进的动力源泉，确立科学崇高的理想信念才能对个人成长成才及生活态度的形成产生正确的引导作用。

（二）大学生理想信念教育

理想信念教育首先是教育。教育能够帮助高校学生更好地适应社会活动，从而更好地懂得人际交往模式，提高劳动生产效率。

大学生理想信念教育在教育上与其他的学科有着很大的区别。理想信念教育不存在特定的范畴，它的范畴存在于各个方面。不同于其他学科的"硬式植入"，理想信念教育则更倾向于潜移默化地进行意识的指引，引导高校学生能够在学习、生活及工作中为实现共产主义的远大理想而奋斗，以实现国家的繁荣富强和民族的伟大复兴为己任，全力以赴应对多元挑战。理想信念教育与时俱进，富有鲜活的时代生命力。

教育部党组印发的《高校思想政治工作质量提升工程实施纲要》明确：坚持和加强党的全面领导，充分发挥中国特色社会主义教育的育人优势，以立德树人为根本，以理想信念教育为核心，以社会主义核心价值观为引领，以全面提高人才培养能力为关键，强化基础、突出重点、建立规范、落实责任，一体化构建内容完善、标准健全、运行科学、保障有力、成效显著的高校思想政治工作质量体系。可见，理想信念教育对于思想政治工作质量建设之重要性。中国共产党自成立以来，从未忽视过意识形态的建设，时刻关注青年学生意识形态的发展变化。开展大学生理想信念教育有助于大学生明白自己应该信仰什么，以及信仰在当今时代对于社会发展的重要性，形成正确的理想信念，在面对社会的不良风气时，能够最大限度地避免受到影响。这种意识形态层面的知识是无法从其他学科中获取的。大学生的理想信念教育是高校思想政治教育体系中不可或缺的环节，能帮助青年学生在面对错综复杂的社会环境时，依然能够坚定理想信念，坚守初心，做出对国家、人民、亲友有利的决定。

二、大学生理想信念教育的外延

大学生理想信念教育主要包括第一课堂的理论教育、第二课堂的实践教育，党校直接进行的理想信念教育、文化环境的浸润教育等。

（一）第一课堂的理论教育

第一课堂的理论教育是大学生理想信念教育理论学习的主要方式。中国近现代史纲要、思想道德修养与法律基础、马克思主义基本原理、毛泽东思想和中国特色社会主义理论体系概论作为全国大学生必修的四门课程，是落实大学生思想政治理论教育的主渠道。第一课堂知识灌输的直接性有助于提升大学生对中国特色社会主义的认知认同，进而坚定大学生的中国特色社会主义理想信念。再有，人文社科专业的学生能够接触到世界史、中国史、经济发展、社会管理等更多的人文社科系列课程，对于帮助大学生理解和坚定中国特色社会主义理想信念，也是大有裨益的；至于思想政治教育、马克思主义等专业，能帮助学生更加系统地学习马克思主义理论，研读原典原著，全面立体地学习和体悟中国共产党领导中国人民摸索中国特色社会主义道路的历史过程，认识和理解中国特色社会主义理论体系的科学性。

（二）第二课堂的实践教育

第二课堂可以将大学生学习的理想信念理论与具体实践融合共进，对深化个体认识、促进自身体悟具有积极作用。第二课堂主要通过大学生理论社团、举办前沿问题或理论讲座、社会实践、形势教育等方式开展大学生理想信念教育。但是，随着社会不断进步与发展，社会的价值取向逐渐多元，社会形势复杂，这也使得第一课堂理论学习在纷繁复杂的社会现实面前具有抽象性特征。当代大学生的文化接受出现了不同程度地对"文化钳制"和"文化灌输"的认同危机，基于此现状，开设第二课堂将抽象的理论与亲身体验、实践结合起来就显得格外重要。大学生在第一课堂学习理想信念教育的理论知识后，自己深入社会进行实践和调研得出一个自身认同、主动接受的结果，真正地接受教育思想，与此同时，也能够相应地获得在学习方法、实践能力及社会认知能力方面的提升。

（三）党校直接进行的理想信念教育

高校党校是培养青年马克思主义者的主阵地之一，在大学生理想信念教育方面具有明显的助推作用。高校高度重视党校的发展建设，担任理论授课或者实践指导的教师往往都是理论水平较高、党务经验丰富的专任教师、党组织负责人等，有力地保证了党校授课内容及导向目标的清晰明确——帮助大学生确立且坚定中国特色社会主义理想信念，让每一位向党组织递交入党申请书的大学生能够接受党校的系统教育，接受党组织的培养考察。高校党校针对党员发展的不同阶段，将党校教育分为：入党启蒙教育、入党积极分子教育、拟发展对象教育、预备党员继续教育、正式党员再教育。各个阶段的教育无论是课程设置，还是师资选配，或者是学习过程和评价考核，都是经过分层考虑和分类设计的，在系统地开展马克思主义教育的过程中，实现对大学生中国特色社会主义理想信念的教育养成。

（四）文化环境的浸润教育

大学生生活在高校校园中，时刻受到校园文化环境的浸润，因此，校园的文化环境具有陶冶学生情操、培养学生积极心态的重要作用，各所高校十分重视校园的文化环境建设，主要包括校园景观建设、育人环境建设及校园宣传工作。校园景观主要包括校园建筑、自然景观、布局规划等，其构成了一个非动态的观赏性校园环境，含有丰富的教育意义与教学价值，其所反映出的高校办学理念、宗旨、精神及审美意识都能够帮助学生耳濡目染地形成高尚情操和良好修养；育人环境主要包括育人的课堂环境、趣味的活动环境及融洽的人际环境，是全面提高教育教学质量的保障。育人环境建设能够与校园景观建设实现无缝对接，共同助力高校育人。校园宣传工作主要通过官方微博、微信公众号、广播站等媒介，传播正能量，帮助学生形成正确的理想信念。

三、大学生理想信念教育的功能

大学期间是青年学生理想信念从逐渐成熟到趋于稳定的重要时期，重视和加强大学生理想信念教育，有助于坚定共产主义远大理想、推进中华民族伟大复兴、应对多元文化挑战、落实立德树人根本任务。

（一）坚定共产主义远大理想

1921 年，中国共产党的第一次全国代表大会召开并确立了中国共产党的最高纲领为实现共产主义。共产主义远大理想是以实现共产主义为基本内容的奋斗目标，是我们党的最高理想和最终目标，是根据数次工人运动的实践经验总结而提出的社会理想。共产主义远大理想之所以能成为我党最终的奋斗目标，是因为共产主义是人类社会最和谐、最美好、最高级的社会形态。它首先是人类历史上最美好的理想，追求人的自由全面发展，渴望建设人类全面解放的理想社会；也是人类历史上最科学的理想，帮助人类实现从必然王国向自由王国的飞跃；同时，共产主义还是人类历史上最崇高的理想，是现阶段中华民族共同的理想。

习近平总书记在马克思诞辰200周年大会上高度评价十月革命的重要意义，他指出：列宁领导的十月革命取得胜利，社会主义从理论变为现实，打破了资本主义一统天下的世界格局。俄国十月革命的一声炮响，给我们送来了马克思主义，对我国先进的知识分子形成了思想上的极大冲击，他们也由此醒悟，只有共产主义才能够救中国，于是他们高举马克思主义的大旗，矢志要实现民族独立和人民解放。为实现国家富强、民族振兴、人民幸福这一伟大的历史使命和共产主义这一终极目标而奋斗终生，中国共产党一直敢于创新实践，勇于面对错误，并不断地进行党政建设，严肃党纪。如今，中国共产党高举着中国特色社会主义旗帜，带领着中国人民从站起来到富起来再到强起来。可见，共产主义远大理想是社会主义的最终目标，共产主义社会是人类历史上最理想的社会。社会主义社会必然取代资本主义社会，最后发展为共产主义社会，带领人民走向美好生活，正确认识共产主义才能够把握住走向光明的正确方向。

习近平总书记也一直强调：不忘初心、牢记使命。一个人如果没有了理想信念，身居高位也索然无味，只能苟且偷安；一个国家如果不能够意识到理想信念的重要性，那么即使是世界强国也会顷刻土崩瓦解。正确认识共产主义，首先需要明确共产主义是一种社会制度。在政治上，它提倡无政府，每个人都是自由的联合体；在经济上，则力求将生产力提高至发达程度，将社会经济发展到极大值；在社会差异上，共产主义提倡消除一切社会等级差异，消灭剥削与压迫，实现人类的自我解放，让劳动成为人类的天性和体现价值的途径。再者需要明确共产主义是一种思想意识体系。共产主义的实现是循序渐进的，先以马克思主义理论为指导，形成正确的理想信念，才能更好地指引人民共同朝着共产主义的方向前进。正如习近平总书记强调的：共产党人要把读马克思主义经典、悟马克思主义原理当作一种生活习惯、当作一种精神追求，用经典涵养正气、淬炼思想、升华境界、指导实践。

毛泽东同志在中国共产党第七次全国代表大会上指出：人民，只有人民，才是创造世界历史的动力。共产主义的实现离不开人民在实践中不断地创造，在创造中接续发展，人民是实现共产主义的动力源泉，也是共产主义伟大成果的享有者。实现共产主义这一最终目标需要依靠中华民族新青年的不懈奋斗，青年学生是中华民族未来的希望所在、力量所在，让他们树立起坚定的共产主义理想信念，关系到中国特色社会主义事业及共产主义事业的成败，且青年学生的理想信念与我们国家、民族的未来发展密切相关。正因如此，高校更应全面开展大学生理想信念教育，以马克思主义理论为指导，指引青年学生认识到共产主义实现的重要性，壮大信仰共产主义的青年学生队伍，优化青年学生的科学思想氛围。坚定青年学生的理想信念，对建设有中国特色的社会主义事业具有深远的意义。

（二）推进中华民族伟大复兴

基于时代发展现实，在中国共产党十九届二中全会上，党中央审议通过将习近平新时代中国特色社会主义思想载入宪法，在习近平新时代中国特色社会主义思想的指引下，以实现中国梦作为中国共产党现阶段的最低纲领。实现中华民族伟大复兴就是中华民族近代以来最伟大的梦想。中国梦是习近平总书记在党的十八大召开以来所提出的重要指导思想和执政理念，作为中国精神与马克思主义原理结合而形成的中国特色社会主义新阶段总目标，中国梦的核心是到中国共产党成立 100 年时全面建成小康社会，到中华人民共和国成立 100 年时建成富强、民主、文明、和谐的社会主义现代化国家，表现为国家富强、民族振兴、人民幸福，它是几代中华儿女对美好生活的向往，是中华民族的共同期许，必须团结人民的力量，忠于国家，忠于民族，将个人梦融入中国梦，坚定中国特色社会主义的发展道路，传承并弘扬民族精神，凝聚中国力量，实现中华民族伟大复兴。

"中国梦"提出了民族复兴，为什么要实现复兴呢？纵观历史，近代中国在各方面都落后于世界。鸦片战争战败带给我们的启示是我国在科学技术方面的落后；甲午战争在装备领先的情况下全军覆没，则表现出我国受欺侮的根本在于政治制度落后；而维新变法的失败则让中国失去了第一次复兴的机会。当统治阶级如梦初醒，尝试改革时，历史已不再给予机会，辛亥革命的枪声结束了千年的封建统治，但列强的欺侮、持续的内战以及中华人民共和国成立以来的曲折发展都阻碍了中国发展的步伐，我们民族亟须复兴，正因如此，党和国家将理论与实践科学结合，提出中国梦的伟大理想，以实现国家的富强、民族的振兴及人民的幸福。

中国梦的实现必须将国家发展步骤的每个细节落到实处，推进政治、经济、文化、社会、生态文明"五位一体"总布局，做到"四个全面"相辅相成。这就要求人民能够高度坚定中国特色社会主义理想信念，紧紧抓住理想信念的实践性，从而更好地为实现中国梦而不懈努力。在第十二届全国人民代表大会上，习近平总书记提出：实现中国梦必须走中国道路，必须弘扬中国精神，必须凝聚中国力量。而精神的核心就是理想信念。钱学森之所以能够冲破重重阻力，回到国内，为国效力，正是心中爱国的信念在支撑着他。袁隆平正是在这让成千上万的中国人都能吃饱这一理想信念的支撑下，成功研发出了杂交水稻。钟南山和我们的医护人员能够在抗疫前线，不惧危险，勇敢地挺身而出，也正是他们的医学理想和爱国信念支撑着他们站了出来。有理想信念在背后支撑，中华民族伟大复兴的中国梦就不会受任何个体、团体，甚至国家的阻碍。

习近平总书记在北京大学师生座谈会上的讲话中强调：中国梦是历史的、现实的，也是未来的；是我们这一代的，更是青年一代的。中华民族伟大复兴的中国梦终将在一代代青年的接力奋斗中变为现实。这也正是对当前自身前景迷茫的大学生提出的要求，坚定理想信念，将自身的梦想追求与国家、民族的梦想有机结合，为中国能够实现对内人民幸福、对外开放包容而不懈努力，并将这种信念代代相传。

（三）应对多元文化挑战

多元文化是指在社会环境逐渐复杂、信息流通快速的时代背景之下，各类新文化随之产生，文化转型也随之加速，各类不同的文化在复杂的社会结构之中服务于社会发展，在此过程中自然而然产生的文化多元化。

那么多元文化又为何会造成挑战？当今世界面临着百年未有之大变局，政治多极化、经济全球化、文化多元化和信息技术化潮流不可逆转，各国间的联系日趋紧密，但也面临诸多共同挑战。气候多变、资源不足、人口问题、网络抨击、环境污染、疫情泛滥等各类新型安全问题威胁着我们，挑战着国际秩序，影响着人类生活。不论哪国的人民，都已经逐渐处于同一命运共同体中。2012年党的第十八次全国代表大会明确提出：要倡导人类命运共同体意识，在追求本国利益时兼顾他国合理关切。为应对全球共同安全问题的全球价值观已渐渐形成，并开始获得国际认可。中国正在尽自己力所能及的力量，担负起一个大国的责任和担当。我国重视外交和内部的有机发展，在传承中华民族优秀传统文化的同时也广为吸收各国优秀文化。虽然有些有利于大学生的身心发展，但是也存在一些负面文化，对意识薄弱的大学生群体造成不良影响，这也就给当代青年带来了思想观念上的冲击。习近平总书记在讲话中指出：一个民族、一个人能不能把握自己，很大程度上取决于道德价值。如果我们的人民不能坚持在我国大地上形成和发展起来的道德价值，而不加区分、盲目地成为西方道德价值的应声虫，那就要真正地提出我们国家和民族会不会失去自己的精神独立性的问题了，如果没有自己的精神独立性，那政治、思想、文化、制度等方面的独立性也就无从谈起。无论是一个人还是一个国家或民族，一定要坚持自己的理想信念，如果盲目追求他人的价值理念而失去了自己的精神独立性，那么就会如同人偶一般被人支配，不久之后便会垮掉。

我国当前处在发展战略机遇期，在复杂的国际关系中，如何在多元文化的冲击下，展现大国风范，并起到中流砥柱的作用？这就需要我们正确对待多元文化所带来的机遇与挑战。首先，多元文化能够开阔青年学生的思想视野，为他们明晰全球新局势和新发展提供前所未有的便利。但是东西文化的碰撞和古今文化的交融也带来了价值观念的冲突。西方人文主义比较注重个体的发展，过分看重物质，意识容易受到物质的把控，这违背了马克思列宁主义关于物质是世界本质的理念。其次，多元文化能够帮助大学生提升工作效率和增强竞争力的意识，在有序的市场经济体系中充分发挥自己的优势，但这也使得大学生过于看重自我利益，难以承担其自身作为公民的责任，对国家大事漠不关心。最后，多元文化能够增强大学生的民主意识，能让他们更好地了解并行使自己作为公民的权利，进一步推动社会民主建设，但同时也会致使大学生过度利用自身的民主权利，在社会民主建设过程中过于强调自身权益。

理想信念是个人内心世界的核心所在，远大的理想和崇高的信念，是青年学生能够健康成长、成就自我、开创未来的精神支柱和前进动力。而在经济迅速发展的今天，西方人文主义思想发展也逐渐遇到了瓶颈，一系列弊端随之暴露出来，危害深，涉及面广。因此，多元文化融合发展的情况，使得大学生理想信念在形成过程中容易产生偏颇，受负面意识所左右。大学生理想信念教育一定程度上决定着祖国未来的发展。在教育过程中，学校也要时刻关注大学生在成长成才过程中的精神追求，找准多元文化冲击下造成负面影响的"主流价值观"，从而对症下药，进行润物细无声的正向指引，帮助青年学生去除负面意识，发挥核心作用，激励大学生坚定自己的政治立场，自觉抵制各种腐败落后思想的侵蚀行为，保持思想的独立。

（四）落实立德树人根本任务

立德树人是指培养具有高尚品德的人才。所谓立德，就是坚持德育的正面引导作用，感化、激励学生；树人即坚持"以人为本"的理念，通过适宜的教育内容与高效的教学手段来塑造、改变学生。

国家的发展离不开对新一代青年的培养，对青年的培养不仅仅需要高学历高素质，还需要高尚的思想品德，因此，要将立德树人作为教育强国的根本任务。国家要以立德为根本，以树人为核心，将立德树人贯穿于教育事业的各个领域和环节，培养社会所需要的高学历、高素质、高品德的新时代青年。

习近平总书记在北京大学发表重要讲话时强调：青年的价值取向决定了未来整个社会的价值取向，而青年又处在价值观形成和确立的时期，抓好这一时期的价值观养成十分重要。习近平总书记将理想信念教育比作"扣纽扣"，第一颗扣子没能扣好，那么接下来的扣子都不能够扣到相应的位置，后续的教育也将变得毫无意义，大学生理想信念教育就是衣服上的第一颗扣子，具有关键性的作用。习近平总书记通过"扣纽扣"这么一个形象的例子诠释了大学生理想信念教育的重要性，表明坚定而又崇高的理想信念一定是经过后天的学习而逐渐形成的。大学时期是一个学生从学校到社会逐渐过渡的时期，此时大学生正处于懵懂的时候，即正处于一个塑造期。理想信念教育可以从根本的思想意识上进行教育和引导，从习惯入手，将理想信念教育融入生活的每一个细节中，制定日常生活行为准则，以此激励大学生将自己的理想信念体现在每一个细节中。同时，要进一步引导大学生的理想信念步入正确的轨道，这样大学生才能拥有成熟的人格和高尚的品德，先成人再成才，承担起自己的社会责任和担当，以实现立德树人的根本任务。

第二节 ❧ 大学生理想信念教育的研究综述

大学生理想信念教育的研究作为国内思想政治教育的研究热点，一直受到教育界研究者的重视，目前已有许多研究者对新时代大学生理想信念教育的现状、大学生理想信念教育的重要性及大学生理想信念教育的强化途径进行了深入的研究并取得了一定的研究成果。

一、大学生理想信念教育的现状

自改革开放以来，我国政治、经济、文化等各个方面都发生了巨大的变化和变革，深深地影响了大学教育的模式理念，使大学教育逐渐从精英教育阶段走向大众化教育阶段。但我国正处于经济社会快速发展变革的重要时期，对外开放政策不断深入实施，社会主义市场经济逐渐焕发活力，科学技术也日益进步，各种社会现象、意识形态相互交汇、影响，时代背景错综复杂，现今大学生的道德理想信念、职业理想信念、生活理想信念及社会政治理想信念等各个方面的特点都与以往大学生迥然不同，呈现出了思想观念多元化、价值取向功利化、心理素质脆弱化的趋向。

（一）思想观念多元化

我们时常对当代中国大学生有着"纨绔""自我""垮掉"等印象。然而，当祖国被空口指责压迫劳动人民、剥削民族同胞时，正是"纨绔"的他们站出来底气十足地"支持新疆棉"；当我们经历了"新冠肺炎疫情""百年大洪水"等天灾后，我们会发现正是"自我"的他们站出来奔赴前线，舍己为人；当我们的边境遭遇冲突，也是"垮掉"的他们站出来，以血肉之躯站在冰河里，成为最坚强的战士。不同的时代背景和社会氛围提供给新时代青年学生的物质基础不尽相同，形成的教育内容、模式、体制也各不相同，青年所形成的理想信念自然有所差异。时代背景造就了他们的思想观念多元而独具特色，但不意味着全盘崩坏。

有学者通过调查发现，大学生在具有个人本位倾向的同时也具备集体主义理念；虽受实用主义理念影响，但也具有高度的社会责任和担当意识；他们具备一定的独立性、目标性和规划性，同时对自我有着较高的期望；他们拥有较强的理性思维，人际交往、政治理念、宗教信仰、共产主义信念等各方面的理念都与以往青年学生大不相同。

还有学者分析认为，当代大学生具有双重思维。在对人的态度方面，他们基本表现为信任肯定，但是对他人的顾虑却会随着年龄的增长而增加；在社会主义政治理念方面，他们高度认同，但仍存在部分大学生更认可西方资本主义价值理念或中国传统的价值理念；在我国政治形势的态度方面，他们对其发展充满信心，但就具体问题的评价各不相同；在责任感方面，他们拥有较高的政治觉悟和责任感，坚定政治信念，能把握正确的政治方向，但仍存在少部分大学生信念支撑不足、理想信念模糊的问题；在政治理想方面，他们有确定的政治理想，但同时也存在模糊化的特征；在社会道德理想方面，他们总体符合我国社会道德理想的发展要求，但也存在明显的利己主义，难以分辨是非；在职业理想方面，他们多数务实，但抗挫折能力较弱；在生活理想方面，他们自信且积极，但难以照顾到现实。

（二）价值取向功利化

大学生有崇高的职业理想，他们理性而激情地为实现理想而奋斗，呈现出现实主义的倾向，但对于职业的选择存在较强的功利性。他们入党理由注重从党的宗旨出发，但入党动机中不免掺杂对个人利益的考量。通过调研发现，大学生的理想信念存在矛盾性，分析认为，其主要原因是：时代与社会的发展变化、经济体制的革新、青年学生自身理想信念特点及大学生理想信念教育的失误。调查还发现，大部分大学生社会政治理想高，但参与动机更加功利；道德理想的认同度高但践行性却较低；对职业选择有较强的进取心但也掺杂了功利性；对生活品质的追求较高却有拜金主义思想的存在。

（三）心理素质脆弱化

通过研究发现，当代大学生的奉献意识和社会责任感都偏弱，但是他们有着较强的自我意识，敢于打破常规，与权威对抗，向往实现自我价值。但也有个别的学生在处理个人价值和社会价值的关系时有所偏离，将个人利益置于社会利益之上，缺乏社会责任感及无私奉献的精神。随着网络技术的迅速发展，当代大学生可以通过网络自由发表自己的思想见解，大大增强了其社会民主和参与意识。由于从小受家人宠爱，处于家庭的中心地位，当代大学生呈现明显的个体特征，注重自我，甚至完全以自我为中心，注重个体需求与体验，过度索取却不曾怀有感恩和回报之心，反哺意识不强。他们具备一定的文化基础知识，但分辨能力不强；竞争意识较强，但抗挫折能力较弱。缺乏实践的经验，这也造成他们虽然思想上认同但是缺乏践履精神；政治观念和认知理念趋向个人化和功利化，价值观呈多元化趋势。

二、大学生理想信念的影响因素

人往往会受到所处环境全方位的影响，包括物质、认知、意识、情感等的各种影响。对于 21 世纪的大学生而言，相对优渥的成长环境、日新月异的科技发展、不断更新的教育机制、翻涌碰撞的文化视角都或多或少地对他们的理想信念产生影响。也正是这样多元的影响因素，构成了当代大学生理想信念教育的发展环境。

（一）个体因素

个体因素对大学生理想信念的影响主要体现在个人的心理特点及其特性上，不同的心理特点影响着个体对理想信念形成的追求。在此列举三个特点。

1. 自我期待高

21 世纪的大学生生活在一个物质、观念都相对丰富和开放的环境中，所处的中国社会拥有了比较完善、成熟的社会主义制度，长辈一代也有着新的教育观与教养方式。因此我们可以说，新时代的大学生大多是在被尊重、关怀、鼓励的环境下长大的，对于"自我"的概念确立较早，自我意识强烈，重视自我权利、自我意识及自我价值的实现。自我期待高，可能有助于21世纪的大学生追求自身的理想信念，但也有可能导致其向其他方向发展。

2. 主体性发生偏离

当代大学生具有文化知识素养和个体独立性较强的特点，导致其主体性在主体意识和能力方面都比上一代大学生高，虽然这能够体现大学生主体性的增强，但受市场经济的影响，容易掺杂功利性，这大大减弱了大学生的全局观、集体意识和奉献意识，主体性发展逐渐向自我性偏离，表现出缺乏共情能力，以自我为中心，不顾及他人感受，片面强调维护自我的权利，这种现象的出现不免导致个人主义的衍生。人是社会的人，人的主体性和社会性发展应是同步平衡的。

3. 追求自我价值的实现

随着个体的成长，个体会在生理和心理上产生相应的需求，新生代的大学生独立能力、自我控制能力、社会奉献意识与社会对个体的需求仍存在一定的差距，但大学生具有高度的爱国之情，拥有发愤图强的进取精神，适应社会的能力强，他们对自己的职业理想有一定的认知，态度诚恳务实，期望自身的职业充分满足自己的兴趣和爱好。除此以外，他们积极乐观，具备一定的独立性，憧憬着未来的美好生活，因此，新时代的大学生虽处于我国社会转型期，面对改革的深入发展、开放程度的不断加深、多种文化的刺激及科学技术的高速发展，却仍希望能够实现自己的人生价值。

（二）家庭因素

个体是现代社会生活的基本细胞，由个体构成的家庭是现代社会生活的最小单位，由无数个家庭组成的国家则是现代社会生活的主体。有学者在相关文章中提过：研究大学生理想信念机制需要发现其形成过程中的客观规律，不仅包括"知—情—信—意"的心理互动，还包括社会外在环境中的现实问题和教育引导，是如何作用于大学生认知心理的，从而推动其理想信念的形成和强化。家庭作为社会组成的基本单位，是大学生健康成长的基础和关键，而家庭成员作为一个人成长过程中最为亲密的人物，帮助孩子形成自身独特的生活习惯、个人爱好和"三观"，其一言一行都能对孩子起到潜移默化的影响。家庭教育的引导作用主要体现在情感环节。

我们可以把一个人形成理想信念的过程分为三种模式。

一是序列发展情况，涉及最广的是根据"认知—情感—意志"这一序列形成。举例来说，一个人从小对社会政治理想信念接触并不多，认知并不完善，等到一定的年龄，通过学校的思想政治教育、红色教育等才会逐渐了解社会政治理想信念，同时结合自身的认知情况对社会现实进行思考，逐渐形成坚强的意志。

二是并行发展情况，主要是指在成长过程中的某一阶段，社会政治理想在认知、情感和意志各方面的同时强化作用。比如在战争年代出生的孩子，从小处于革命的环境之中，认知、意识、情感都受严峻的革命形势所影响，同时三者同步增强，能够较为快速地让孩子形成社会政治理想；如今我们处于和平年代，处于社会政治教育环境之中的孩子也可能存在并行发展的情况。

三是非序列的某一环节突出发展。在大学生群体中，主要可以分为情感和意志的突出发展。情感的突出发展即情感触动先于理性认知的发展。意志的突出发展就是指，虽然在成长过程中受到了理想信念教育，但内心情感并没有受到较大震撼，而是由于生活中某一事情的发生触动了其情感层面关于中国特色社会主义的感情，从而联系原有认知，形成意志。比如国庆大阅兵的振奋人心，在汶川大地震、新冠肺炎暴发等公共灾难面前人民群众团结一心等，都有可能触动一个人的情感开关，从而促成其最终意志的形成。

由此可以看出，无论在哪一种形成模式中，情感影响在一个人理想信念形成的过程中都有着非常大的作用，也许是作用早晚的问题，也许是作用大小的问题。而最直接、最强烈的情感作用，通常源于与自己关系最亲密的家庭。营造促进大学生理想信念健康和谐发展的家庭文化环境氛围至关重要。一方面，父母是大学生人生的启蒙者和引路人，父母的理想信念、思想状况、道德水平、处世方式等都潜移默化地影响着孩子；另一方面，健康和谐的家庭氛围是促进大学生身心健康发展的有力保证。通过家庭成员的共同努力，营造"家是最小国，国是千万家"的良好家风，以实现将个人梦与中国梦结合的共同愿景，凝聚家庭成员的共识，充分发挥家庭的教化功能，引导大学生确立正确而又崇高的理想信念。

（三）学校因素

大学生正处于对世界进行全面探索和认知的阶段，他们的意识、思维和情感都处于最为灵敏和活跃的时期，理性思维并不成熟，感知丰富多变，他们尝试运用各种方式对世界进行感知探索，对人生进行思索探究。因此，对于大学生来说，他们的认知存在大量影响因素。在高校学习期间，他们不断地积累认知的素材，以全面地认识世界，同时，从认知到情感再到意志的序列性发展也是大多数大学生理想信念形成的方式。因此，对大学生进行认知的教育和引导，是帮助大学生形成正确理想信念的关键，学校则无疑是建立和巩固大学生理想信念这一社会任务的主体。在学校因素的影响中，理想信念教育又可以分为学校教育和校园文化两方面。

《2020年全国教育事业发展统计公报》显示，2020年全国各类高等教育在学总规模为4183万人，高等教育毛入学率为54.4%。理想信念教育对大学生的成长成才具有极其重要的理论意义和现实意义，必须摆在重要位置。我国一向注重高校思想政治教育，并将大学生的理想信念教育作为高校思想政治教育的根本。胡鹤玖在《关于加强大学生理想信念教育的思考》一书中说过：教育是引导大学生树立崇高理想信念的基本保障，可对大学生进行正确的价值观引导，从实际出发解决大学生深层次的思想问题；同时，通过积极开展社会实践活动，增强大学生的社会责任感和奉献意识。

锤炼大学生的意志品质是高校对大学生进行理想信念教育引导的次要关键点，意志品质与个体的特性息息相关，虽然在大学生的后天培养上需要坚持磨砺，但是大学生群体相对于中小学生群体来说，可塑性大大降低。大学生所接触到的社会环境、所经历的挫折磨难、学校和家庭教育及所接受的知识都影响到他们对人生发展的认知。系统全面地分析大学生在社会现实环境中所受到的影响，有利于整体把握大学生理想信念教育的影响因素，在此基础上设计、施行的教育才能发挥出恰当的作用。

校园文化是隐性的，发挥着内在导向教育作用，它无处不在，对大学生的情操陶冶具有无法替代的作用。校园文化作为课堂教育的有益补充，是大学生政治信仰培育的重要载体。营造健康向上的校园文化环境，形成品格高尚的校园文化氛围，对于大学生树立坚定的理想信念、正确的价值理念，培育优秀的道德品质具有重要的促进作用。校园文化活动、校园文化氛围、校园文化阵地均是建设良好校园文化的有效载体。新时代的校园文化，应当以优秀民族文化为主体，倡导高品位、高格调的文化内容与形式，提升校园文化的层次和品位。

（四）社会因素

总体上讲，社会因素对大学生理想信念的影响可以划分为纵向与横向两个方面。横向的影响体现在国际环境与国内现实上，而纵向的影响则体现在社会现实的不同领域。

虽然目前我国大学生的理想信念受到全球化的深刻影响，但是国内的社会发展仍然是影响大学生理想信念的主体，国际社会对大学生理想信念的影响主要是全球化进程中的经济全球化、文化多元化、社会信息化、世界多极化等，而国内则主要从政治、经济、文化及社会各领域对大学生的理想信念产生影响，除此以外，科技、军事也具有一定的影响力，特别是对于大学生，他们对科技发展和军事装备兴趣度较高，因此，可以从政治、经济、文化、社会、科技、军事这六个领域探析大学生理想信念的影响因素。

政治对大学生的理想信念影响是直接的。大学生社会政治理想信念具有一定政治属性，执政纲领、执政理念、政党及其领导力和未来发展趋势等各类政治领域的现状、事件及未来发展趋势都将对大学生的社会政治理想信念造成一定的影响。

经济则关系着每一个社会个体的生活水平，是执政党执政能力的表现，是政治理想实现的保障和过程性印证，生活品质、物质水平等各类生活感受的提升可间接影响大学生的理想信念。

文化为大学生初步形成认知理念提供了丰富的资源，关系着大学生价值理念的形成。一个国家的文化发展与其意识形态走向息息相关，理想信念的教育和引导属于文化建设的一部分，因此，国家可通过文化传统、氛围及教育发展水平对大学生的理想信念产生直接影响。

大学生所处的现实环境，关系着大学生生活的质量，是政治、经济、文化等各方面效果的综合表现，通过对社会的公平、安全感、人际信任及个体生存条件的保障，可以间接影响大学生的理想信念。

大学生经过多年的文化熏陶，知识层次高，对文化知识的发展趋势关注度较高，且作为年轻群体，对高新技术的发展及应用兴趣较高，因此，科学技术的发展在一定程度上也影响着大学生理想信念的形成。

大学生正处在趋于独立的关键时期，自我认知的定位会上升到国家层面，军事实力作为综合国力的体现，在某种程度上象征着力量和征服。因此，我国在国际上的军事地位、武器设备情况及捍卫祖国领土完整的坚决态度和能力对大学生理想信念的形成具有更大的影响力。

三、大学生理想信念教育的问题

随着时代的发展，理想信念对于人们工作与生活的影响力逐渐提升，特别是在各种文化思潮激烈碰撞、各国各领域之间竞争愈演愈烈的情况下，大学生需要始终站在符合本国利益的立场上，不断提升自己的政治素养，这就需要对当前大学生理想信念教育的现状进行调查分析，以找出其中存在的问题，这样才能对症下药。

（一）教育理念的先进性不足

当前各高校理想信念教育通过不断实践，积累经验，丰富理念，衍生出人文式、体验式及素质教育等各种教育理念。在这些理念的引导下，大学生理想信念教育更加重视对学生的尊重，倡导从学生的需求出发，通过各类教育活动潜移默化地传导社会主义核心价值观、社会主义共同理想、中国特色社会主义建设道路等有关国家、民族发展的理念。新型教育理念能够帮助和完善大学生理想信念教育体系，但其先进性仍有待提升。

首先，缺乏系统性的教育理念。当代大学生理想信念教育环境较为复杂，牵涉的面也更广，理想信念教育不能再局限于教育者与受教育者间的双方互动，也需要社会先进理念的支持，形成多元教育体系。且目前大学生理想信念教育仅停留在基本的课堂传授方式上，无法在课后帮助学生解答相关问题，高校教学、管理等各职能部门间也缺乏沟通协同，导致教育理念存在"真空地带"，缺乏系统性，学生也无法认识到理想信念教育对自己成长成才的重要作用。

其次，社会快速发展导致当前的人才培养理念逐渐从侧重对知识和技术的把握转变为人本思想的确立。理想信念教育帮助社会培养优秀人才，其间所面向的对象是人，因此应该在教学中突显"以人为本"这一理念。当代高校理想信念教育虽然更加注重学生的需求，但是"以人为本"的理念却并未得到足够的重视，理想信念教育教学在开展过程中常常受传统教育理念束缚而形成"防范—控制—约束"的模式。在这种模式下，教育者让学生产生了压迫感，容易使学生产生紧张感和距离感。因此，在理想信念教育过程中要牢记"以人为本"的教育理念，把握受教育者心理上、思想上的需求，体现人文关怀，重视学生对个人功能和自身价值的追求，在教育者和受教育者之间搭建起一座桥梁，探寻其中存在的问题，提升其教育教学实效。

最后，缺乏主体性的教育理念。理想信念教育的主体是受教育者，因此，理想信念教育教学的过程中应该重视学生的主体地位，并根据主体心理特点采取高效的教学手段调动学生的主动性和积极性。始终将学生放在中心位置，教育者的教学目标、内容、步骤等设计都需要围绕学生展开，充分激发学生的学习动力，将当前单向灌输的被动性教育模式转变为主动性教育模式，以提高理想信念教育质量。

（二）教育内容的实效性不足

随着社会的发展与进步，理想信念教育内容不断得到扩展，涉及学生的社会、生活、职业及道德等各个方面，但是教育内容的实效性仍难以达到预期。

首先，缺乏具有针对性的教育内容，这直接造成了理想信念教育效果的不理想。当前理想信念教育内容虽然能帮助大学生初步了解政治理念、社会制度、道德行为规范等内容，但是，社会一直处于发展变化之中，政治、经济、文化等各领域的教育内容一直在变化，大学生在此过程中容易产生疑惑，这些疑惑需要在教育中获得科学、合理、有针对性的解答，以更好地引导大学生的理想信念。此外，大学生个体之间也存在差异，在大学生理想信念教育的过程中需防止"一刀切"，尽可能根据受教育者独特的生活经历、意识形态、思想观念等，增强教学内容的针对性，更好地对大学生个体进行理想信念教育。

其次，缺乏及时性的教育内容。虽然大学生理想信念教育内容需要具有一定的权威性和稳定性，但是在时间上不能将这种稳定性视为绝对，其内容不能常年不变；反之，应适当结合国际与本国时政、时代发展特点及学生成长环境的变化，与时俱进，适当取其精华，去其糟粕，以保证大学生理想信念教育的前瞻性与时代性，同时，老师要及时、有效地解答学生疑惑，帮助学生形成正确的理想信念。

最后，缺乏具体性的教育内容。当前理想信念教育更侧重于理论教学，理论教学传授的内容比较枯燥抽象，难以调动学生的主观能动性和积极性，甚至容易使学生产生抵触的情绪。高校大学生理想信念教育应该结合社会的具体事例，推动学生进一步理解教育的内容，帮助学生准确定位理想信念。

（三）教育方法的创新性不足

大学生理想信念教育在途径上已有了一些深入探究和适当调整，并顺应时代发展提出了有效方法，但是方法的创新性仍有待突破。

第一，显性教育的创新性不足。理想信念教育不仅仅只是第一课堂的理论输出，更需要青年学生在掌握理论的基础上进行实践，在实践的过程中对所学的理论进行论证与理解，形成"学习—实践—学习"科学循环的学习模式。然而当前大学生理想信念教育更多停留在传统课堂知识传授、考试检验等教学模式上，难以达到理想的教学效果。因此，需要对传统教学模式进行创新，在理论知识教育的基础上融入社会实践，使大学生能够将自己内化的理想信念真切地表现在外在的日常行为、为人处世上，做到言行合一，并能够将自身发展与民族、祖国的命运联系在一起，以满腔的热情和积极的态度为实现自身理想信念而奋斗。

第二，隐性教育的创造性不足。以高校思想政治教育理论课程为代表的显性教育仍然是大学生进行理想信念教育的主要组成部分，发挥着主导作用，这就导致理想信念教育的渠道过于单一狭窄，在广度和深度上都显得不足，难以适应时代需要，且大学生心智发展已经成熟，有自己的主观意识，比起理论灌输的被动教学方式，他们更愿意接受根据自我意识对外界信息进行辨别、选择与吸收的主动学习模式。随着时代的进步，新媒体发展速度极快，微博、微信、QQ、抖音等都是广大学生时常接触的媒介，在这些媒介平台上，大学生可以自由自主地表达自己的思想观点、情感诉求，高校若是能够借助这些新媒体平台搭建大学生理想信念教育的学习交流新平台，在适应学生需求的同时也能大大增强学生的主体性。

因此，大学生理想信念教育仅仅依靠显性教育难以达到理想效果，必须进行创新，与隐性教育相互补充，潜移默化地帮助大学生形成正向的理想信念。

（四）教育队伍的合理性不足

各大高校的理想信念教育力量不断得到增强，包含各级党团干部、专业教师及学生辅导员，与此同时，学校就业指导中心、心理咨询中心等部门成员也投入教育队伍中对大学生理想信念的形成进行引导，逐渐形成了一个较为成熟的教学体系，但是其科学性、协同性仍有待提升。

首先，教育工作者的素质待提升。大学生理想信念教育的师资队伍成员需要遵循社会、国家的要求及教学规律，凭借自身的创造性劳动，培育符合民族、国家、社会需要的建设者和接班人。这就要求他们从马克思主义理论、思想品德、理想信念等各方面对大学生进行引导，因此其自身素质与能力必须能够达到相当水平。除此以外，面对个体意识强烈、思维方式活跃的新时代大学生，他们还需要将自身解答与解决实际问题的能力与时代形势相贴合。

其次，师资队伍的结构待调整。目前不同人员各有分工：党团干部负责组织和协调各项工作，专业教师借助课堂教学对学生理想信念进行直接引导，辅导员则负责学生学习、生活等各项日常事务。但师资队伍的结构却仍存在不足，在专业构造上党政干部、团委干部大多为兼职，缺乏专职人员；在经验构造上，缺乏富有经验又长期从事大学生理想信念教育教学的教师，欠缺有效经验。

最后，师资的稳定性待提升。目前高校理想信念教育师资的不稳定性主要表现为教育队伍缺乏培养，并没有形成知识全面系统、培训有序推进、考核体系健全的队伍建设机制，且大部分教育工作者因工资待遇较低、工作任务繁重、奖励机制不完善而仅将这份工作作为实现个人发展的过渡性工作，队伍变动频繁，难以积累有效经验。

四、大学生理想信念教育的重要性

受家庭教育、学校教育、同辈群体等各类因素的影响，大学生身心发展在成长过程中必然是曲折的。高校之所以要重视并开展大学生理想信念教育，正是因为需要及时发现并回应这些问题，并在此过程中实施社会主义教育，帮助大学生树立正确的世界观、人生观、价值观，确立自己的人生理想，为实现中华民族伟大复兴的"中国梦"助力。由此看来，大学生的理想信念不仅决定了个人未来的发展方向，更是直接决定了国家和民族的未来。因此，大学生的理想信念教育具有实践的必要性。

（一）理想信念教育是促进大学生全面发展的内在需要

在年龄上，大学生处于青年时期，身心发育逐渐成熟并达到高峰，对社会活动具有强烈的参与欲，他们努力适应社会生活。在认知水平上，大学生掌握一定的科学文化知识，具有一定的个人素养与生存技能，能够参与社会建设。

但是，当代大学生大多生长于较为顺利的"受保护环境"中，缺乏挫折的磨炼，换位思考的意识不强；与此同时，他们缺乏社会实践，人生阅历不足，思想发育仍不成熟，对人生难以产生深刻的思考，沟通与分辨能力有待提高。当今世界发展变化迅速，社会环境复杂多变，多元文化思潮交织影响，且国内教育以应试为主，学生们更关注学习的结果，不重视学习的过程，缺乏对马克思主义的深入学习及对马克思主义世界观、人生观、价值观的准确认识，难以树立并坚定正确的理想信念。

党的十九大报告指出：青年一代有理想、有本领、有担当，国家就有前途，民族就有希望。[①] 大学生理想信念的缺乏或错误，将会造成认知的片面性，进而产生人格障碍，"而这些片面性往往会影响人一生的轨迹[②]"。因此，从大学生自身发展来看，对大学生理想信念教育的问题展开研究，能够帮助大学生形成健康全面的人格，认准人生方向，提升自身修养，确立正确的理想信念，在社会上站稳脚跟，为实现自己的人生目标而奋斗。

（二）理想信念教育是构建和谐社会的认知准备

当前大学生所生活的社会环境复杂多变。从国际社会来看，世界处于多极化，不同意识形态激烈摩擦与碰撞，同时世界又趋向于一体化，科学技术的快速发展，使得各国各民族之间的关系日益紧密，产生了"我中有你，你中有我"的局面。从国内社会来看，我国在如此复杂的世界背景下进入社会转型时期，逐渐从封闭半封闭的传统型社会向开放的现代型社会过渡，同时经济体制也由集中的计划经济向高效率的市场经济转轨，社会生活方式也随之发生了翻

---

① 张勇：《青年有理想，国家有力量》，《人民日报》2017 年 11 月 1 日，第 5 版。
② 江泽民：《第三次全国教育工作会议上的讲话》，《十五大以来重要文献编选［中］》，人民出版社 2001 年版，第 878 页。

天覆地的转变。自改革开放以来，我国社会主义建设取得巨大成就，但仍存在一些问题，各种思想意识不断冲击、碰撞和激荡，在催生各类先进事物的同时也可能带来一些落后事物。我国社会主义正处于快速发展阶段，各类新兴思潮剧烈地冲击大学生，外来的思想也悄无声息地影响着大学生的成长。大学生的思想正处于发展初期，世界观、人生观、价值观尚未定型，对新兴事物缺乏鉴别能力，容易受到错误思想的侵蚀。在现实生活中，也存在各种消极现象，如网瘾学生所占比例逐渐上升，大学生难以克服生活的挫折与磨难，多以自暴自弃的方式应对等。

综上所述，加强大学生理想信念教育研究，才能帮助大学生树立正确的世界观、人生观、价值观，克服不良倾向，抵制错误思想侵蚀，正确认识社会主义建设并服务于社会主义建设，自觉拥护党的路线、方针、政策，坚定走中国特色社会主义道路，为实现共产主义的梦想而奋斗，促进社会和谐发展。

（三）理想信念教育是推进高等教育国际化的必要前提

高等教育国际化主要由国家主导，国家在高等教育国际化的决策、引导和控制等环节中拥有决定性作用，成了高等教育国际化发展的重要驱动力。通过查阅历史资料我们可以发现，世界高等教育国际化以冷战结束为界分为两个阶段，并各自具有不同的特点：在兴起与发展阶段，政治意识形态成为高等教育国际化的重要动因，发达国家处于高等教育国际化的核心位置，师生流动是高等教育国际化的主要因素；在新阶段，经济利益成为高等教育国际化的新动因，发展中国家成为高等教育国际化的新增长点，信息互通成为高等教育国际化的新要素。[①] "二战"后到 20 世纪 80 年代末，美苏两国除了在军事和外交

① 李军、段世飞、胡科：《高等教育国际化的阶段特征与挑战》，《高教发展与评估》2020 年 1 月第 36 卷第 1 期，第 81—91 页。

等领域进行对抗，还将高等教育作为两国综合国力竞争的重要工具。高等教育和文化精神生活一样，都在那段时期的意识形态斗争中扮演着重要角色，意识形态决定了国际教育的进程，因此，美国、苏联等国家将高等教育国际化作为意识形态斗争与扩大国际影响力的重要手段。由此看来，政治意识形态成为高等教育国际化的重要动因由来已久。

20世纪90年代以来，苏联解体与冷战的结束，意味着"一超多强"的世界格局逐渐形成，同时中国、印度等发展中国家的快速发展与崛起也使世界格局趋向多极化发展。虽然在此阶段，经济利益成为高等教育国际化新的动因，但思想文化的影响仍不容忽视，发展中国家成为高等教育国际化新的增长点——高等教育国际化虽仍由中心区域国家主导，但已经逐渐向边缘区域国家发展，并且边缘区域国家在高等教育国际化进程中的影响力逐渐增强。理想信念依照一定的规律形成和增强。毛泽东在《实践论》中指出：马克思主义的哲学认为十分重要的问题，不在于懂得了客观世界的规律性，因而能够解释世界，而在于拿了这种对于客观规律性的认识去能动地改造世界。在高等教育国际化的新阶段，中国充分利用中国历史文化和社会价值观进行输出，用"中国话"讲好"中国故事"，极大程度上提升了中国高等教育国际化的全球影响力。提升新时代大学生理想信念教育品质，是优化本土大学生理想信念和增强中华文化世界影响力的途径之一，更是顺应高等教育国际化趋向的必然要求。

（四）理想信念教育是应对时代挑战的思想基础

江泽民同志在第三次全国教育工作会议上指出：当今的国际经济和科技竞争，越来越围绕人才和知识竞争展开。发展的优势蕴藏于知识与科技之中，社会财富日益向拥有知识和科技优势的国家和地区聚集，谁在知识和科技创新上占有优势，谁就在发展上占主导地位。当今社会最缺乏的便是人才，人才的培养离不开教育。特别是在知识经济时代，高新技术知识在社会发展中至关重要，不可取代。随着人类社会经济的发展，高新技术知识逐渐取代了资源的决定性地位，演变成了影响国家发展的决定性因素。高新技术知识的发展需要大量高素质人才，高素质人才的拥有量决定着我国能否抢得发展先机及在日益激烈的国际竞争中脱颖而出，立于世界之林。

从时代发展的角度来看，在知识经济时代中，虽然科学技术快速发展是重要的发展要素，但是在人民的生产生活过程中也不能忘记对人民的终极关怀和对道德观念等问题的思考。历史证明，掌握先进科学技术的同时只有具备崇高的理想信念，才能将科学技术造福社会，反之，则会威胁社会的和谐稳定。新时代大学生理想信念教育，可以帮助大学生适应时代的发展要求，树立正确的世界观、人生观、价值观，正确认识社会发展规律，坚决抵制错误思想的侵蚀，自觉拥护党和国家的各项方针政策，坚定不移地走中国特色社会主义道路，以自己所学来帮助人类社会，为社会主义、共产主义奉献自己的力量，并引导大学生理想信念逐渐符合新时代的发展要求。

五、大学生理想信念教育的发展策略

理想信念是人们对于未来美好生活的向往、憧憬与追求，是一个民族奋起的精神动力，大学生在建设中国特色社会主义的道路上发挥着重要作用，因此，大学生理想信念教育一直是我们国家、我们党的关注重点。随着新时代国内外形势的变化，马克思主义中国化的理论逐渐完善，高校可通过加强科学理论学习、开展社会实践活动及开辟教育新兴平台的方式帮助高校理想信念教育适应新时代发展的要求，以取得实质性发展。

（一）加强科学理论学习，实现知识教学与思想引领紧密结合

强化理想信念教育路径离不开科学理论的指导。只有对科学理论有了正确且深刻的认知，才能够坚定自己的政治立场；只有具备一定的马克思主义理论素养，才能厘清历史的发展趋势，坚定信仰社会主义和共产主义。大学生理想信念教育的主要渠道是思想政治理论课程，教育部党组在 2019 年印发的《普通高等学校思想政治理论课教师队伍培养规划（2019—2023 年）》中指出，高校思想政治理论课程应该坚持以马克思列宁主义、毛泽东思想、邓小平理论、"三个代表"重要思想、科学发展观、习近平新时代中国特色社会主义思想为指导，贯彻党的教育方针，落实立德树人根本任务，传播知识、思想、真理，塑造灵魂、生命、新人，培养德智体美劳全面发展的社会主义建设者和接班人，以担当民族复兴之大任。推进高校思想政治教育对中国特色社会主义现代化建设具有重大意义，现在，党和国家对做好高校思想政治教育和提高大学生思想政治素质十分重视，大学生思维活跃，接受文化思潮的能力及提出新思想的水平都远远高于普通群众，他们的思想决定着国家和社会的未来走向。高校开展思想政治教育，能够创造一个良好的校园思想政治学习氛围，从悠久的历史文化视角出发向高校学子们展现当今社会政治、经济、文化等各方面的发展状况，促进师生在思想政治教育教学过程中的互动交流，引导大学生在了解基本国情的基础上，实事求是，借鉴前人经验并不断开拓创新，激发大学生学习的动力，坚定其理想信念。

（二）开展社会实践活动，推动理论教育与实践教育有机结合

加强大学生理想信念教育可借助社会实践这一重要途径。理想信念教育既是一个理论问题，又是一个实践问题，是对马克思主义理论的实践检验。实践是检验真理的唯一标准，大学生必须通过深入社会进行社会实践以鉴别理想信念正确与否，同时了解社会动态，了解国家形势，将课堂上的理论知识与现实的实践活动有机结合。在实践体验过程中，大学生不断通过自身体验验证理想信念，深入理解理想信念，以形成坚定不移且定位准确的理想信念，从而能够在社会中充分认识到自身价值所在，提升社会责任意识，辩证地认识个人价值与社会价值的统一。开展社会实践，首先需要组织大学生进行社会考察，到城市或农村进行社会调查研究，感受祖国几十年来的沧桑巨变及发展成果，增强大学生的爱国意识和民族自豪感，同时，提升大学生建设祖国、实现中国梦的责任感；其次需要组织大学生到伟人故居、历史博物馆、烈士纪念馆、革命展览馆进行爱国主义和革命优良传统教育，学习先辈的爱国主义精神，增强使命感，坚定理想信念；再次需要组织大学生考察社会主义建设的重大成就，通过参加社会实践参与到国家的政治、经济、文化活动中去，学习新时代中国共产党人的伟大精神，不断坚定崇高的中国特色社会主义理想信念；最后，开展志愿者活动，正如胡狄先生所说：人生的乐趣在于追求，人生的价值在于奉献，人生的幸福在于理解，大学生能够在志愿服务活动中深入人民群众，增强为人民服务的意识，提升自我价值感，感悟和升华理想信念。社会实践活动会对大学生的政治思想素养产生极大的影响，不仅能够帮助高校学生养成正确的世界观、人生观、价值观，而且能够帮助高校学生在增强社会实践能力的同时，坚定共产主义信念。

（三）开辟教育新兴平台，促进显性教育与隐性教育相互协调

大学生理想信念教育要与时俱进，不断开辟教育新兴平台。大学生理想信念教育从来就不是硬性灌输式的教育，而是通过富有感染力的鲜活内容及灵活多变的教学模式，使大学生真正融入理想信念的学习中去，达到润物细无声的教学效果。大学生理想信念教育除了思想政治理论课程这类理论性教学模式外，还需要营造积极良好的校园文化氛围，充分利用校园文化的教育资源，利用社团活动、网络媒体、广播媒介、专题讲座、社会实践等教育途径，实现教育形式多样化、现代化，使教育、学习更加生动鲜活，更贴近大学生的日常生活，耳濡目染地影响大学生。除此以外，还需要对提高大学生理想信念教育时效性的新型媒介载体进行深入探究，这类载体含有各类教育信息，并能够将主体与客体的交流联系起来。大学生理想信念教育媒介载体的创新优化可通过以下几条途径开展。

1. 优化课堂媒介

课堂是传道、授业、解惑的教学场所，是大学生接受理想信念教育最为正式和常规的媒介。中华优秀传统文化教育、国情教育、"三观"教育皆可辅助高校大学生理想信念教育。

与中华优秀传统文化教育相结合。将中华民族优秀文化的精髓融入大学生理想信念教育中，积极弘扬优秀民族精神，培养大学生的爱国情怀，使他们高度认同中国梦，树立并坚定正确的理想信念。

与国情教育相结合。在大学生理想信念教育中融入国情教育，能够帮助大学生把握我国基本国情，提升大学生的忧患意识，使大学生能够在学习成长的道路上，了解国家需求，以明确自身努力方向，坚定崇高的理想信念。

与"三观"教育相结合。科学的世界观、人生观和价值观指引着大学生的行动，帮助他们在社会实践中，用正确的世界观去分析与看待事物，用正确的价值观去处理人与人、人与社会及人与国家之间的关系，用正确的人生观去思考人生道路上遇到的难题。

2. 优化活动载体

高校活动的载体媒介大致可以分为校园文化活动、社团活动、青年志愿者活动、社会实践活动、科研竞赛活动、群众性精神文明活动等各类活动。活动载体与课堂载体是一种互补关系，能够使大学生理想信念教育内容以一种潜移默化的方式为学生所接受，较好地实现灌输教育与自我教育的有机统一。

改善校园文化氛围，加强校园文化建设，营造理想信念教育的优良环境。在校园文化环境建设中，应该以中国特色社会主义文化和中华民族优秀文化为主体，构建高品位、高格调的文化结构，提升校园文化层次，为大学生坚定中国特色社会主义理想信念提供肥沃、滋润的"土壤"。

加强校园实践教育，帮助学生深入社会，形成对社会的全面认识。高校应开展与学生健康成长密切相关的各种应用性、综合性、导向性实践活动，使大学生能够在实践中自发地运用课堂上所学的理论知识和间接经验，不断地获取肯定性体验，形成坚定的理想信念。

3. 优化传媒载体

高校传播媒介主要包括报纸期刊、广播录像、校园官网、微信推送、微博推文等。信息技术的迅猛发展，影响着社会生产生活的各个领域，给大学生理想信念教育带来了冲击和挑战，同时也进一步为开展大学生理想信念教育提供了新机遇。在这个时代背景之下，高校应抓住机遇，迎接挑战，巧用新媒体矩阵进行理想信念教育。

大学生理想信念教育的新媒体矩阵内容上以学校文化理念为纽带，形成以学校官方媒介平台为核心层，院系、社团媒介平台为外围层，层层向外辐射的"抱团"发展模式。利用新媒体矩阵创新大学生理想信念教育方法，提高大学生理想信念教育教学效果，具体从内容完善与长效机制建设着手，以扶正新媒体矩阵平台的舆论导向，提高新媒体矩阵平台的舆论引导能力。

首先在内容上，可以立足于高校自身的文化历史与办学特色，结合高校学生的实际需求，创作出具有感染力与吸引力的原创性作品；及时了解大学生的思想动态，从多角度分析社会热点问题，提高内容的亲和力，引起情感共鸣，创新内容的呈现形式，提升内容的趣味性，吸引注意力。

其次在机制上，对新媒介平台实行科学管理，制定管理制度、发展规划与操作流程，动态地进行优化完善，除此以外，还需要不断丰富完善数据信息库，借助大数据分析各类信息，以提高舆论引导力。

综上所述，在新媒体背景下，大学生理想信念教育需紧跟时代潮流，优化传播媒介，不断更新、升级教育教学手段方式，增强大学生理想信念教育的创新动力，培养可靠的社会主义事业接班人。

---

① 陈雷：《新时代背景下高校思想政治教育创新研究——以自媒体矩阵育人新模式为例》，《教育理论与实践》2019 年第 27 期，第 42—43 页。

第三节　大学生理想信念教育的研究思考

　　大学生是一个独特的青年群体，是社会主义现代化建设的后备军和生力军，是实现中华民族伟大复兴、实现国家繁荣富强的希望所在，他们的理想信念关系着中国特色社会主义建设事业的成败。新时代，大学生理想信念教育被给予了新的发展展望。顺应时代发展特征，以新媒体作为理想信念教育的创新方式，以审美教育作为理想信念教育的方式方法，以"中国梦"作为理想信念教育的规划愿景，以红色文化作为理想信念教育的具体内容。

一、以新媒体促进大学生理想信念教育的思考

　　新时代背景下，新媒体的发展与普及给大学生理想信念教育发展带来了契机，也对大学生理想信念教育带来了前所未有的大挑战。因此，做好大学生

147

理想信念教育必须正确看待新媒体，克服新媒体的负面影响，用好新媒体，以促进大学生理想信念教育的方式迭变、实效提升。

（一）确立正确的历史观

近年来，新媒体领域发展迅速，在带来信息快捷化的同时，也造成了各种负面思想的传播泛滥，特别是历史虚无主义思潮。习近平总书记强调过：新民主主义革命的胜利成果决不能丢失，社会主义革命和建设的成就决不能否定，改革开放和社会主义现代化建设的方向决不能动摇。① 历史虚无主义思潮主要打着为历史"正名"的旗号诽谤革命英雄人物，发布各类赞美反革命行为的言论，若想大学生不受其影响，最有效的手段就是运用新媒体对大学生进行历史文化特别是革命文化的教育，帮助大学生正确看待历史，以防止历史虚无主义思潮入侵。

革命时期，由共产党人、先进知识分子及爱国人士创造的一系列具有中国特色的先进文化，蕴含了我国丰富的历史文化及革命精神，是中国共产党在新时代带领广大人民群众共同向着实现中华民族伟大复兴这一坚定的奋斗目标努力前行的重要精神来源和理论支柱。其中包含的是一种不放弃、不抛弃、坚定向着理想信念不懈努力的理念，对我国高校大学生理想信念教育起着举足轻重的作用。但是，在新媒体技术快速发展并得以广泛普及的现今，大学生大部分时间都处于通过网络实现传输的虚拟世界中，因此，大学生理想信念教育有必要借助新媒体的虚拟世界将革命历史文化教育的实践部分传递给学生，让他们感受到革命精神的伟大。秉承着历史唯物主义——"从物质实践出发来解释

---

① 习近平：《在纪念邓小平同志诞辰 110 周年座谈会上的讲话》，《人民日报》2014 年 8 月 21 日，第 2 版。

观念形成"的要求，通过新媒体进行大学生理想信念教育，不能只停留于表面，还应该借助各类历史主题的教育使先进革命文化教育变得更加直观立体。

针对新媒体发展带来的历史虚无主义思潮的挑战，我们要借助新媒体平台带来的优势，弘扬红色文化以传承革命精神和文化，并以此为基点展开一系列红色主题教育活动，树立大学生正确的历史观。

（二）提升媒介素养

媒介素养主要是指正确使用大众传播资源完善自身，促进社会进步。其包括使用媒体资源的动机、方法、态度、有效程度以及对媒体的分辨和批判能力。

媒介素养可以分为三个模式：能力模式、知识模式及理解模式。能力模式指个体获取信息并对信息进行分析、评价和传播的能力，属于信息的认知层面。知识模式则认为媒介素养就是媒介对社会功能的知识体系，侧重信息的传输方式。理解模式则称媒介素养是对媒介信息制造传递过程中受政治、经济、文化等各方力量强制作用的理解能力，侧重于对信息的判断推理。

在这个新媒体作为主流信息媒介的时代，无论是理想信念教育的工作者，还是作为受教育者的大学生，都需具备与当今时代发展相适应的信息获取、分析、评价、传播水平和能力及利用媒体改变自我、服务社会的本领和能力。

如果能够把提出、分析并解决问题的能力作为培养大学生的教学目标，那么，大学生就能够在新媒体背景下通过新媒体技术来提出问题、分析问题，再利用新媒体技术解决问题，而提出、分析并解决问题的能力水平高低也反映了大学生质疑、评估及创造知识的能力，再往深处讲，最终表现出的是大学生的媒介素养。在现代化发展进程中，媒介素养可以从一定程度上反映一个民族发展的现代化水平。当代青年能够接触到的媒体类型、数量不断增加，媒体技术更新迭代，理想信念尚未定型的大学生，极易受到媒介所传播的社会舆论的影响。因此，培养青年学生的媒介素养，进而对大学生理想信念进行教育和引导，是大学生理想信念教育中不可或缺的一项重要工作。

（三）坚定崇高信仰与文化自信

信念具有巨大的支撑作用，正如邓小平同志所说：没有这样的信念，就没有一切。[①] 当信念在内心深处扎根，成为坚定的奋斗目标和追求时，信念就上升为了信仰，内心有了信仰，精神世界就会更加丰富与坚强，不再荒芜与疲惫。共产党员承担着继承与传播马克思主义的使命，对实现共产主义有着崇高的信仰。因此，在高校理想信念教育中，应该以中国特色社会主义的生动践行，确立广大大学生崇高的共产主义信仰。但我们也必须面对一个事实，在新媒体背景下，总有抨击国家与中国共产党的负面言论或行为，扰乱国民视听，同时也对大学生的理想信念教育产生消极影响。可见，通过教育使大学生树立正确的、崇高的、坚定的信仰，使大学生认同爱国主义思想，认同中国共产党的领导，文化自信才可能回归，清朗局面才可能形成。

中华民族五千年优秀文化是我们民族历史长河中沉积下来的独特精神标识，是坚定文化自信的基石。只有坚定中华民族优秀传统文化的文化自信，才能推动马克思主义中国化，形成马克思主义中国特色和中国气派。爱党爱国就必须热爱中华民族优秀传统文化，坚定马克思主义信仰。消除新媒体背景下抨击爱党爱国言论的消极影响，最有效的措施便是从坚定文化自信入手做好大学生理想信念教育，形成对中华传统文化的真诚热爱及对共产主义的崇高信仰。

---

① 邓艳平：《没有坚定的信念就没有一切》，《解放军报》2017年6月26日，第6版。

大学生是中国特色社会主义建设的接班人，中国特色社会主义道路建设的生力军，因此要培养大学生自觉传承与弘扬中华民族优秀传统文化，树立文化自信，丰富理想信念教育的内容，为马克思主义增添中国特色和中国气派。习近平总书记在全国宣传思想工作会议上强调"四个讲清楚"教育：宣传阐释中国特色，要讲清楚每个国家和民族的历史传统、文化积淀、基本国情不同，其发展道路必然有着自己的特色；讲清楚中华文化积淀着中华民族最深沉的精神追求，是中华民族生生不息、发展壮大的丰厚滋养；讲清楚中华优秀传统文化是中华民族的突出优势，是我们最深厚的文化软实力；讲清楚中国特色社会主义植根于中华文化沃土、反映中国人民意愿、适应中国和时代发展进步要求，有着深厚历史渊源和广泛现实基础。① 新媒体背景下，可运用新媒体方式传播优秀传统文化，施行"四个讲清楚"教育，提高大学生理想信念教育教学效果。

（四）提升理论自信

　　新时代，大学生理想信念教育需要一个支撑点，而这个支撑点便是坚实的理论研究基础，失去了这个支撑点就失去了大学生理想信念教育的有力抓手。"理想信念是共产党人的精神之'钙'，必须加强思想政治建设，解决好世界观、人生观、价值观这个'总开关'问题。"②这是习近平总书记所强调的，从事大学生理想信念教育的工作者须牢记"打铁还需自身硬"。③ 若想把握住"总开关"，则需要补充大学生精神之"钙"，工作者必须先从自

---

① 倪光辉：《胸怀大局把握大势着眼大事　努力把宣传思想工作做得更好》，《人民日报》2013 年 8 月 21 日，第 1 版。

② 习近平：《扎实开展第二批教育实践活动　努力取得人民群众满意的实效》，《人民日报》2014 年 1 月 21 日，第 1 版。

③ 程伯福：《"打铁还需自身硬"，"硬"在哪里》，《学习时报》2017 年 9 月 8 日，第 1 版。

身做起，强化自身理论研究能力，以自身理想信念自信引领大学生树立正确而又坚定的理想信念。

但是，在大学生理想信念教育的实际教学领域，存在着"填鸭式"的教学，这种教学是强制性的，严重忽视了被教育对象本身的主体性，只是教育者单方面进行"灌输"，这样的教学应该在实践中受到抵制。马克思列宁主义中的灌输思想并不能被简单地认为和错误操作为"填鸭式"的单向灌输。关于理论学习，列宁倡导要将理论教育与日常的实践斗争联系在一起，反对单纯传授理论性的书面知识而忽略了日常实践的教学方式，这种教学模式忽视了工人日常实践斗争的客观需要。可见，马克思列宁主义中有关理论的"灌输"更侧重于理论与实践相结合的方式，并通过引导与启发，采用科学的教学方法，创造一个适合受教育者的学习环境与学习条件。"灌输"思想需要随着时代的发展而发展，特别是在新媒体背景下，更应该借助新媒体的优势，创新教学模式与方法，改进教学手段与方式，提供实践平台，交流分享经验，将理论与实践有机结合，让大学生能够学有所得、学有所用、学以致用，增强理论自信，提高大学生理想信念教育教学的效率。

（五）培养核心价值观

核心价值观是一个国家所蕴含的一切价值理念的精髓所在，是对宏大价值理念系统的高度提炼，体现了该国家或民族的前进方向和奋斗目标。我国社会主义核心价值观倡导建设富强、民主、文明、和谐的国家，自由、平等、公正、法治的社会；培养爱国、敬业、诚信、友善的公民。培育和践行社会主义核心价值观是建设社会主义文化强国的灵魂工程，也是发展中国特色社会主义先进文化的具体实践。社会主义核心价值观集中体现了中国共产党在带领中国人民坚持和发展中国特色社会主义事业中的价值理想和价值追求。习近平总书记曾在北京大学与青年学生交谈时指出：青年的价值取向决定了未来整个社会的价值取向，而青年又处在价值观形成和确立的时期，抓好这一时期的价值观养成十分重要。[①] 若要通过大学生理想信念教育培养青年学生在实现中华民族伟大复兴的"中国梦"过程中发挥中坚力量，则必须大力弘扬社会主义核心价值观。

在新媒体时代，互联网正在开拓思想政治宣传新阵地，同时也在拓展思想政治工作领域。习近平总书记曾强调：宣传思想工作就是要巩固马克思主义在意识形态领域的指导地位，[②] 我们不去占领思想宣传阵地，人家就会占领。并且出现了这样一个群体，他们利用自己的公众影响力、资本及社会关系来操控网络舆论导向以维护自身最大利益，思其根本，也是因为我们的思想政治宣传工作还不够扎实，给不怀好心的人有了可趁之机。若想让网络成为思想引导和宣传的有效阵地，我们的思想政治宣传工作及工作者就应该肩负起这份责任。尤其是高校，更要在大学生理想信念教育的过程中树立阵地意识、培养核心价值观、把握思想意识主旋律，让大学生由衷认同并践行社会主义核心价值观。

二、以审美教育促进大学生理想信念教育的思考

新时代大学生担负着实现中华民族伟大复兴的使命，承担着社会和谐发展的期望，怀揣着对未来幸福生活的憧憬。大学生理想信念要实现发展不应该仅仅停留在提高新时代大学生的知识水平和实践才干上，更应该深入探索理想

---

① 吴晶、胡浩、施雨岑等：《立心铸魂兴伟业》，《人民日报》2018 年 9 月 10 日，第 1 版。
② 本报评论员：《凝聚在共同理想的旗帜下》，《人民日报》2013 年 8 月 25 日，第 1 版。

信念教育的审美价值，并融入审美教育，满足学生内心的审美需求，以坚定大学生的理想信念。

（一）提升大学生综合素质

要培养真正能够担当起大任的优秀青年最重要的还是提升大学生的综合素质。素质是在人的先天生理基础上，经过后天的教育和社会环境影响，由知识内化而形成的相对稳定的心理品质及素养、修养和能力的总称。素质主要指思想、文化、身体，即德、智、体三个方面。高素质人才需要达到知识、能力、素质的和谐统一。仅仅通过知识的传授和能力的培养只能解决如何做事的问题，而提高素质却能够教会学生为人之道，实现有价值的人生。我国从 20 世纪 80 年代开始，便高度重视素质教育，尤其是进入工业 4.0 时代后，发展逐渐趋向于信息化和智能化，这对社会工作者的高精专业技术提出了更高的要求，也使得高校教育更偏向于强调专业技能的发展，这只会导致大学生片面化发展，素质教育的提倡与推广，则可以帮助高校青年全面发展，形成完整立体的人格。

爱因斯坦说过：一个人对社会的价值，首先取决于他的情感、思想和行动对增进人类利益有多大作用。人的行动总是受到情感的支配，因此人的情感对于人的行为实践具有一定的决定性意义。审美教育活动作为一项情感上的教育活动，不仅是素质教育的主要内容，而且在素质教育中，注重审美教育更有助于提高素质教育的教学效果。审美教育往往通过"寓教于乐"的方式使学生的情感不断得到提升，使自身的情操不断得到陶冶。审美教育主要以情感人、以情动人，对学生进行思想品格教育，帮助学生全面发展，形成完美的人格。因此，在提升大学生素质教育的过程中，审美教育的作用举足轻重。审美教育与智慧教育、道德教育不同，它注重培养学生的审美能力，这种审美能力更加强调理性直觉思维的渗透，而这种思维又融合了感性与理性。审美教育与智慧教育只是强调对知识概念的把握及理解，与培养学生抽象思维能力不同，审美教育更加侧重先直接把握事物形式，再进一步掌握其整体内容，由此发现事物之间的内在联系，把握和理解事物发生发展的规律，而该特质正好能够帮助学生激发创造力。特别是中国特色社会主义进入新时代以来，我国社会主义社会的主要矛盾也发生变化，社会主要矛盾演变为人民日益增长的美好生活需要与不平衡不充分的发展之间的矛盾。而实现这种美好生活离不开具备审美能力的创造者，用审美的目光去看待自己与周围人、自然、社会的关系，创造美好幸福的现实生活，满足人民的需求。由此可见，审美教育是新时代发展的必然要求和趋势走向。马克思就曾经提出过把握世界的方式之一，便是对艺术的审美方式。审美能力的提升能够防止大学生过于工具理性，促进人与周围环境的和谐。因此，大学生需要借助审美教育坚定理想信念。

除此以外，我国政府部门也在积极倡导和呼吁发展审美教育。2015 年，国务院办公厅印发的《国务院办公厅关于全面加强和改进学校美育工作的意见》提出：各级各类学校要充分利用广播、电视、网络、教室、走廊、宣传栏等，营造格调高雅、有美感、充满朝气的校园文化环境，以美感人，以景育人。

（二）挖掘思想政治教育审美价值

学术界对于将审美教育融入大学生理想信念教育已经达成了共识。但是查找一些相关的研究可以发现，部分将审美教育融入大学生理想信念教育的研究过于表面，主要是将审美教育当作提高理想信念教育实际效用的一种工具，提出应该在对大学生进行理想信念教育的具体教育教学中，借助相关的影视文艺作品或者音乐等美学素材。但这实际上反映出对审美教育的理解过于表层，是对审美教育的一种简化误用。艺术的确是审美教育的一部分，但并不是审美教育的全部，审美教育也并不仅仅局限于艺术的教学。审美教育通过开展审美活动得以体现，但是，审美活动并不直接与艺术活动等同，单纯借助艺术活动这种方式以实现将审美教育融入大学生理想信念教育，实际上是没有深刻理解审美教育的实际目的。审美教育并不是想要创造什么，而是希望能够获取一种精神上的愉悦。因而，真正的审美教育应该是超越功利性的。在促进大学生理想信念教育与审美教育融合的过程中，不能仅仅将审美教育当作教学的手段，它更应该是课程的目的。只有贯彻审美教育，让学习者获取精神愉悦，才能进一步实现寓教于乐、润物细无声的教学目标。总而言之，大学生理想信念教育与审美教育的结合，不仅仅是为了凭借审美教育来增添审美色彩，这与新时代的人才培养思想并不相符，更应该深入发掘大学生理想信念教育中的审美价值，将大学生理想信念教育作为审美活动来进行审美教育，满足大学生对审美的需求，同时，也能够使学生在上课过程中获得身心的愉悦，真正做到学有所得。

三、以"中国梦"促进大学生理想信念教育的思考

习近平总书记对理想信念做了这样的比喻：理想信念就是共产党人精神上的"钙"，没有理想信念，理想信念不坚定，精神上就会"缺钙"，就会得"软骨病"。① 可以看出，大学生理想信念坚定与否，关系着国家、民族的未来和希望，关系着党的事业的兴衰成败，关系着能否真正实现中华民族伟大复

① 习近平：《紧紧围绕坚持和发展中国特色社会主义深入学习宣传贯彻党的十八大精神》，《人民日报》2012 年 11 月 19 日，第 1 版。

156

优秀家风家训与大学生理想信念教育

兴的中国梦。[①]

自 2012 年 11 月 29 日习近平总书记提出中国梦的理论后，全国上下迅速掀起了开展中国梦教育实践活动的热潮。要实现中华民族伟大复兴的中国梦，大学生是主力军。因此，坚定大学生的理想信念对于培养德、智、体、美、劳全面发展的社会主义接班人具有重要意义，是关系到"中国梦"能否实现的战略性工程。

基于"中国梦"这一背景，我们希望可以从思想引领、价值引领、行为引领和文化引领入手，着眼于奠定理论基础、树立价值风向标、落实实践育人功能这三点，帮助大学生坚定理想信念。

（一）奠定理论基础

"理论只要说服人，就能掌握群众；而理论只要彻底，就能说服人。所谓彻底，就是抓住事物的根本。"[②] 要实现"中国梦"最核心的价值维度，必须对马克思关于人的全面发展的理论内涵具有全面的认识。对于时下大学生理想信念不坚定的问题，只有坚持"中国梦"的理论引领，把"中国梦"的宣传教育融入大学生的思想政治课之中，融入校园文化建设之中，融入学校育人的方方面面，才能夯实大学生的马克思主义理论基础。建构起一个运营平稳、内容丰富的理论学习平台，这无疑能够为大学生的理想信念教育提供一个开放而自由的"图书馆"，从而源源不断地向大学生输送涵养精神的养分。

要开展中国梦共同理想教育，努力把大学生培养成为中国梦的信仰者、传播者、践行者，实现中国梦教育与中国特色社会主义教育相结合，首先要不

① 张兴海：《高校要成为信仰播种机》，《求是》2014 年第 9 期，第 53—54 页。
② 《马克思恩格斯选集（第一卷）》，人民出版社 1995 年版，第 9 页。、

断深化对马克思主义理论基础和马克思主义中国化重大理论与现实问题的研究，牢牢抓住思想理论建设这一根本，努力将高校建设成为马克思主义理论教育与研究的前沿阵地，在育人环境上营造学习马克思主义理论的浓厚氛围。其次要以广泛开展大学生的理想信念教育为重心，深入开展"中国梦"主题宣讲教育活动，将"中国梦"与我们的国情、党情、世情、民情有机结合进行教育教学，联系实际，促使大学生内心认同中国梦理论，增强真才实学。最后要创新中国梦教育的途径和方法，帮助大学生理解中国梦内在的历史底蕴和时代内涵。

要使理论知识的学习深入人心而不浮于表面，就要考虑丰富多样的教授方式，选择大学生易于接受、乐于参与的方式进行教育引导。除了通过开展党课、团课、宣讲会等多种传统活动，还可以充分利用诸如"学习强国""青年大学习"等线上理论学习平台，举办多种多样的知识竞答活动等，吸引大学生主动参与到马克思主义、中国梦的理论学习中去；尝试将中国梦的共同理想教育融入大学生的职业规划教育中，真正使中国特色社会主义理论深入人心，为大学生理想信念的形成奠定基础。

（二）明确价值风向标

中国梦是对近代以来中国人民争取民族独立与人民解放、实现国家富强与人民富裕思想的继承和发展，是民族复兴、和平崛起，实现国家层面富强、民主、文明、和谐的价值目标与社会层面自由、平等、公正、法治的价值取向的高度概括。"中国梦"最核心的价值维度就是实现人的全面发展，其出发点与落脚点始终是人，充分体现了以人为本的人本思想，具有丰富而深刻的人性内涵。我们希望通过中国梦与高校理想信念教育的融合，充分发挥中国梦的主导和引领作用，树立价值引领风向标。

习近平总书记指出：中国梦是全国各族人民的共同理想，也是青年应该牢固树立的远大理想。中国特色社会主义是我们党带领人民历经千辛万苦找到的实现中国梦的正确道路，也是大学生应该牢固确立的人生信念。[①] 社会主义核心价值观作为时代精神风向标，是对中国梦价值理念的基本阐述，是中国梦的精神支柱，以中国梦的价值维度引导大学生树立和坚定理想信念，着力让中国梦的理想信念在青年人心中扎根，以实现个人全面发展的价值愿景感召大学生，以中华民族伟大复兴的历史启示大学生，以实现国家发展的光明未来激励大学生，凝聚起他们坚持和发展中国特色社会主义、实现民族复兴和国家富强的广泛思想共识，为大学生树立牢固的理想信念提供正向理论引导和坚实的精神支撑。引导大学生勇敢地肩负起时代的重任，始终将人民幸福、民族振兴、国家富强作为努力方向，自觉地树立和践行实现"中国梦"的理想信念，保持积极向上的人生态度和良好的道德品质，将个人梦与中国梦紧密相连，用青春梦托起中国梦。

（三）落实实践育人功能

"中国特色社会主义道路、中国特色社会主义理论体系、中国特色社会主义制度，是经过全党全国各族人民长期奋斗取得的，也是经过长期实践检验的科学的东西。所以，我们说的道路自信、理论自信、制度自信，来源于实践、来源于人民、来源于真理。"[②] 青年个体的发展并不是孤立且静止的，而是与

---

① 教育部中国特色社会主义理论体系研究中心：《怎样培养伟大事业的接班人——学习习近平总书记关于青年工作的重要论述》，《求是》2014 年第 11 期，第 14—16 页。

② 中共中央文献研究室：《习近平关于实现中华民族伟大复兴的中国梦论述摘编》，中央文献出版社 2013 年版，第 29 页。

一定时代发展条件下社会的政治、经济、文化发展息息相关的。"中国梦"的理论是基于中国社会现实而提出的，只有在社会实践中才能发现社会现实存在的问题，拉近个体生活与社会实践的距离，在实践中激发实现中国梦的情感，检验理论学习成果，发挥实践育人功能。

社会实践是学校教育的有益拓展，我国大学生理想信念教育实践的成功经验之一就是学校教育与社会实践相结合。实际上，大学生对社会实践的热情也往往超过理论学习。所以说，我们应当探索在课内课外、校内校外开展实践教育，构建全方位的实践教育平台。在具体的实践教育活动中，应当从以下两个方面深入开展，增强对大学生的吸引力、说服力和感染力。

首先，精心组织课内实践教育活动，加强理论渗透。课内实践教学就是通过"以教师为主导，以学生为主体"，学生直接主动参与整个课堂教学过程的方法。教师可根据教学内容，选择一些与社会现实密切相关的问题，让学生查阅资料，进行独立思考和归纳，撰写讨论提纲，然后组织引导学生展开课堂讨论，让学生走上讲台成为教学的主角；教师则主要在幕后为学生自学和课堂活动创造各种有利的条件，把握学习节奏，厘清学习内容中的疑点、难点、热点，并对课堂讨论等学习内容进行归纳总结。在这一过程中，学生能够充分体验自主探究的乐趣，从理论观点的被动接受者转变为主动钻研者，充分认识国家的方针、政策，正确全面地认识问题，从而深刻体会自身所肩负的社会责任。

其次，可以通过多种途径将实践教学与志愿服务、公益活动、专业课的实践环节等有机结合，引导大学生积极参与社会实践，促使大学生在社会实践过程中理解中国梦理论的深层理论内涵和现实价值，树立起对马克思主义的崇高信仰，坚定中国梦的理想信念，最终将内心牢固的理想信念转化为行动，为实现自身理想信念而奋斗。通过社会实践，将中国梦的共同理想信念与大学生的学习生活和日常生活实现有机融合，引导大学生将心中的梦想付诸实践，逐步提高学生的分析判断能力、独立思考能力和综合解决问题的能力。

四、以红色文化促进大学生理想信念教育的思考

红色文化作为新民主主义革命时期的精神产物，是共产党人在革命实践过程中锻炼出来的马克思主义中国化的集中体现，兼具马克思主义的科学性和中国优秀传统文化的历史性，在内容、形式上都独具特色，在教育上更具有相当的时代价值。党的十八大以来，中国特色社会主义进入新时代，我们的第一个百年奋斗目标已经实现，正朝着第二个百年奋斗目标迈进，社会各界和政府要充分利用红色文化在大学生思想教育上的说服力、感染力和震撼力，协同配合、共商共建红色资源开发系统，丰富大学生理想信念教育的内容、形式、效果。

（一）培养政治定力

红色文化产生于我国新民主主义革命时期，在内容上反映了中国共产党秉承共产主义理想的奋斗实践和艰辛探索，为带领群众摆脱"三座大山"，而坚韧不拔、艰苦卓绝地与敌人进行斗争及在此斗争过程中所形成的革命英雄主义精神。作为一种富有中国特色的文化形态，红色文化蕴含着民族精神、革命精神和时代精神，为中国人民和中华民族提供源源不断的精神力量，至今仍迸发着强大的生命力，是大学生不可或缺的精神食粮。

红色文化"天然地具有理想信念的导向功能"[1]。因此，在进行大学生理

---

[1] 李康平、李正兴：《红色资源开发与社会主义核心价值体系教育》，《道德与文明》2008年第1期，第86—99页。

想信念教育的过程中要利用红色文化对理想信念的导向作用，以红色文化所具备的无产阶级文化和社会主义的发展要求和价值规范，帮助大学生感受、理解并学习红色文化，并以红色文化的精神理念来提振思想、规范言行，在大是大非的关键问题面前能够临危不乱，具备一定的政治定力，能够抵制错误的言论，自觉做出正确选择。

（二）学习红色模范

红色文化承载了众多英雄人物的感人事迹和高尚精神，他们为了民族尊严、国家利益赴汤蹈火、视死如归。但是，现在的大学生群体中还存在着较为严重的"重享受轻付出、重回避轻责任、重物质轻内在"等实际问题。高校开展理想信念教育过程中需要用共产主义和社会主义的精神信仰来引导他们的思想向着积极的方向发展，从外在物质和内在精神两个方面提升生活品质和精神境界，而不是沦为自由主义、拜金主义、享乐主义的追随者。但是在实际的理想信念教育引导过程中，仅仅依靠理论学习很难走入青年学生的内心而让他们在精神上产生共鸣。大学生理想信念教育应该充分运用红色文化的史实性、说理性及文化性等特点，带领大学生在课上了解革命历史、丰富知识储备，课下则可到革命纪念馆或者革命旧址现场参观体验，使得大学生能够感悟历史人物，感受历史事件，能够反思自己的思想、言语和行为，做到择善而从，真正坚定自己的共产主义和社会主义理想信念。

（三）增强革命斗志

在革命时期，党的思想政治工作者在进行思想宣传工作时往往通过讲述红色故事、塑造红色英雄人物，在学习先辈革命精神的基础上坚定自己的共产主义理想信念，从而点燃自己的革命斗志。除此以外，中国共产党人还特别重视在进行思想政治教育的过程中充分运用实践体验式教学，如"朱德的扁担""吃水不忘挖井人"等通过内在的精神鼓励和外在的政策要求，让干部走近群众，感受群众的生活，体会群众对未来幸福生活的渴望，以实际行动帮助人民，并为人民群众的美好生活而不懈奋斗、争取胜利。在开展大学生理想信念教育的过程中也是一样，可以借助各类革命时期我党开展思想政治工作的成功经验和有效方法，使得大学生在沉浸于红色文化氛围中时，学习中国共产党在思想政治工作上的各类理论、政策和方法论。

（四）夯实文化根基

红色文化作为先进文化，从根源上说并不是凭空产生的，它植根于中华民族优秀传统文化，又发展于社会主义先进文化，熔铸了共产主义远大理想和中国特色社会主义共同理想，具有牢固的文化根基。中国共产党人和先进知识分子正是怀着自己的民族情感、爱国情怀、革命英雄主义及坚定的理想信念而自愿为人民群众的幸福生活舍生忘死，付出自己的一切。大学生理想信念教育应该建立在对红色文化的学习之上，在红色文化的氛围熏陶及对各类人物和事件的认识过程中学习并理解红色文化，逐步升华自己的思想，在将来步入社会以后，坚定自身的共产主义和社会主义理想信念，为共产主义事业奉献自己的力量。

第四章

优秀家风家训与大学生理想信念教育的内在联系

习近平总书记在纪念孔子诞辰 2565 周年国际学术研讨会上指出："中国优秀传统文化中蕴藏着解决当代人类面临的难题的重要启示"，"要让中华民族文化基因在广大青少年心中生根发芽"。① 优秀家风家训浓缩着炎黄子孙几千年来的价值取向和精神追求，是家族代代相传而得以沿袭的审美选择，将其融入大学生理想信念教育中，能够为大学生提供明确的价值规范与审美选择，优秀家风家训中所包含的"小我"与"大我"的关系更是为大学生提供了认识世界的视角，有助于增强他们的民族认同感，凝聚青年力量，为中国特色社会主义建设汇集蓬勃动能。

第一节 ⑤　优秀家风家训为大学生理想信念教育提供了认知尺度

开展大学生理想信念教育，首先需要关注大学生对于自我及社会关系的认识教育。从马克思主义理论的角度看，这样的认识教育可以分为"我"与世界、"我"与社会和"我"与自我三大块，以帮助大学生厘清、完善"我"和自然、历史、他人、"大我"、"小我"之间的复杂关系。在个体面临内外因素的共同影响，并且需要做出选择时，优秀家风家训提供了一种源远流长、历经历史检验而值得信赖的认知尺度，其中红色家风家训文化尤其能够凸显对个体成长的正面影响。

① 习近平：《在纪念孔子诞辰 2565 周年国际学术研讨会暨国际儒学联合会第五届会员大会开幕会上的讲话》，《人民日报》2014 年 9 月 29 日，第 2 版。

一、认识"我"与世界的关系

人的本质并不是单个人所固有的抽象物。从其现实性来看，它是一切社会关系的总和。[①] 在"我"与世界的关系中，"我"既从属于这个世界，与其发展、变化的各个环节产生关系，又是改造世界的扳手之一。必须始终坚持实践的观点、坚持主客体辩证统一的观点、坚持群众的观点，以贯穿认识世界和改造世界的全过程。优秀家风家训所传导的家庭价值观念，其实就是一种个体对于自身与世界关系的认识，并据此影响个体社会实践、改造世界的方法。

（一）"我"从属于世界

"我"从属于世界，表示的是一种"我"认识世界的过程。在一个家庭里，"我"可能是父亲、母亲，可能是儿子、女儿；在学校里，"我"可能是一名教师、一名学生；在一列动车上，"我"可能是一名乘客；在一家商场里，"我"可能是一位顾客……在不同的社会场合，人往往拥有不同的身份。人之所以为人，在于他有了超越自然的社会性。人能作为主体，首先在于人是"一切社会关系的总和"。[②] 在儒家经典《大学》中，也以"修身、齐家、治国、平天下"这一标准描绘了君子人格。由此看来，人必须认识到自己与世界的从属关系，并且，实现个人价值的过程与家、国、天下等社群的存在是密切相关的。

从"诗圣"杜甫的人生经历来看，我们未尝不能感受到他对于融入家、

---

① 《马克思恩格斯选集（第一卷）》，人民出版社 1995 年版，第 18 页。
② 孙正聿：《理想信念的理论支撑》，吉林人民出版社 2014 年版，第 81 页。

国的强烈意志。杜甫家世显赫，家风正，我们也能从其作品中直观地感受到其家族传承千年的优良家风家训：杜甫的诗不仅书写生活，同时也书写时局家国，共同彰显出孝、仁、忠、爱等品质。杜甫不仅很好地完成了自己身为"儿子""父亲""长辈"的角色，赡养父母、教导小辈，也自愿地融入更大的社会。杜甫从小就有"致君尧舜上"的建立伟大功业的理想，早早认识到自身的价值所在是为百姓、为天下尽心尽力。"安得广厦千万间，大庇天下寒士俱欢颜！风雨不动安如山。呜呼！何时眼前突兀见此屋，吾庐独破受冻死亦足！"杜甫在《茅屋为秋风所破歌》中的感叹，是他的长夜难眠，也是他对自己作为国家一分子的深切认识。这种忧国忧民之情的抒发，正是"修身、齐家、治国、平天下"的体现。

与儒家的观点相似，马克思主义理论也关注到人的社会性。不难发现，优秀家风家训中蕴含的道理与精神总是与大学生应当接受的理想信念教育有着高度契合之处。马克思在《关于费尔巴哈的提纲》中指出：人的本质不是单个人所固有的抽象物，在其现实性上，它是一切社会关系的总和。马克思不仅认为人与动物的根本区别在于人的"生活"与动物的"生存"；还认为社会性是人的本质属性，因为社会性揭示了人区别于动物的特殊本质，是人类特有的属性。我们要从真正意义上认识"现实的人"，就必须深入到人的"现实的社会关系"中。[①] 个体要认识到，人并不是独立存在的，只有当个人认识到自身是世界的一部分，并愿意与其他社会事物发生联系，人际交往才有归处，个人贡献和个人价值才具有现实意义。

---

① 吴倩：《"中国梦"的文化基因与民族特质——论儒家群己观对于"中国梦"的理论意义》，《理论月刊》2014年第11期，第10—13页。

（二）"我"改造世界

认识世界固然是哲学的一项重要使命，但相比较而言，改造世界的使命显得更重要，这是哲学的根本使命。实践是认识的来源，实践是认识发展的动力，实践是检验认识真理性的标准，实践是认识的目的。实践与认识的关系告诉我们，如果我们不经过实践，就难以得到正确的认识；如果不把通过认识而获得的规律用于改造客观世界或主观世界，并进行实践，那么，这些规律不过是"水中月，镜中花"罢了，它们不可能从真正意义上完成哲学的使命。

杜甫在自己坎坷流离的一生中，始终抱着忠于国家、报于百姓的信仰，也始终将这样的认识实践于自己的仕途生涯。在一年多的左拾遗谏官经历中，他曾对朝廷中的一件重大政治事件"房琯罢相"犯颜直谏，以致触怒唐肃宗，几遭不测。杜甫在《壮游》中这样写道："斯时伏青蒲，廷争守御床。君辱敢爱死？赫怒幸无伤。"这种心忧君国、知无不言、义无反顾的性格和气节使杜甫的行事无愧于他的谏官职守，也成为他刚正人格的重要组成部分。在这一方面，杜家也算是后继有人。杜甫的十三世孙杜莘老在宋高宗时期任殿中侍御史，继承了家风和杜甫的性格，成为一位无愧于其先祖的、爱国且正直的优秀谏官，证实了优秀家风家训传承对个人行为品德产生的重要影响。

同样，中国共产党领导的革命事业和社会主义建设事业的发展历程，也是把认识付诸实践的过程。毛泽东同志将马克思主义的精髓和活的灵魂表述为"实事求是"，并且，从延安时期开始至今，中国共产党就一直把"实事求是"作为党的思想路线。毛泽东同志在《改造我们的学习》中指出："实事"就是客观存在着的一切事物，"是"就是客观事物的内部联系，即规律性，"求"就是我们去研究。换言之，人类认识世界和改造世界就是一个"实事求是"的过程。人类必须根据客观世界的实际去勇于探求，从中找出规律，然后才能科学地，或成功地改造世界。所谓认识，其精义是"在实践中发现前所未料的情况"，并由此来指导进一步的实践；所谓实践，根本上是不断丰富对实践的认识，不断把握变化的世界并开创出新局面。大学生要建构对价值观的认知，离不开厘清自身对世界关系的认识；而优秀家风家训中蕴含的"我"与世界的从属关系和实践关系，对大学生理想信念教育乃至现代人的理论认识、实践也都具有极高的借鉴和指导意义。

二、认识"我"与社会的关系

人是社会中的人，社会是有人的社会，社会和人是不可分割的。人是社会的主体，具有历史性，是历史形成的前提与结果，这种历时态历史性促进了现时态社会性的形成，而在现时态社会实践过程中，人又建立起各种与他人的社会关系，因而，帮助大学生认识"我"与社会的关系就是帮助其认识"我"与历史、"我"与他人的关系，使其在历史潮流中顺应历史、能动地改造历史；在"我"与他人的关系中，将个人融入集体，以实现个人的社会价值。家风家训作为中华民族优秀传统文化，所蕴含的历史发展观与家国情怀更是能够作为大学生理想信念教育的支撑点，以帮助大学生正确认识"我"与社会的关系，实现自我在社会中的最大价值。

（一）认识"我"与历史的关系

"我"自我与历史的关系实际上就是对自我的内在矛盾的历时态考察。而"我"作为人，又是社会性的存在，这也意味着"我"也是历史性的存在。反过来说，没有"我"的历史性，也难以构成"我"真正的社会性。

关于"历史"这一概念，马克思和恩格斯在《神圣家族》中写道：历史不过是追求着自己的目的的人的活动过程而已。也就是说，在人追求自己的目的的活动过程中，首先形成了历史自身这样一个内在的矛盾，即：人作为历史形成的前提，他首先是历史形成的结果。人只有作为历史形成的结果，他才能成为历史形成的前提。这是我们理解领悟"我"与历史关系的最根本的切入点。由此可见，关于"我"与历史的关系，首先要理解"我"与历史的关系是一个辩证统一的存在，"我"既是历史的前提，又是历史的结果。"我"一方面能够清楚地意识到自己应该顺应历史潮流，另一方面又能够发挥自己的能动性和创造性去改造世界。因此，"我"的历史性促进了"我"的社会性构成，形成了"我"与社会之间丰富的矛盾关系，自我的人也因此成为马克思所说的一切社会关系的总和。从中国历史与社会发展的实际情况来看，改革开放和社会主义市场经济的深入发展促使人们的思想意识、道德认知及价值观念呈现出多元化的特点。但是社会生活中仍然存在着历史遗留的落后、保守、错误与历史发展过程中所出现的先进、激进、正确的价值观相互交织的局面。而青年大学生在历史潮流中面对各种是非或价值评判，如果摇摆不定、难以认识"我"与历史的关系，无法抓住个人与社会集体的价值关系，则容易陷入片面的错误评判的泥潭，无法选择正确的价值标准。

纵观历史不难发现，不论在哪一时期，自我都对历史具有能动性、创造性，家风家训文化中所蕴含的评判价值观念的是非、善恶、优劣也是历史发展对于自我思维方式改变的结果。自古以来，优秀家风家训中都蕴含着"先天下之忧而忧，后天下之乐而乐""穷则独善其身，达则兼济天下""修身、齐家、治国、平天下"的家国情怀，"学成必归、报效祖国""苟利国家生死以，岂因祸福避趋之"的报国担当及"我将无我、不负人民"的无我境界，这些理念都将个人价值与社会价值紧密地联系在一起，将个体价值融入社会价值之中，将社会价值置于个体价值之上，由此可见，优秀传统家风家训文化中所蕴含的优良家训、家规、家德在顺应历史发展的同时，也紧跟时代步伐。在纷繁复杂的历史发展历程中始终聚焦于个人与社会集体价值关系的统一，有助于大学生认识自我与社会的辩证统一关系，在顺应历史发展的过程中迸发出更多创造性的新火花，深化大学生对社会主义价值评判标准——社会主义核心价值观的认同，从而实现个人利益与集体利益的平衡，这是大学生理想信念教育帮助高校青年进行正确价值判断的关键。

（二）认识"我"与他人的关系

在社会大环境下，我们每个人都处于群体之中，自我与他人之间的关系是我们无法摆脱的矛盾，置身于与他人的关系体系中，自我很难做到独善其身，在自身需求得以满足的同时，也需要时刻关注自我与他人共同构成的社会群体的共同需求，提升自我对社会的贡献程度，以发挥自我的社会价值，满足集体和社会的需要，具体表现为个人自觉服务社会、满足人民、效力国家的贡献度。个体社会价值从本质上来说，就是在个体满足国家和社会集体需求的基础上，国家和社会集体对个人正当利益的实现程度。这意味着，在强调自我对群体有所奉献的同时，也不能否定和忽视自我的正当利益，群体需要关心自我的利益，满足自我的正当需求，实现个体的自我价值。个体的社会价值越大，其理应获得的社会承认和利益回报也应该越大。社会群体的价值实现奠基于个体自我价值的实现，个体的自我价值实现需要社会群体——群体的价值观导向将指引着个体更好地实现自己的价值，而群体的社会价值也由众多的个体合力创造。就二者的关系而言，社会价值不能脱离也不能凌驾于个体价值之上；个体价值在为社会价值添砖加瓦的同时也依存于社会价值，二者是联系密切、深入融合，相互依存又相互促进的。

新时代的大学生理想信念教育，要致力于引导大学生正确处理自我与他人群体之间的关系，要将优秀家风家训中的家国情怀、报国担当及无我境界融入新时代大学生理想信念教育中去。

首先，通过家风家训文化的熏陶引导大学生进行正确的职业选择。主动地将对群体的奉献作为自己的择业方向，把满足国家和社会的需要作为人生价值实现的优先考量。岳飞的母亲当初亲手在岳飞的背上刺上了"尽忠报国"四个大字，为的就是让他记住国仇家恨，立志报效祖国。正值金兵大举入侵南宋之时，岳飞毅然投军抗金，凭借卓越的军事才能很快便在战斗中得以显现，成为人尽皆知的抗金名将。可见，家风家训文化的力量之大，能够极大程度地坚定大学生的理想信念，让他们选择正确的职业方向，让自己的个体价值在社会价值中得到最大限度的彰显。

其次，优秀家风家训引导大学生提高自身的人生追求。将个体的发展与群体的建设联系起来，培养大学生的社会责任感。千百年来，钱氏家族造就了众多的人才，是中国出院士最多的家族，追溯其源头就是其家族著名的《钱氏家训》。钱学森就是钱氏家族"钱王"的第三十三世孙，从小受《钱氏家训》的影响，他在祖国满目疮痍、最为困难的时候出国留学，并立下了学成必归、报效祖国的誓言，在中华人民共和国成立时，也就是祖国最为需要他的时候，毅然决然地放弃美国的丰厚待遇，冲破重重阻挠回到祖国，致力于火箭与导弹事业，几十年来他用自己的刻苦钻研完美地诠释了"科学没有国界，但科学家有自己的祖国"，将个人价值与社会价值紧密地联系在一起。

最后，优秀家风家训帮助大学生实现自我价值。个体要超越自我成就群体。优秀共产党员、著名地球物理学家黄大年家的家风家训一直被视为优秀的家风家训。黄大年先生在年轻时放弃了国外优越的物质条件，毅然回到自己的祖国，把自己的强国志、家国情融入祖国的科研事业，为人民的幸福生活做出贡献。新时代，通过将优秀家风家训融入大学生理想信念教育，引导大学生从自我做起，超越自我；将个人融入群体，为实现中华民族伟大复兴的"中国梦"而奋斗，真正成为能够担当民族复兴、国家富强、人民幸福大任的时代新人。

三、认识"我"与自我的关系

在近代中国，最早提出并区分"大我"与"小我"这一对概念的是梁启超。他在《中国积弱溯源论》一文中特别谈到"大我"是"一群之我"，"小我"是"一身之我"。① 四年后，他又指出："何谓大我？我之群体是也。何谓小我？我之个体是也。""死者，吾辈之个体也；不死者，吾辈之群体也。"大学生要认识"我"与"自我"的关系，就必须明晰"我"作为"小我"和"大我"的价值关系问题。

---

① 《梁启超全集（第二卷）》，北京出版社1999年版，第417页。

"我"是个别性与普遍性的对立统一。从个别性看，"我"作为独立的个体而存在，是"小我"；从普遍性看，"我"作为人类的一分子存在，是"大我"。随着改革开放进程的持续推进和社会主义市场经济的繁荣，人们的价值观念呈现出不断分叉、碰撞的发展态势，并集中体现在"小我"与"大我"价值关系的不同取向与矛盾上。对"小我"与"大我"价值关系的认识和处理，是价值引领的根本问题。新时代，要加强社会价值引领，就要引导人们尤其是青少年，始终坚持"小我"与"大我"相结合，[①] 既不能为保持个性而忽略作为价值导向的"大我"，也不能因发扬"大我"精神而压抑"小我"诉求，同时倡导个人利益与集体利益、个体价值与社会价值的相互尊重、相互融合，致力于推进个人理想与社会理想的共同实现。

（一）作为"小我"

追溯历史我们能够发现，宋明理学中的人格主义和阳明学中的意志自主就是个人主义的萌发。晚清之后，中国对传统思想的批判和对个人思想解放的诉求进一步高涨，人们更加注重个体人格的独立发展，并在五四运动时期获得了新的认可和突破。1919 年，宗白华在《少年中国》月刊上撰文说：人格也者，乃一精神之个体，具一切天赋之本能，对于社会处自由的地位。故所谓健全人格，即一切天赋本能皆克完满发展之人格。这是世人对"小我"进一步探索的表现，也凸显出"小我"个人自由与精神独立的特点。

个体自我意识觉醒的过程，包含着自我观察、自我分析、自我体验、自我评价、自我反思和自我超越等形式，个体在这之后再以独立的眼光审视善恶、

---

① 骆郁廷：《"小我"与"大我"：价值引领的根本问题》，《马克思主义研究》2019 年第 12 期，第 64—74 页。

美丑、是非，明确利益追求，完善价值取向，确立个人理想。"任何人类历史的第一个前提无疑是有生命的个人的存在。"① 马克思的这句话也认同了"小我"是"我"作为个体存在的第一位。无数个"小我"建构了社会历史。因此，在自由意志的支撑下，大学生应当秉持对自己负责的原则，树立正确的价值观，探寻自我存在的意义。

探索"小我"的过程，其实是受到家庭、社会、教育等多方面影响的。以周恩来总理的成长故事为例。周恩来在幼年遭遇家庭变故，使他比同龄人更知晓失去亲人的痛苦和生活的不易。所幸，家中的四位女性长辈对他进行了良好教育，让他了解了基本礼仪、人情来往，这些对其人生观的形成都产生了潜移默化的重要影响。少年时，周恩来常随养母陈氏到公祠里参观，养母讲解的关天培抗英而为国捐躯的故事使他对民族英雄产生了崇敬之情；在东北上学期间，他又参观了日俄战争遗址，听当地老人讲述日俄战争的经过和中国人民饱受的苦难，萌生了为中华之崛起、救民于水火而奋斗的豪情壮志。从小学时立志"为中华之崛起"而读书，到南开学校毕业时与同学们互赠"愿相会于中华腾飞世界时"的留言，到日本留学又回国参加五四运动，再到欧洲勤工俭学又回国投身革命，周恩来一直在为中华之崛起而奋斗。② 少年定下初心而为之奋斗终生，这是一种实现"小我"价值的理想状态。

对于现在的青年大学生而言，生产力的进步带来了经济、科技、文化的发展，自由空间、权利范围得到扩大的同时，也意味着选择不确定性和不可控性的提高，这使大学生常常陷入对职业理想追求、价值导向、审美趣味的迷茫和焦虑之中。因此，大学生要从优秀家风家训中汲取思想力量、实践力量，审

① 《马克思恩格斯选集（第一卷）》，人民出版社 1995 年版，第 24 页。
② 石平洋：《周恩来的初心：为中华之崛起而读书》，《学习时报》2019 年 1 月 11 日，第 5 版。

慎自身的言行，不骄不躁，虽然不急于确立人生目标，但要有追求的意识。在价值实现上，只有从"小我"做起，从本职工作做起，才能在复杂而多元的社会关系中实现个人价值，促成社会价值与个体价值的深度融合。

（二）作为"大我"

个体在建构自我意识的过程中，不单单要探索"自我"的意识，还要以自我为中心向外辐射出一张错综复杂的大网，探索"我"与世界、"我"与他人、"我"与历史等外物的联系，全方位地完成自我意识的搭建。在不同的历史时期，随着生产生活水平的提高、外来文化的交流融合等，人们的生存方式、社会关系、价值目标等都逐渐呈现出了不同历史阶段的差异性，人们对是非、善恶、美丑的评判标准也有所改变，但始终着眼于"大我"与"小我"的根本价值关系。在"大我"和"小我"的价值关系中，两者互为价值主客体，一方面，"小我"要努力满足"大我"的需要和利益；另一方面，"大我"也要包容、支持"小我"的需要和利益。

中国传统文化中的儒家群己关系论，主要观点就是强调个人与社群的和谐相处、共同发展，这与"大我""小我"之间平衡的价值关系有异曲同工之妙。群体生活是人类社会的既定事实，个体总是存在于社会群体之中。这在《孔氏祖训箴规》的训诫中也有所体现："子孙出仕者，凡遇民间词讼，所犯自有虚实，务从理断而哀矜勿喜，庶不愧为良吏。"教育做官的子孙要克己奉公，初步显露出集体主义的价值导向。

这样的思想认识，也贯穿于中国共产党的成长发展历程中。共产党人的价值实践，从未脱离正确认识和处理"小我"与"大我"价值关系这一中心。马克思、恩格斯在《共产党宣言》中指出：过去的一切运动都是少数人的，或者为少数人谋利益的运动。无产阶级的运动是绝大多数人的，为绝大多数人谋利益的独立的运动。以马克思理论为指导的无产阶级政党是为无产阶级和人民大众服务的，最终目的是要建立"每个人的自由发展是一切人的自由发展的条件"的"自由人的联合体"。① 因此，社会主义不是要对个人利益进行全盘否定，而是要超越个人主义的利益观，坚持集体利益与个人利益的高度统一。

因此，在中国革命建设发展的各个时期，无论是革命时期吃苦耐劳、勇往直前的"长征精神"，或是忘我拼搏、艰苦奋斗的"铁人精神"，或是前赴后继、视死如归的"抗美援朝精神"，都是千千万万人民将集体利益置于个人利益之上、将个人理想与共同理想紧密结合的鲜活例子，是"大我"与"小我"辩证统一的成果。而革命领袖毛泽东在家风家教方面更是以身作则，给自己定下了三大原则："恋亲不为亲徇私，念旧不为旧谋利，济亲不为亲撑腰。"面对个人亲情与党、人民利益之间的抉择，他始终能够做出公正的判断，为全党做出了表率。

在现当代，克己奉公的"两弹一星"精神、雷锋精神、女排精神……同样体现着"小我"熔铸于"大我"的价值追求，跨越家庭与家族的界限，成为人们普遍推崇、认可的价值取向，体现个人梦与中国梦的相互依存、相互促进，并对共同筑梦、共同圆梦的关系具有直接的指导作用。国家的"大我"也要高度关心和实现"小我"的价值，充分承认"小我"的社会贡献，维护和实现"小我"的正当利益。"先天下之忧而忧，后天下之乐而乐"，中华传统文化中的大公思想，通过优秀家风家训得以传承，在红色革命文化中得以充分展现。以历史和故事为载体，将有助于大学生理想信念教育把握认知尺度，在探寻精神文化来源的过程中，感受优秀家风家训的魅力所在。

---

① 《马克思恩格斯选集（第一卷）》，人民出版社 1995 年版，第 411、434、422 页。

第二节 ③　优秀家风家训为大学生理想信念教育提供了价值规范

《礼记·大学》中有言："古之欲明明德于天下者，先治其国；欲治其国者，先齐其家；欲齐其家者，先修其身；欲修其身者，先正其心；欲正其心者，先诚其意；欲诚其意者，先致其知，致知在格物。"其中蕴含的"修身、齐家、治国、平天下"思想与社会主义核心价值观所提出的价值理念具有强烈的逻辑适配性。一个家庭和家族的价值观念在千年传承中慢慢积淀而成的优秀家风家训，是一种独具中华民族特色的共同价值倾向；社会主义核心价值观则充分展现了中国特色社会主义的本质规定，是在继承优秀传统文化并逐步实践的过程中建设起来的、中华民族共有的精神家园，也是高校理想信念教育的重要内容。优秀家风家训的形成不仅是培育和践行社会主义核心价值观的根基，更为大学生理想信念教育提供了一种价值规范。

一、与"富强、民主、文明、和谐"相印证

"治国、平天下"所要治的是和平，"国"和"天下"是经济繁荣、国力强盛、人民民主、文明高尚的"国"和"天下"。社会主义核心价值观在国家层面提出的"富强、民主、文明、和谐"的要求，正是对优秀家风家训"治国、平天下"理想抱负的印证，也是个人价值实现的进一步发展，为人民的美好幸福生活创造了政治保障。

"富强"被列为社会主义核心价值观的首位要素，体现了马克思主义唯物史观生产力标准的根本要求，也体现了中华民族的千年夙愿和中国共产党人的奋斗目标。国家富强是促进社会进步、人的自由全面发展的物质基础和制度保障，对富强的追求是任何社会主体的基本需求和前进动力。自人类社会产生以来，摆脱物质匮乏，不断创造、积累物质财富就成为社会主体的生存所需和基本追求，放诸四海而皆准。在中国共产党人带领我们为实现中华民族伟大复兴的中国梦而奋斗的今日，大学生理想信念教育要紧跟时代步伐，把弘扬和践行社会主义富强观融入改革创新的时代精神教育，把"治国、平天下"的优秀家风家训融入个人理想抱负之中，共同铸就富强之梦。

社会主义核心价值观国家层面的"民主"价值目标，是人类社会的美好诉求，也是人类共同的政治理想。在古代，百姓希望能够出现"民之主"，也就是维护百姓利益的开明君主；但随着人权意识的觉醒，人们所期望的是能够实现自己对重大社会事务参与管理的"民之主"。因此，中国特色社会主义民主不仅仅是一个价值目标，更是一种政治实践。优秀家风家训中的民主思想，恰好成了大学生理想信念教育中民主政治教育的先导。这一种在我国历史文化

传统和经济社会条件的基础上长期发展、内生演化而来的"民主"，是历史的必然，是现实的要求，是人民的选择。

　　社会主义文明作为人类文明发展史上一种新型的文明，是社会主义核心价值观的重要组成部分。大学生理想信念教育若能用好优秀家风家训的内容、形式，一方面能够规范大学生的言行举止，另一方面能丰富大学生的精神文化。培育和践行社会主义文明观，既要自觉遵循社会主义文化建设的规律，还要把文化建设和中国特色社会主义的各项建设结合起来，使社会主义文明与时代进步同行、与实践发展同步。

　　而"和谐"，自古以来就是中华文明的核心价值理念。我国要构建的和谐社会，往大了说是"民主法治、公平正义、人与自然和谐相处"的社会，往小了说则是"诚信友爱、充满活力、安定有序"的社会。这样的和谐，体现在国家政治经济体制的硬框架上，也体现在亲疏有序的人情冷暖上，共同呈现出开放、活泼的态势。优秀家风家训常言的"以和为贵"，不失为大学生理想信念教育中构建大学生"和谐"观的基石。

二、与"自由、平等、公正、法治"相印证

　　社会主义核心价值观简洁、凝练、便于记忆，仅仅用了二十四个字便概括出符合我国国情的公民在个人、社会、国家三个层面的价值目标和行为规范。它是个人塑造自身良好道德品质的准则，是社会营造和谐氛围的指南，是国家实现繁荣富强的助手，同时以其全面性明确了优秀家风家训在社会层面的价值取向。

社会主义核心价值观社会层面的"自由"表示人的意志自由、存在和发展的自由，人可以完全按照自己的意愿选择自己生存发展的方式，不受时间和空间的限制，是人类社会的美好向往，是一种文明崛起的标志，也是马克思主义追求的社会价值目标。从鸦片战争的爆发到辛亥革命再到中华人民共和国的成立，从改革开放到中国特色社会主义迈入新时代，"自由"一直是我国无数仁人志士用尽毕生精力所追求的一种理想的社会状态，也凝聚着历代中国人民对于民族复兴、国家富强、人民独立的共同意志。家风家训文化中"博爱无条件"的理念正体现了不束缚他人、给对方自由权、尊重他人的理念，这与社会主义核心价值观在社会层面所提出的"自由"价值观相契合，以自由观念融入大学生理想信念教育，可以推动大学生思想多元发展。

社会主义核心价值观社会层面的"平等"是指公民在法律面前一律平等，其价值导向是不断实现实质平等。它要求尊重和保障人权，人人依法享有平等参与、平等发展的权利。而家风家训中也时常倡导"以和为贵"，即待人平等和气，这与社会主义核心价值观社会层面所倡导的"平等"价值理念不谋而合。将平等理念融入大学生理想信念教育，以满足大学生对于人人平等的价值需求。

社会主义核心价值观社会层面的"公正"是指公平和正义，即公民拥有参与政治、经济、文化及其他生活的平等机会，体现了社会主义的本质要求，也是建设和实现社会科学、和谐发展的必然前提。家风家训中"清正廉洁"的理念就体现了传统文化中对为官者处理公务时务必做到公平公正的要求，以优秀家风家训的典型实例教育高校青年，有利于形成良好的社会风气，有利于形成文明和谐的社会氛围。

社会主义核心价值观在社会层面倡导的"法治"既体现了国家必须依据时势、国情制定相关法律，为社会价值目标导向提供了有效依据，也是社会公

优秀家风家训与大学生理想信念教育

民个人价值取向实现的根本保证。家风家训文化虽侧重道德和文化层面，但也能帮助规范个人的行为，引领群众遵守社会基本规则，这与社会主义核心价值观社会层面的"法治"在功能上相契合，因此，将家风家训融入大学生理想信念教育之中，帮助高校青年规范自身行为，共同维护社会秩序。

社会主义核心价值观结合当今时代特色，在接受个体价值取向的基础上，对我国传统文化进行批判性的继承，丰富和发展了家风家训文化，为高校青年更好地融入社会奠定了基础。

三、与"爱国、敬业、诚信、友善"相印证

良好的家风家训不仅是个人接受启蒙教育的先机，更是个人价值观、行为养成的摇篮，乃至一个家庭和谐生活的基础。在整个社会的有机组成之中，家风家训这一千年文化历经了时代的变迁，历经了社会的变化，历经了格局的变换，从未被抛弃。"家风纯正，雨润万物；家风一破，污秽尽来"[①]，家风家训的建设需要不断以史为鉴，进行自我批判，逐渐与时代发展目标相契合，与社会主义核心价值观相融合。每一个家庭中所形成的一种爱国情怀、爱岗敬业、和睦团结、诚实守信、友善待人、文明礼貌、老有所养、幼有所教的良好氛围无一不与社会主义核心价值观中个人层面的"爱国、敬业、诚信、友善"相契合。

社会主义核心价值观在个人层面倡导的"爱国"是指以爱国主义为核心

---

① 李浩燃：《家风建设是作风涵养之要》，《人民日报》2016年1月27日，第4版。

的民族精神，这是中国人民共有的情感。爱国情怀是中华民族的灵魂与精神支柱，正是凭借爱国之情的力量支持，我们民族才能拥有强大的凝聚力，从而战胜各种艰难险阻，实现民族的复兴。纵观历史，家风家训文化从"先天下之忧而忧，后天下之乐而乐"到"天下兴亡，匹夫有责"到"苟利国家生死以，岂因祸福避趋之"再到"振兴中华"的口号，无一不体现出爱国主义民族精神，这与社会主义核心价值观在个人层面所提出的"爱国"的价值理念相契合。以家风家训中的爱国情怀感染当代大学生，能够帮助国家培养学有所得且能为国效力的未来人才，从而进一步推动国家的繁荣昌盛。

社会主义核心价值观个人层面的"敬业"表示对自身所从事职业的敬重，要求个体忠于职守、认真负责、善始善终、守土有责，体现的是个体的责任心和使命感，是公民职业道德的核心要求。欧阳修先生就十分重视勤劳勇敢的传统美德，写下名篇《诲学说》，教育后人勤学上进，敬重职业，成为有用之才，这与社会主义核心价值观在个人层面所提出的"敬业"价值观相契合。国民敬业则国家强盛，任何一个国家的发展与进步都离不开国民的敬业，大学生是国家建设大业的接班人，更需要具备敬业精神。由此可见，将家风家训融入大学生理想信念教育，帮助大学生树立正确的理想信念，肩负起自身的职业担当之必要。

社会主义核心价值观个人层面的"诚信"是指为人处世诚实守信，这是对个人言语行动的基本规范，是构建良好社会信用体系的基本要求。家风家训文化同样也将诚实守信作为个人发展成才的必备素质。儒家文化提出"诚""信"概念，《礼记·中庸》将"诚"看作礼的核心，提出"唯天下至诚，为能尽其性"；孟子提出"是故诚者，天之道也；思诚者，人之道也"，将"诚"作为为人诀窍；荀子更是提出"夫诚者，君子之所守也，而政事之本也"，将"诚"

作为政事之本。这些家风家训理念充分体现了社会主义核心价值观个人层面所倡导的"诚信"理念。因此，要培养高校青年形成诚实守信的良好品质，以个人的良好品性共同助力社会，让诚信之风吹遍神州大地。

社会主义核心价值观个人层面的"友善"是指与人为善，要求个人善待亲人、朋友、社会、自然，以构建和谐的家庭关系、人际关系、自然生态，帮助维护健康稳定的社会关系。《周易》提出："地势坤，君子以厚德载物。"意为人应该像宽广无垠的大地一样拥有宽广的胸襟与和顺的美德，包容万物，善待他人，构建和谐友善的社会关系。这与社会主义核心价值观个人层面所倡导的"友善"理念同符合契。可见，借助优秀家风家训，有助于高校青年与人友善共处，进一步巩固公民之间的互助关系，塑造良好的学习、工作与生活环境。

此外，作为一个家庭共同认可、长期遵循的价值规范，家风家训是家庭成员价值观念、审美追求能否"合格"的重要影响因素。优秀的家风家训能够在规范人的言行举止，在塑造人正确的世界观、人生观、价值观的基础上，为培育和践行社会主义核心价值观树立优秀典型，实现双向的发展。

第三节 ❸ 优秀家风家训为大学生理想信念教育提供了审美选择

一个人的审美选择，往往来自人们的家庭、学校、伙伴，也来自历史和时空，一定程度上彰显着个人对于周围事物的看法、态度和实际行为。对于现在的大学生来说，他们面临的审美选择开放而丰富，有正能量的真善美，也不乏功利化、低俗化、商业化的大众审美文化。东汉应劭辑录的《风俗通义》，梳理了历史上道德教化的经验教训，得出一个重要结论："为政之要，辨风正俗最其上也。"就是说，移风易俗首要的问题是明辨真善美，为社会确立荣与辱的鲜明价值导向。优秀家风家训作为优秀传统文化的重要组成部分之一，蕴含着修身、齐家、治国、平天下的理念，也提供给人们学习如何明辨真善美的机会，有效地引导青年树立马克思主义审美观，崇尚真善美，摒弃假丑恶，坚定青年的共产主义理想信念，对大学生理想信念教育有着重要的启示作用。

一、崇尚真善美

大学生理想信念教育过程中，"真"是教学基础，"善"是教学前提，理想信念的教育离不开"真"和"善"，而"真"和"善"也需要通过理想信念教育以"美"的形式进行表达，例如将家风家训中鲜活的案例融入大学生理想信念教育，孕育真善美，培育真善美，实践真善美，将"求真""向善""至美"三者有机统一，帮助大学生形成正确的审美价值，以坚定共产主义理想信念。

（一）求真务实

"实事求是"一词，最早出自《汉书·河间献王刘德传》："河间献王德以孝景前二年立，修学好古，实事求是。从民得善书，必为好写与之，留其真，加金帛赐以招之。繇是四方道术之人不远千里，或有先祖旧书，多奉以奏献王者，故得书多，与汉朝等。是时，淮南王安亦好书，所招致率多浮辩。献王所得书皆古文先秦旧书，《周官》《尚书》《礼》《礼记》《孟子》《老子》之属，皆经传说记，七十子之徒所论。其学举六艺，立《毛氏诗》《左氏春秋》博士。修礼乐，被服儒术，造次必于儒者。山东诸儒（多）从而游。"在这个简短的传记中，班固不仅记述了献王刘德在儒经文献搜集、整理方面的贡献，而且归纳了中华思想史上一种影响深远的治经传统、治学方法、学术态度和学术风格。实事求是作为一种求真精神、思想方法和思维方式，早已存在于中华传统文化之中，绵延几千年而始终存在并不断发展和丰富。这种求真精神和思想方法的核心就是主张从实际材料中获得对事物真相的认识，以实践效果来检验认识的有效性和合理性，突出了思想认识的来源及其真理性的检验问题，^①也就是求真务实。

其实，中国早期文化典籍中就已经记载了古人对于实事求是精神的追求及其思想方法的萌芽。《论语》强调"毋意，毋必，毋固，毋我"；《墨子》提出三表法；《荀子》主张"不闻不若闻之，闻之不若见之，见之不若知之，知之不若行之"……实事求是的精神，早已融入我国文化知识教育的血脉，也自然而然成为代代相承的判断事理、追根溯源的精神，实事求是思想路线也自然成为中国共产党取得胜利的重要基础。

大数据时代，越来越智能和便携的通信工具使得信息具有了飞速传播、频繁更迭的特点，娱乐性新闻、社会案件、政治报道无时无刻不占据着我们的手机屏幕；信息与媒体更是成了一部分人得以谋生的介质，随之而来的便是为博得眼球、博得热度、博得利益的虚假信息传播；同时，网络监管机制的尚不完善也使得造谣的成本一低再低。对于并没有亲身经历过屏幕彼端的娱乐新闻、社会案件、政治活动的大学生而言，接受信息的渠道单一且不可靠，容易卷进"以讹传讹"的浪潮，被热度裹挟，尚未了解事件全貌便急于表明立场，躲在屏幕后，高举"言论自由"的大旗。这样盲目且不理智、不客观的行为已经对众多事件当事人造成了伤害。如今在大数据时代，我们大学生更要对看到的、听到的信息抱有敬畏之心和求真态度，坚持树立有据可查的是非观，提升对网络信息和舆论的评估、批判能力，努力做到一切从实际出发，尊重客观规律，求真务实，在实践中检验和发展真理。

---

① 金民卿：《实事求是的思想史渊源及其创造性提升》，《西北工业大学学报》（社会科学版）2020年第12期，第8—15页。

（二）向善向学

"勿以恶小而为之，勿以善小而不为"出自《三国志·蜀书·先主传》。善与恶，是人性的对立面，显示着个人在某一事件发生时的道德选择。与选择善恶同样重要的，是分辨善恶。

每个人都有善恶观，但不同文化环境中成长起来的个人，其善恶观有所区别，更不必说个体——有时候一个人所认为的"善"，在另一个人看来就是"恶"，这就显示了双方善恶观的冲突，这种冲突往往离不开现实利弊的影响。追究一个人善恶观的形成过程，很容易看出它的发展与家庭教养过程中父母的教育息息相关。一个人幼时调皮捣蛋甚至有伤害他人的行为，大多是由于不能换位思考，不能考虑对方或者群体利益，只能看到自己的利益，我们可以将其看成善恶观不成熟的表现。而作为一个青年人，在家庭教养与社会适应的共同影响下，应当具有相对成熟的善恶观，以支持自己的态度倾向和行为选择；同时作为社会的一分子，青年人也影响着社会的善恶风向。

很多"善"之行，是基于一个大前提：公。当今人类一个最重要的生存基础就是参与一个组织，借由组织的整体存在保障自身存在，这是"公"；在"公"的前提下，辨析"善""恶"的标准，是公德。这是一个"有利于自身存在与发展"的大前提。因此，诸多"善""恶"之行，乍看之下有悖于自身的存在与发展，比如舍己救人、拾金不昧、先人后己等，但这些"善""恶"都是处于"公德"的前提之下的。因此，人们对"善""恶"的选择可以说是一种社会化的结果，并因其有利于群体生存而成为一种规范，进而被稳定和传承。家风家训对于个体的影响就在于个体面临"小我"与"大我"选择时的道德意识，从而判断这个人选择行为的性质。

（三）至善至美

固然人人的审美、喜恶不同，但仍有一条清晰的界限教人"知美丑"。审美，不仅仅是审自然之美、外形之美、艺术之美，也审人性的善、恶、真、假，也就是我们所说的"德"。而审美所呈现出的差异，也是个人价值观表现的一种。中国古人以"自然"为言说载体，是为了在人与天地万物的审美关系中建构人的德性世界。"先秦儒家的自然生态对人的化育也在于以特殊自然景物来比喻人的德性，以自然的优美特性来参照人的道德修养，建构儒家仁义忠信的德性论"。[①]中国古人没有给"德"下过定义，而是在感知自然万物之本性中体认"德"。在中国传统艺术里，自然美是艺术美的根源，通过多种感官与自然的交流，观者既能以视觉欣赏自然界各种物象的形态，也能用双耳聆听自然界的声音，甚至赋予自然生物情感色彩，塑造出坚韧、清高、君子等形象特点，并借此抒发自我的意志情感，影响个人的处世方式。我国已经进入文化经济时代，美学在人文建设中的重要性越发凸显。新时代的审美教育应当注重美学的社会影响性，同时有效应对来自社会、伦理和政治等多个层面的挑战。[②]

被普遍认同的真善美，其实无非就是美德的集成。首先实事求是，其次善良大方，最后形成优良美德。美德是基于合宜的道德，是行为、同情、激情的适度与统一。[③] 美德是在社会交往、生活实践中逐渐形成的，其养成绝不是一朝一夕之事。

有学者总结，审美人类学包含了哲学和美学两个方面。马克思审美人类

---

① 李长泰：《论先秦儒家自然生态观对德性论的构建》，《管子学刊》2014年第1期，第48—52页。

② 罗祖文：《中国古代自然美育的道德意蕴及其现代启示》，《湖北大学学报（哲学社会科学版）》2018年第2期，第24—28页。

③ 元志立：《当前大学生美德教育的现实困境与完善路径——基于〈道德情操论〉的思考》，《黑龙江教育（理论与实践版）》2020年第5期，第54—56页。

学便是马克思哲学人类学和文化人类学两种人类学的融合，它并非单纯停留在审美或者哲学层面，而是审美与政治两个领域的重叠。新时代背景下，大学生人文建设的重要性更加突出，大学生理想信念教育需从审美教育着手，从而提高审美教育的实效性和实践性。优秀家风家训作为中华民族传统文化的精髓，其所囊括的民族主义精神、爱国情怀、理想信念等美德都能够潜移默化地影响青年学生的思想意识。例如：曾国藩次子曾纪泽，袭父一等毅勇侯爵，官至户部左侍郎，历英、法、俄诸国，受家训影响，与俄人力争，毁完颜崇厚已订之《里瓦几亚条约》，更立新议，交还伊犁、乌宗岛山及帖克斯川要隘，有功于新疆甚大，在出使期间，深入了解各国历史、国情，研究国际公法，考察西欧诸国工业、商业及社会情况，又将使馆馆址由租赁改为自建，亲自负责图书、器物购置，务使使馆规模不失大国风度，亦不流于奢靡。审美教育不仅仅是对学生修养和品位的锻炼，同时也是对学生思想观与价值观的锻炼。高校在开展审美教育时需引导学生对生活之中的真善美进行分辨，并使优秀家风家训中蕴含的政治思想及伦理道德有所体现。大学生理想信念教育除了能够对大学生审美感受及表现能力予以培养之外，还能够对大学生的心灵进行净化，促进大学生道德情操的提高，并完善大学生的精神品格，使大学生进入崇高的精神境界。①

优秀家风家训教育下的美丑观教育，除了应该让人领略到自然之美，更应该在伦理教育中展现出良好的学理逻辑，以便提升学生的审美素养、审美能力、审美追求和审美实践等，即既需要培育个体实现"美"，也需要引导个体分辨"美"，从而影响更多"美"。

① 白宇：《从马克思审美人类学视域看高校的艺术审美教育》，《大众文艺》2020 年第 12 期，第 215—216 页。

二、远离假丑恶

真善美在与假丑恶的斗争过程中逐渐占据上风。毛泽东同志曾经说过：正确的东西总是在同错误的东西作斗争的过程中发展起来的。同样地，真善美也是在与假丑恶的比较斗争中得以存在的。《礼记·中庸》中有一言曰："博学之，审问之，慎思之，明辨之，笃行之。"博学，学习要广泛涉猎；审问，有针对性地提问请教；慎思，学会周全地思考；明辨，形成清晰的判断力；笃行，通过学习获得的知识和思想觉悟的提升来指导实践。因此，在对大学生进行理想信念教育时除了需要教育学生做到求真、向善、至美，同时也应该帮助其慎思、明辨假丑恶，才能进一步抵制假丑恶进而远离假丑恶，提升审美修养。

（一）慎思假丑恶

是非观，是指一个人面对客观事物、社会现象或者特定事件时，判断其有意义或无意义、值得接纳或不值得接纳、对其认可或不认可所持有的一系列最基本的准则或尺度，以及所做出的一般性意义评价及选择意向。简而言之，就是对客观现象和事物中真善美与假丑恶的思考与判断取舍。作为大学生慎思假丑恶的基本准则和大学生的行动指南，是非观极大程度上决定着大学生处理事件时的态度和后续实际操作，也体现着其真实的人格，对它的培养和其正确与否对于一个人立足社会、与人交往具有重要意义。

有学者曾经根据当代大学生对是非观定义的了解、对自我是非观的了解、对理清是非观必要性的看法，以及是非观的客观反映、是非观的形成因素和树立正确是非观的方法这六个方面对当代大学生的是非观进行了一个简单的调查，^① 得出以下几个结论。

1. 当代大学生是非观的建立需求和现状相矛盾

大学生在主观意愿上呈现出探索是非观念的需求，希望能找到判断假丑恶的标准，但实际情况是，他们不仅不了解自己的是非观，也不怎么关心大学生整体的是非观，对自我的是非观没有一个清晰的认知，对探索方向感到迷茫。

2. 当代大学生是非观体系建构不完善

调查显示，大学生基本在"大是大非"面前立场坚定，坚持原则，只有极少数个体会做出与主流不符的选择；但是在"小是小非"面前，他们往往表现出不坚定和妥协的一面，难以对假丑恶有一个深入的思考与坚定的判断。

3. 是非观思想教育效果不明显

现在大学都开设了"思修"之类的思想政治教育课程，且基本上是必修课。然而即便是修过此类课程的学生，也存在大部分不了解是非观定义及对假丑恶判断标准的现象。

据此看来，当代大学生对假丑恶并没有进行深入的思考，并不能在同一水平线上做到"明辨是非"。习近平总书记曾在北京大学师生座谈会上寄语广大青年："是非明，方向清，路子正，人们付出的辛劳才能结出果实。"^② 若先着眼于同一水平线上的"明辨是非"，自然先看重在大是大非面前对假丑恶的正确判断与坚决摒弃，这就需要大学生能够深入地思考假丑恶的真正含义。研究也发现，"受教育程度""家庭背景"和"社会环境"对于大学生是非观的影响较大。从古至今，庄子、孟子、王阳明、陈嘉庚等人的是非观都被人们

---

① 杨和文、刘智飞、李广付：《当代大学生是非观状况调查研究》，《山东青年》2019 年第 2 期，第 21—22 页。

② 习近平：《青年要自觉践行社会主义核心价值观》，《人民日报》2014 年 5 月 5 日，第 2 版。

分析、学习，证明了一个人对假丑恶的慎思与明辨，是一个逐步成熟的过程，不是一蹴而就的，而这个过程与其家风家训有着紧密联系。例如：孟母三迁，正是孟母对周围环境有正确的是非判断后，给孩子提供了一个良好的学习环境，让孟子在家风与周围优良环境的影响下，对真善美与假丑恶有了深入思考，形成了成熟的是非观，最终成为战国时期著名的哲学家、思想家、政治家与教育家。因此，将优秀家风家训融入大学生理想信念教育不仅能够帮助大学生深入思考假丑恶，为是非观的培养指明方向，而且能够为其发展提供源源不断的养料，助其明辨假丑恶、摒弃假丑恶以一臂之力。

（二）明辨假丑恶

不同的历史条件下，社会的纲纪法度及其所体现的价值导向，自然会有所区别，人们因此而建立的荣辱观念也就有所不同，对于树立什么样的价值观作为社会判断真假、善恶、美丑的尺度，诸子百家用语不同，主张也有所差异，然而整饬风俗、养民知耻须有一定的"风表"引领，实现社会同心同德应以明辨荣辱为首务，则是中国古代先哲们政治追求的共同要旨。

如今我们已经进入了中国特色社会主义新时代，人民的生活愈加美好，但仍未改变社会主义初级阶段这一基本国情，所以我们仍强调中国特色社会主义共同理想，强调实现中华民族伟大复兴的中国梦。党的十九大报告指出：民生领域还有不少短板，脱贫攻坚任务艰巨，城乡区域发展和收入分配差距依然较大，群众在就业、教育、医疗、居住、养老等方面面临不少难题。[①] 对于大学生来说，由于自身社会阅历浅显，生理和心理发展不够成熟，再加上西方国

---

① 《决胜全面建成小康社会 夺取新时代中国特色社会主义伟大胜利》，《人民日报》2017年10月28日，第2版。

优秀家风家训与大学生理想信念教育

家的"西化""分化"战略，有些大学生容易放大问题，对中国的发展前景不自信，甚至会通过网络传播一些不利于祖国发展的言论，难以区别社会舆论中的假丑恶。为此，以爱国爱家为大学生评判假丑恶的标准显得尤为重要。虽然如今爱国的具体内容与古时、抗战时期有所不同，但是坚持和平与发展，推动国家繁荣富强，实现中华民族伟大复兴的中国梦，这一内核是相通的。

"有国才有家"，无论在哪个时代，我们都在歌曲中传颂"我和我的祖国，一刻也不能分割"，优秀传统家风家训始终把爱国主义教育放在重要位置，前有岳母教导岳飞尽忠报国，后有周恩来"为中华之崛起而读书"，再有文天祥"人生自古谁无死，留取丹心照汗青"。每个人来到这个世界，都需要在社会上生存，都需要获取生存和发展的物质条件，都需要寻求慰藉心灵的精神家园，这一切首先得之于祖国。没有国何来家，没有家何来我——这看似平常的话语，道出了最深刻的爱国理由：国家是小家的寄托，更是个人的寄托；国家是物质利益的寄托，更是精神家园的寄托。自古以来，爱国都是人民心底最真切的情感，也是国家对公民底线最基本的道德要求。将优秀家风家训融入大学生理想信念教育教学之中，培养大学生的大局意识，使其对中国特色社会主义建设抱有充分的信心，并客观、理性地看待社会发展中所出现的问题，明白问题的出现只是暂时的，要坚决抵制西方国家的分化，坚持以对国家的大爱、民族的统一作为判断假丑恶的标准，并努力投身到国家的建设中去。

（三）抵制假丑恶

从古至今，"知行合一"的思想在中国哲学史上始终占据极为重要的地位，诸子百家和现当代的不少思想家都阐述过自己的理论并付诸实践。就古代的知行观而言，广为人知的当数王阳明。王阳明的"知行合一"思想有两方面含义：

一方面是知中有行，行中有知，二者不可分割。"知是行之始，行是知之成"，人的行为以道德为指导，在"致良知"的基础上得以实现。在道德教育方面，他反对道德教育上的知行脱节及"知而不行"，正如《传习录》所述"圣人之学为身心之学，要领在于体悟实行，切不可把它当作纯知识，仅仅讲论于口耳之间"，不能分为"两截"。道德认知离不开道德实践，道德实践也离不开道德认知，二者相互连接，相辅相成。另一方面是以知为行，知决定行，知是行的前提。

《陈嘉庚家训》中写道："明辨是非善恶，众人须知之，应如何笃行之？"由此可见，明辨假丑恶不仅需要具备判断的能力，还需要身体力行。大学生具备一定的辨别假丑恶的能力，但有时由于思想不稳固和趋利避害的本性，可能会出现言行不一致的情况。而一个人的言行是否一致，正表现出他对其所"知"的认知程度，是价值观外化的体现。"知行合一"的思想是经典家风家训文化的传承与发展，强调了理论与实践的统一。因此，要在大学生理想信念教育中弘扬家风家训文化，不仅仅要将"知行合一"的理论口耳相传，更需要培养大学生用实际行动证实自己的"知行合一"理念。大学生在学习优秀家风家训中礼仪、孝悌等文化的同时，要明辨假丑恶，并将远离假丑恶体现在具体的言语实践中。

2020 年对中国来说，不是一个太平、安然的年份。年初暴发的新冠肺炎疫情牵动全中国人的心，在死亡、泪水的笼罩之下，学校、餐饮行业、公共服务场所都被迫关停，各类不利于国家的舆论，甚至诋毁扑面而来。但在中国大地上，奔赴"抗疫"前线的专家学者、不眠不休忙碌的医护工作者、舍己为人的志愿者……他们是这场战"疫"中的中流砥柱，亦是不断战斗的家国脊梁。"90后""00 后"大学生挺身而出，他们远离假丑恶，始终坚定内心的理想信念，秉持着自己的爱国情怀，将真善美体现在自己的行动中。在志愿者队伍中，在医护人员的队伍中，在社区工作者的队伍中，在网络秩序维护人员的队伍中，都能够看到青年大学生的身影，这一定程度上是我们大学生理想信念教育的体现，更是家风家训"知行合一"教育的体现。

第五章

优秀家风家训融入大学生理想信念教育的可能选择

优秀家风家训融入大学生理想信念教育是增强大学生文化自信、传承中华优秀传统文化的重要途径。在厘清家风家训的历史发展脉络、明晰家风家训的丰富内涵、阐述家风家训与大学生理想信念教育之间的内在联系的基础上，将优秀家风家训融入大学生理想信念教育的主渠道、主阵地和新战场，通过第一课堂的教育、第二课堂的实践、第三课堂的创新，实现优秀家风家训在大学生理想信念教育中的有效融入，将优秀家风家训的价值内涵贯穿于大学生理想信念教育的知、情、意、行的全过程。

第一节　融入第一课堂，加强理想信念教育主渠道建设

习近平总书记在全国高校思想政治工作会议上强调：要用好课堂教学这个主渠道，思想政治理论课要坚持在改进中加强。思想政治理论课的开设，其根本目的在于立德树人，离开了课堂教学这一主渠道，思想政治工作规律、教书育人规律、学生成长规律只能流于空泛，难以发挥实际作用。因此，大学生理想信念教育必须牢牢把握课堂教学，通过改革传统思想政治教育课程，落实课程思政建设，让大学生理想信念教育真正入耳、入脑、入心。

一、推进思政课程改革，坚持守正与创新相统一

思想政治理论课是落实立德树人这一根本任务的关键课程，是加强理想信念与价值引领的有力抓手。2019年，中共中央办公厅、国务院办公厅印发《关于深化新时代学校思想政治理论课改革创新的若干意见》（以下简称《意见》），指出应深度挖掘高校各学科门类专业课程蕴含的思想政治教育资源，解决好各类课程与思政课相互配合的问题，发挥所有课程的育人功能，构建全面覆盖、类型丰富、层次递进、相互支撑的课程体系，使各类课程与思政课同向同行，形成协同效应。①

（一）丰富教学内容，增强育人实效性

受内外因素影响，新时代大学生容易将理想信念放置于"可望而不可即"的高度，对于传统思政课堂上教师单向输出的平淡枯燥的知识，已然困乏。为此，要顺利推进大学生理想信念教育，教育工作者必须以"微观"筑"宏观"，将道理规律蕴于日常生活方式中，将古往今来家风家训的经典故事通过叙事娓娓道来，以通俗易懂的方式达到思想政治教育的目的。对于"马克思主义基本原理概论""毛泽东思想和中国特色社会主义理论体系概论""中国近现代史纲要""思想道德修养与法律基础"（以下简称"基础"）"形势与政策"这些本科阶段必开的大学生思想政治教育课程，需要积极寻找突破口，融入优秀家风家训元素。

---

① 《深化新时代学校思想政治理论课改革创新》，《人民日报》2019年8月15日，第1版。

1.挖掘内在联系，让融入成为可能

家风家训与高校思想政治教育必修课的教育目标相契合。家风家训形成于人与自我、人与社会、人与自然的相处过程中，通常体现一个家族或家庭的道德风貌。尽管每个家族或家庭所倡导的家风家训不尽相同，但是，通过类比家风家训经典著作中的内容，不难发现其中的妙处。这些内容多以"厚人伦、重教化、志高远"为核心，旨在培养孩子"修身、齐家、治国、平天下"的家国情怀。① 以"基础"为例，"基础"课的主要任务是帮助大学生提高思想道德素质与法治素养，使大学生成为德智体美劳全面发展的社会主义接班人。因此，二者在教育目标上高度契合。

家风家训与高校思想政治教育必修课的教育主体相一致。《颜氏家训》是我国德育发展过程中的里程碑式著作，"整齐门内，提撕子孙"是颜之推撰写该书的初衷。可见，家风家训的形成目的在于教育、引导青少年成长成才。同样，"基础"课作为高校面向大学一年级新生开设的思政必修课，目的在于帮助大学生重塑"三观"，加强与人交往、待人接物的能力，强化历史使命感与社会责任感。因此，将优秀家风家训作为教学内容融入"基础"课，不仅可以达到教育的目的，而且能有效帮助高校新生消除异乡求学的孤独感，从而更快更好地适应新环境，确立成长目标、明确发展方向。

2.形成鲜活案例，让理论接好地气、汇聚人气

理论案例化。"基础"课以"人生的青春之问"为首章，意在让大学生重新思考人生目标，确立人生意义与价值，正如王阳明先生在《示弟立志说》中所言"志之不立，犹不种其根而徒事培壅灌溉，劳苦无成矣"。两者的初衷

① 韩国彩、安雅丽：《优良家风融入"思想道德修养与法律基础"课教学探析》，《科教导刊》2019年第1期，第89—90，183页。

202

不谋而合。这启示思想政治教师在传授理论知识的过程中，可以巧妙地引用历史上、典籍中著名人物的例子，让枯燥的理论丰满化、具象化，增强理想信念教育的鲜活性和实效性。

案例生活化。优秀家风家训倡导中国传统伦理道德的主导观念——"五常八德"，这与当今的社会主义核心价值观具有共通的价值追求。因此，在高校思想政治教育课堂上，教师可以将"五常八德"的内容及案例与社会主义核心价值观进行比对，在求同存异的过程中帮助学生理解核心价值观的基本内涵。同时，教师可以进一步引导学生在现实生活中找寻典型，让案例走进书本，让身边人、身边事成为教育教学的生动素材，进而促使学生自觉认同并践行社会主义核心价值观，树立自身的理想信念。

（二）研发校本课程，增强育人针对性

公共选修课作为高校课程体系的重要组成部分，与其他选修课、必修课一起承载着高校培养人才的重任。根据学者的调查，目前，虽然大部分高校都设有传统文化类的选修课程，但只有少部分涉及家风家训的内容[1]。因此，对以家风家训为主体、以弘扬中华优秀传统文化为核心的选修课程的开发与开设是当前高校调整与创新思政课课程体系的重要途径。如何开发此类课程，最好的办法是结合实际，研发具有地方特色、学校特点的家风家训校本课程。

以嘉兴为例，嘉兴是吴越文化的发祥地之一。说到吴越文化，人们会自然而然地想起以钱镠为始祖的钱氏家族。《钱氏家训》作为一部"化家为国"的家训，以"平天下"的家国情怀区别于一般的家训，其谆谆教导子孙不能只

---

[1] 陈攀杰：《中华优秀传统家风融入大学生思想政治教育的路径研究》，吉首大学2020年硕士学位论文，第15页。

关注蝇营狗苟的"小我"，更要成就利国利民的"大我"。纵观古今，清代儒臣钱陈群，"秀水诗派"领军人物钱载，中国原子弹之父钱三强，中国导弹之父钱学森，中国力学之父钱伟长，均出自钱氏家族。试想一下，对于好奇心强、易受环境影响的大学生而言，如果高校的教育工作者能够以"钱氏家风"为研究对象，根据经典文献，结合故事传说，用通俗易懂的叙述还原钱氏家族人物情感的丰满和故事情节的精彩，并以此开发特色校本课程，巧妙地满足大学生对于"钱氏"成长背景与"钱氏"家训内容的好奇心，自然能促使理想信念教育目的的达成。不仅如此，这种根植于地方文化的校本课程开发，还有利于加强生于嘉兴、长于嘉兴或求学于嘉兴的大学生对该地区的依恋感和认同感，增强爱乡之情与文化自信。

当然，要使开发出来的校本课程育人成效明显，教育工作者在开发过程中还应注重结合时代特色，与时俱进，通过视频、音频、图像等方式将内容呈现出来，以此满足新时代大学生个体化、个性化的精神诉求。

（三）转变教学模式，增强育人互动性

融媒体及移动互联网时代的到来，让人们获取信息的方式发生转变，自主性大大增加，学生对于教师课堂授课的依赖程度明显下降，又因思想政治课程本身的理论性较强、枯燥不易懂及考核方式单一等不利因素，学生对思想政治课程的重视程度、学习兴趣明显不足，这严重影响大学生理想信念教育的效果。剖析现有的一些教学模式，传递—接受式、范例式等教学模式都具有教师单向灌输的特点，不能满足学生的真实需求。同时，自学—辅导式、抛锚式、发现式、探究式等模式虽然以学生为中心，各具特色，但大多将课堂放置于教室之内，容易受到时间和空间的限制。因此，想要增强新时代大学生理想信念

教育的实效性，教育工作者可以"利用新媒体技术，转变教学模式，突出学生主体地位"，以混合教学模式促进教学方式的革新。

混合教学模式将网络线上教学与传统线下教学相结合，要求学生课前预习、课后复习，不仅打破了时空限制，而且真正做到了将课堂还给学生。新冠肺炎疫情暴发期间的教学就类似这种模式，课前要求学生查看在线课程资源，课上以直播的方式展开专题教学，课后发布课外延伸内容对所学知识加以巩固、拓展与提升，这种系统化的衔接与整合，密切了师生间的教与学互动，让学习成为学生自己的事情。思想政治理论课不妨参照这种教学模式，扭转课堂上学生参与度低、抬头率低的现象，增强育人互动性与学习自主性。

当然，教学模式的成功转变必须"以内容为王"。如果教师只是片面地转变模式，换汤不换药，那么这种"屏对屏"的教学反倒更容易让学生出现懈怠心理。一方面，教师要熟练运用计算机，借助动漫形象制作精美的教学视频；另一方面，教师要加强在直播课中与学生的互动与交流，确保教育始终是人与人之间的情感交流，而非人与机的机械互动。

（四）创新教学方式，增强育人吸引力

思想政治理论课变得有意思才能有意义。要想改变传统思想政治教学模式，创新教学方式是必经之路。教师可以探索运用讨论法、现场教学法、读书指导法等多种方式，与微课、慕课、私播课等现代信息化教育技术手段相结合，使得思想政治理论课拥有全新的授课方式，让思想政治理论课潮起来、火起来，自带时代感与吸引力。

组织专题讨论。专题讨论法被视为思想政治理论课教学过程中最为常用的一种互动教学形式，这种教学模式不仅易于组织，而且能够有效提高学生的

课堂参与度，从而激发学生的学习热情。有效组织讨论的前提是选取合适的主题，一般而言，一个好的主题需要综合考虑教学重点难点、时政热点话题、学生学习兴趣等多方面的因素。举个简单的例子，在"毛泽东思想和中国特色社会主义理论体系概论"课程的教学过程中，为了帮助学生理解什么是社会主义，教师可以引导学生围绕"结合疫情之下我国的防疫举措，谈谈你眼中的社会主义"这一中心问题展开讨论，从生活实际出发，让学生了解社会主义的本质与优势，从抗疫英雄身上找到社会主义核心价值观的生动体现，让"社会主义共同理想"回归"现实生活"，帮助学生树立符合时代要求的新时代理想信念。

借助案例分析。案例分析法是教学双方共同参与，针对某一问题进行探讨与研究的教学形式。如果前文提到的"理论案例化"是对教师提出的要求，指教师在备课过程中要根据教学内容寻找与之相契合的家风家训案例，那么，这里的案例分析则侧重强调学生的主动性，要求学生在面对生硬的思想政治理论时，充分发挥主观能动性，将抽象的理论融于国情、党情、校情等具体的家风家训案例之中，辅之以教师的正确引导，在教学过程中营造师生互动、生生互动的轻松氛围。

开展情景模拟。情景模拟又称"角色扮演"，指教师根据教学内容，设置特定的社会生活或家庭生活情境，并将讲台交给学生，由学生自身加以理解消化后，以肢体动作、表情语言等方式将场景再现于课堂，一方面让学生高度参与其中，另一方面让学生真正理解、掌握家风家训的内涵，这是当前学生较为感兴趣的一种教学互动模式。当然，考虑到该模式耗时较长，教学效率较低，因此并不能成为主要的教学模式。

二、落实课程思政建设，打造"三全育人"新矩阵

课程思政是以构建全员、全过程、全方位育人格局的形式，促进各类课程与思政课程同向同行的综合教育理念。《意见》中指出，要深度挖掘高校各学科门类专业课程蕴含的思想政治教育资源，解决好各类课程与思政课相互配合的问题，发挥所有课程育人功能，构建全面覆盖、类型丰富、层次递进、相互支撑的课程体系，使各类课程与思政课同向同行，形成协同效应。①

（一）完善育人机制，提高参与热情

教育的本质是育人，探索全员育人机制，充分调动教师特别是各专业课教师的育人积极性是提高思想政治教育实效性的关键。

1.提高认识水平和理论水平

提高专业课教师对专业课育人功能的认识水平是大前提。新时代，伴随着杂、乱、多、快的信息巨流冲击，大学生群体很容易受到不良信息的影响，成为迷途羔羊。因此，加强大学生理想信念教育仅仅依靠思政课教师的力量是远远不够的，专业课教师要树立"培育具有正确理想信念、价值追求的人是任何学科教学的第一要务"的育人意识，找准自身角色定位，走出把文化课学习摆在第一位的误区。在此基础上，高校要着力加强专业课教师的思想政治教育理论学习，定期组织学习交流活动，帮助专业课教师深入理解思想政治教育的理论内容，坚定马克思主义信仰，从而做到融入有依据，融入有底气。

---

① 《深化新时代学校思想政治理论课改革创新》，《人民日报》2019年8月15日，第1版。

2.健全激励机制和评价体系

激励机制与评价体系有助于激发教师的积极性。思想政治教育具有内容广、责任大、成效慢等特征，这导致多数专业课教师开展思想政治教育的积极性不足。因此，高校应及时健全激励机制与教学评价体系。一方面，将思想政治教学资源在专业课教育中的开拓与成效落实作为评定教师教育水准的指标之一[①]。另一方面，构建完善的激励制度，重视物质奖励及精神奖励的互融互通，充分调动专业课教师的育人积极性。

（二）提升育人能力，加强理论武装

打铁还须自身硬。要想让理想信念在大学生群体当中扎根，高校要坚持"教育者先受教育"的原则，打造具有深厚理论基础的理想信念教育队伍，以此完成提升教师育人能力的首要任务。当然，加强理论学习不能只是简单地呼吁大家捧起书读，而要静下心，认真研读，将理论学深学透。

1.理论学习不能风过雨停，表面功夫

不管是涉及家风家训的重要讲话精神，还是《颜氏家训》《诫子书》等经典著作，如果教师只是粗略地读一读、画一画，没有深入的分析和思考，就谈不上用理论武装头脑，更不必说用理论指导实践。比如，集体学习时只是将文件材料轮流读一读，不钻研其中的讲话精神，不结合自身实际分析讨论；打开学习强国不学文章、不看视频只为进度条，分数日日增，理论无所获……这些都是浪费时间的形式主义，会在师生当中形成不良风气。因此，思想政治教育理论也好，家风家训格言、故事也罢，要想悟到其中的精髓，必须扎扎实实学。

---

① 张小寒：《高校专业课教师对提升大学生思想政治教育成效的路径探讨》，《黑龙江教育学院学报》2019年第8期，第25—27页。

2.理论学习不能学而不思，蜻蜓点水

如果只学习不思考，那么理论永远是理论，无法成功指导实践。教师在理论学习的过程中，不能停留于将理论印在脑子里，而是要通过理解将理论灵活运用于生活中。理论的最大价值在于能够帮助人们解决实际问题，而思考是将理论学习和实践活动联系起来的必要方式。教师在学习思想政治教育理论和家风家训相关内容时，要坚持边学边思的原则，多问几个为什么、怎么办，读后写一写心得体会，千万不要"学而不思、思而不悟"。

3.理论学习不能光学不做，纸上谈兵

坚持思想政治教育理论学习是为了指导实践，帮助解决学习、生活、工作过程中产生的思想困惑，树立正确的、先进的世界观、人生观和价值观。因此，在学习的过程中，教师不能将理论和实践割裂开来，只有真正"知行合一"，方能凸显理论学习的价值与意义。

（三）注重育人过程，强化使命担当

理想信念教育的作用对象是受教育者，因此把握大学生的特点，是提升教育实效不可忽视的环节。每个学生都是一个独特的个体，不同的学生之间、同一学生的不同成长阶段均会呈现出全然不同的特点和需求，因此，认识差异、尊重差异，吸取先辈的实践经验，总结优秀家风家训中的教育理念，从大学生的成长规律出发，分层次、分阶段设置优秀家风家训的教育教学内容，可以帮助学生更为深刻地理解"个人"与"社会"的辩证统一关系，强化使命担当。

1.因材施教

唐代诗圣杜甫的两个儿子天资不同，杜甫根据两个儿子的特点，为他们制定了不同的教育内容和教育目标。大儿子宗文成绩平平，杜甫希望他身体健康；小儿子宗武是个很有天赋的书生，杜甫便教他读书。然而，参照当今社会的真实场景，不少家长盲目地给子女报各种特长班、培训班，期待他们琴棋书画样样精通，这样的心理和行为忽视了孩子个性发展的需求，违背了"因材施教"理念，容易出现形而上的错误。

2.循序渐进

随着年龄的增长，大学生会呈现出不同的内心诉求，当他们发现自身的内心诉求不能在现实生活中得以满足时，思想上便会产生困惑。倘若解决不好这些深层次的思想困惑，势必会影响理想信念教育内容的确立和深化。因此，教师要从大学生的实际出发，从大学生最关心的社会问题入手，为其扫除成长道路上可能遇到的阻碍，引导他们构建一个属于自己的积极的意义世界。例如，对于大学一年级新生而言，教师可以运用家风家训的典故教导他们确立成长成才目标，并为之努力，提醒他们与人交往时，要有礼有节；到了二、三年级，教师便要将重点转移到帮助学生规划人生这一层面，让学生形成职业生涯规划的感性认识，萌生职业选择的初步想法；到了毕业的年级，对于即将步入社会的学生来说，他们最关心的是如何才能高质量择业、就业，因此，教师要给予针对性的指导和帮助，从而实现育人效果最大化。

（四）加强育人合作，夯实信念之基

对于不同专业的学生，高校若能以各个领域领军人物的成长故事、家风家训故事为教学内容，有针对性地开设融入家风家训的选修课程，不仅能够帮助大学生指明"追星"方向，而且还有助于提升理想信念教育的效果。

大学相比中小学，有着专业分化大的显著特点。因此，在遵循因材施教这一教学原则的基础之上，教师应将教学内容、实践内容与学生的特长、学生的专业特色有机结合，充分挖掘不同课程中蕴藏的家风家训的思想要素，用学生熟悉的学科、专业话语体系，讲学生想要了解的历史、人物、事件，领悟其中的民族精神和民族智慧，进而帮助大学生夯实理想信念的基础。

1.分析学科特点和优势找到切入点

以理工类专业为例，理工类专业的学习强调逻辑思维能力，这使得理工类学生普遍较为理性和客观。针对这一专业的学生，如果只是机械地将理想信念教育内容植入课堂，学生是很难产生情感共鸣的。当下应该思考的问题是如何以理服人、以情化人。这就需要教师分析学科特点及优势，从中挖掘家风家训的思想要素，助力学生成长成才。例如，在数学的教学过程中，教师可以针对某一公式的特点，揭示背后蕴藏的人生哲理或人物故事，这样的方式不仅有助于学生理解，而且对于学生来说也是一种正向的引导。再比如，实验课上，教师不仅可以通过做实验让学生感知科学的奥秘，也可以强调当中的科学探究精神、爱国精神、奉献精神等。

2.家风家训传播和专业知识有机结合

音乐、舞蹈类专业。音乐、舞蹈类专业的学生具有能歌善舞的特点和优势，要想让这一部分学生更好地理解优秀家风家训的内容，教师可以在讲解的基础上，让学生进行歌曲、舞蹈的创编，将看不见、摸不着的文化变成可以"唱得响""跳得美"的艺术形式，这样不仅有助于学生的学习与掌握，而且为家风家训的传承、传播提供了一种全新的思路。不仅如此，高校也可以组织"家风歌曲大家唱"等比赛，以竞赛的形式进一步激发学生学习、了解家风家训的兴趣和热情，吸引更多学生参与其中。

美术、设计类专业。美术、设计类专业的学生善于将所见所闻、所思所想以绘画的形式呈现，教师可以利用该专业学生的特点和优势，将抽象的家风家训文化以具象的图形展现出来。例如开展"画出我心中的家风家训"主题绘画活动等，给学生以展示平台的同时，让教师有机会走进学生的内心世界，了解他们所认知的家风文化，并给予适时的指导和帮助，完善学生的理解。

新闻传播学类专业。新闻传播学专业的学生可以把家风家训资源当作新闻案例，拍摄、制作有关家风家训的作品并加以传播。这样不仅提升了学生的专业素养，还加深了他们对于家风家训文化资源的认识、理解和热爱，达到坚定理想信念的目的。

第二节 ❧ 融入第二课堂，强化理想信念教育主阵地建设

思想政治教育第二课堂是新时代加强和改进大学生思想政治教育的新途径、新手段，具有渗透性、实践性等特征。大学生作为第二课堂实践的重要主体，理应积极践行优秀家风家训倡导的价值理念。只有大学生自觉、自发地成为家风家训的积极传播者、践行者，优秀家风家训的内涵与思想才能获得生长所必需的土壤并落地生根发芽。

一、提升育人环境功能

校园环境是校园中一切物质财富与精神财富的综合，是校园文明进步的智力支撑，也是促进学生自我个性发展和创造性提高的精神动力。[①]

[①] 唐维克、张燕灵、刘伟纲：《创建校园文化品牌，提升环境育人功能——基于上海大学菊文化节的发展历程》，《高校后勤研究》2011 年第 4 期，第 103—104 页。

（一）升级物质环境，优化校园实体建筑布局

校园人文精神和文化内涵的凸显常以校园文化建设的方式得以体现。推动中华优秀传统文化、优秀家风家训进校园，加强对校舍建筑、实用功能场馆等设施的必要投入，将优秀家风家训的文化元素融入其中，不仅有助于彰显高校文化育人的特色，而且能为高校思想政治教育工作的开展创设有利环境。

但是，从实际情况来看，部分高校虽致力于校园文化建设，注重物质文化建设，但轻视精神文化建设，对校园文化的认识缺乏全面性。在升级物质环境、优化校园实体建筑布局的过程中，必须正确认识校园物质文化建设的目的，即想清楚"为什么"的问题。校园物质文化建设的目的在于让有形的、可感的、具象的事物承载无形的、抽象的精神文化，使得生活在思想政治教育氛围浸润中的学生能够在不知不觉中，认识、接受并认同其中的理论，实现育人的最终目的。

1. 校园基础设施建设

高校的建筑设计不同于商业建筑设计，其更注重展现本校特色、地域文化并突出教育性。校园基础设施包括学校教学楼中的教学设施、图书馆、体育设施、实验设备等，家风家训等元素在校园基础设施建设中的融入可以通过外观、颜色甚至取名等方式得以体现。

2. 校园景观文化建设

景观设计作为校园文化建设的一部分，也能被赋予思想政治教育的价值和意义。校园绿色植被通过园林师的裁剪，设计成与优秀家风家训相关的元素，不仅为大学生提供了轻松的学习环境，更成了一种隐性的思想政治教育载体，利于激发大学生对家风家训的学习兴趣，从而转化为对自身发展的追求。不仅

如此，高校还可以充分发扬民主，通过线上、线下相结合的方式吸纳学生参与到学校景观文化的设计和创造中来，发挥学生的主动作用，激发大学生知校、爱校、荣校的思想情感。

3. 标志性文化建设

校园标志性文化建筑是校园文化的外在集中体现，传递了学校的办学历史与办学理念，体现了师生的文化哲学观念和审美追求。[①] 例如，高校大门的设计。校门作为学校的门面，精巧的设计往往能给学生留下深刻的第一印象。我国许多高校都有代表本校的标志性校门，如天津大学的金字塔形校门、南开大学的双翼式校门、湘潭大学的三道拱门等。如果高校领导、建筑工程师们能将中华优秀传统文化、家风家训中"修身、齐家、治国、平天下"的价值理念融入校门的设计之中，不仅仅能够装饰校园，还能达到教化育人的目的。

（二）利用校园空间，加强校园物质环境建设

除了优化校园实体建筑布局之外，充分利用校园空间，从细节着手，加强校园内创意园、宣传栏、文化长廊等阵地建设，亦能发挥其文化浸润作用，达到耳濡目染的教育效果。

1. 布置"家"文化创意园

"家"文化创意园，从字面来看，显然以"家"为中心，旨在展示历史上、现实生活中每个家庭的家风家貌。不同于校园实体建筑布局，文化创意园的设计不妨将主动权交到学生手中，让作为受益对象的大学生们真正参与到创意园的设计、开发过程中。比如从"百家姓"入手，逐步落实"一姓一策"。简单

---

① 刘素萍：《高校校园文化建设中的德育功能拓展研究》，南昌航空大学 2012 年硕士学位论文，第 4 页。

来说，就是让学生自由组队，通过查阅自家姓氏的名人成长故事等历史文献、资料，形成具体可行的实施方案，以现场答辩、在线投票的方式选出优秀方案进行落实。在实施的过程中，除了请专门的设计者进行实物设计外，还可以让学生运用自己擅长的实体艺术表现形式，通过泥塑、剪纸、雕刻等，填充、装饰整个创意园的内部环境，逐步收集并完善每个姓氏背后的家风文化，形成全员参与、集思广益的设计氛围。

2. 布置宣传栏

宣传栏不仅可以作为校园信息传播的一种实体媒介，如果使用得当，还能作为校园文化、理想信念教育的承载物。一方面，高校可以借助宣传栏，展示优秀学生风采，为学生立标杆，如学业之星、科研之星、德育之星、劳动之星等，弘扬主旋律，激发正能量，助推校园文化建设；另一方面，在父亲节、母亲节、重阳节等特殊节日，高校可以组织学生干部共同布置宣传栏，通过设计"孝文化"装饰物、张贴优秀文化作品等方式，让宣传栏"吸睛"，以此在学校内营造一种弘扬中华传统文化的氛围。

3. 布置文化长廊

校园文化长廊重点体现学校在时间长河中进行文化沉淀所形成的特有的校园风尚、师生风采、行为准则等。高校可以通过党史长廊、名师长廊、校友长廊、师生风采长廊、艺术长廊等具有学校、学院、学生特色的文化长廊，让文化在不经意间渗入。

党史长廊，将中国共产党成立过程中的重要节点、关键事件的内容，以时间为序展示出来，形成党建主题教育环境；

名师长廊，将学校创始人、各学院各专业领军人物的事迹在长廊上展示出来，用高尚的师德师风影响青年教师和学生，构建师德师风教育微阵地；

校友长廊，将学校培养出的优秀校友进行集中展示，彰显校友的榜样力量，激励学弟学妹奋力向前；

师生风采长廊，将学校现有的优秀教师、优秀学子进行集中性风采展示，提高学校的美誉度和师生认同感；

艺术长廊，将学生在各级各类艺术比赛中的优秀作品展示出来，提高学生的参与度，努力让每一堵墙都会说话。

（三）培育人文环境，营造校园良好育人氛围

人文环境包括学校风气、师生精神风貌、师生人际关系及校园文化氛围。高校在重视物质环境升级的同时，不能忽视精神环境的建设，比如校风、学风建设等，将家风家训的精神融入这些看不见、摸不着的软文化当中，以此影响人、激励人、引领人、凝聚人，营造良好育人氛围。

1. 将家风家训融入校风建设

校风即学校的风气，良好校风建设是学校管理者的一项重要任务。从形式上看，校风可以体现在校训、校歌和校徽的制定上。以校训为例，每所学校都有自己的校训，其承载着学校创建者的初心与期望，如复旦大学的校训是"博学而笃志，切问而近思"，浙江大学的校训是"求是创新"，北京大学的校训是"爱国、进步、民主、科学"。尽管不同的高校有不同的校训，但总结其共性之后发现：其中的精华大体都围绕着"修身、齐家、治国、平天下"的要求而拓展开来，带有浓厚的儒家文化色彩。建设优良校风具有激励、引领、凝聚学生向善向美向上的天然优势，是家风家训在新时代的体现。

2. 将家风家训融入人才培养方案

人才培养方案是学校落实党和国家关于人才培养总体要求，组织开展教

学活动、安排教学任务的规范性文件，是实施人才培养的基本依据。不同专业的人才培养方案都有独具专业特色和要求的人才培养目标，包括对知识的掌握情况、思想道德修养水平等。要让优秀家风家训进校园，少不了对人才培养方案这一顶层设计的修订、完善。

加强体育教育。鲁迅先生曾从体育中找寻中华民族奋发的精神；央视评论员白岩松也曾提到，应该让体育成为中国人的家风。加强体育教育，开设多样的体育课程，加强考核的力度和效度，不仅能加强学生的身体素质，而且能让学生在运动的过程中进一步养成规则意识与合作意识，这对形成正确的道德法治意识具有重要意义。

加强美育教育。开设融入家风家训元素的艺术类公共必修课，以美育人、以美化人，培养学生正确的是非观、善恶观，从而引导学生处理好社会价值导向与个人价值取向的协调统一问题。

加强劳动教育。热爱劳动是中华民族的传统美德，劳动教育作为我国学校教育的一项传统，是培养"德智体美劳"全面发展型人才的关键一环。将劳动教育纳入高校人才培养方案之中，让劳动教育入家庭、入社会，让学生的成长不再是"纸上功夫"，通过身体力行的实践感知幸福生活的来之不易，强化自我的社会责任与担当。

（四）创建实践型社团，举办主题实践活动

社团活动作为高校学生的第二课堂，能够在实践中潜移默化地增强学生的思想意识。创建传承优秀家风家训的实践型学生社团，举办系列主题活动，促进大学生政治修养、思想修养、道德修养、心理品质修养、美学修养、敬业修养等全面发展，是高校学生社团的宗旨和目标。

1.语言类社团：将家风家训"说"出来

理想信念教育要给学生充分"说"的空间，只有学生勤思考、敢表达，教师才能发现教育过程中存在的问题，找到学生思想上的"软肋"，从而对症下药，补足精神之"钙"。语言类社团可以通过开展宣讲、演讲、辩论等活动，在边述边论、边论边辩、边辩边证、边证边信的过程中，举事实、谈历史、说故事、做对比、讲道理、展未来，引导学生在"说"的过程中认识、理解、内化、重塑新时代家风家训内涵。

2.理论学习型社团：将家风家训"写"出来

写的前提是"读"，让大学生愿意读经典，并从中形成对问题的独立思考能力，有利于提升大学生的文学素养和人文素养，同时增强高校学生的文化自信心和民族自豪感。文学类社团可以通过举办"读经典，话经典"这种阅读经典、传承中华优秀传统文化的活动，既让大学生走进书籍，走进理论，又有利于培养他们读后有感、勤于动笔的习惯，同时在"写"的过程中强化自身对于理论的理解，并利用好分享讨论的环节，及时解决阅读过程中的思想困惑，以此扫除大学生在理想信念构筑过程中遇到的思想障碍。

3.公益类社团：将家风家训"做"出来

"纸上得来终觉浅，绝知此事要躬行。"公益类社团不仅要将行动落到实处，更要致力于让行动产生社会效益，例如，组织大学生走入乡镇、融入社区、深入基层，充分发挥不同学生的专业所长，开展形式多样的公益宣传活动，以此让大学生认识社会、了解社会，以"知"促"行"，知行合一。

4.艺术类社团：将家风家训"秀"出来

舞蹈社、书画社等艺术类社团，可以通过组织舞蹈大赛、书画大赛等活动，将家风家训等文化元素融入其中，例如，以"家"为主题编排舞蹈、创作书画等，这既为热爱艺术、有所特长的学生提供了展示的舞台，又为家风家训的多元化传播提供了可能。

二、打造实践育人特色

实践是人的社会的、历史的、有目的的、有意识的物质感性活动，人自身和人的认识都是在实践的基础上产生和发展的。通过实践教学，可以充分发挥学生的主体性作用，让学生在实践中学，发现、感受、体验、思考和领悟家风家训的含义，使学生的学习能力、实践能力和创新能力得以提高。

（一）加强校地合作，搭建育人平台

文化的传承需要平台，优秀家风家训作为中华优秀传统文化的重要组成部分，它的传承和弘扬也需要借助一定的平台才能完成，就好比优秀的演员需要展示的舞台一样，如果舞台没搭好，优秀家风家训的传承自然会出问题，更不用说与大学生理想信念教育的融合。然而，据统计，目前我国各地的家风家训主题实践基地数量并不多，这为高校开展实践教育带来了一些困难。要想推进实践育人落地生根，就要借助社会各界的力量，积极创建实践教育基地是必经之路。只有这样，学生的课外实践才能拥有更多的选择。

学校要积极主动地与地方政府合作，与周边社区合作。当前，城镇化建设的不断推进，使得大量传统乡村被迫变为安置小区。因此，社区成为最佳的合作对象之一。在政府的财政支持下，在社区的场地保障下，学校可契合地方文化资源实际和文化发展需求，共建具有地方特色的家风家训实践基地。

一方面，实践基地的建成给本土文化的保存与宣传提供了可靠的展示平台；另一方面，大学生作为受益者，拥有了近距离感受身边家风家训文化的机会，有效加强了理想信念教育的说服力与感染力。不仅如此，大学生还可以通过志愿服务的方式，加入文化讲解员的队伍中去，主动成为家风家训文化的传播者与宣讲人，为优秀家风家训的传承提供不竭动力，以此带动更多人了解家风家训文化，树立新时代优秀家风家训新风尚。

（二）开展叙事研究，体悟文化内涵

叙事模式在高校思想政治教育中的应用，如将政治与人文相结合，教师运用一定的叙事语言让思想政治教育内容更加生活化、艺术化，能够进一步激发大学生的学习兴趣，从而使大学生更好地参与到课堂的互动中来。[①] 做好思想政治教育文本叙事工作，要将重点放在文本的挖掘、解读和建构上。[②]

1.文本挖掘

离开学校，走访基层，收集故事素材。高校可以组织学生利用假期时间，深入走访文化古镇、古村落，真正走进寻常百姓家，并通过面对面沟通、发放纸质问卷等方式进行调研与访谈，用视频、音频、文字等形式记录下家庭故事，感受家风家训文化。通过这样的方式，一方面，可以让大学生有所见、有所闻、有所感，使优秀家风家训内化于心；另一方面，实地的调研与访谈可以让大学生清晰地了解到目前我国家风家训的总体现状，发现当中存在的问题，并针对性地采取相关措施，为优秀家风家训的保存与传播创设条件。

① 赵春妮、邓彩霞：《基于"互联网＋"叙事模式的思政理论课教学模式探索》，《延边教育学院学报》2018 年第 3 期，第 62—64、68 页。
② 温小平：《文本·图像·记忆：思想政治教育叙事转向与社会认同》，《思想教育研究》2017 年第 8 期，第 26—30 页。

2.文本解读

将故事背后的思想观念、政治观点、道德规范整理出来，形成言简意赅的家训，是文本解读的工作内容。毫无疑问，文本的解读工作仅仅依靠大学生的力量是远远不够的，大学生需要借助外界力量，请教从事家风家训研究的专家学者、文艺工作者，站在不同的视角考虑故事的意义，使得文本解读更加深入与到位。

3.文本建构

经过实地调研、材料整理、文本解读等多个环节之后，大学生完成了"认知—实践—再认知"的过程。基于此，他们对于家风家训的理解不再是纸上谈兵，形成的文字更具力量和温度。不仅如此，实践所得也将成为大学生再实践的原动力，指导他们树立远大理想，实现自我追求。

（三）助力家风下乡，激发文化活力

优秀家风家训源于基层，也应服务于基层。高校可以利用"三下乡"平台，汇集不同专业、不同年级、不同兴趣特长的在校大学生组建团队，走进城镇、乡村和社区，送文化、教育下乡，以再实践的方式深化理论理解，并以此加大优秀家风家训的传播力度，激发家风文化再生活力。

1.送文化下乡

送文化下乡要切实把握百姓的真实需求，既不能硬融，也不能强送。正如习近平总书记在文艺工作座谈会上强调的，低俗不是通俗，文艺要为社会主义服务。送文化下乡不仅要送得实在，还要送得精准。其一，送得实在。"实"就是讲实效，不主张形式主义。送文化下乡不仅可以通过节目的方式输出，也可以是承载家风家训的实物赠予。比如，为大家现场书写家训格言的书法作品，为每个家庭免费拍摄一张全家福等。其二，送得精准。"准"就是要接地气。文艺的表现方式多种多样，有唱歌、舞蹈、相声、小品等，融入的关键在于找到合适的载体。举个简单的例子，本山文化之所以能在群众当中扎根，就是因为它源于百姓生活，内容通俗易懂。因此，在开展送文艺下乡活动的过程中，要牢牢把握文艺作品的通俗性和导向性，要把握雅俗共赏的度，让群众在精神愉悦的同时，感受到其中的价值引领。

2.送教下乡

高校可以组织学生走进乡镇小学或地方社区，以"巡回演说"的方式开展"家风家训大讲堂"等活动。从前，学生们以倾听者的身份接受理论的洗礼，现在，学生们以讲述者的身份将理论传播开来，并结合自身经历，讲述自己的故事。通过这样的方式，学生不仅可以将在校所学的理论知识转化为实践行动，还可以通过实践过程中的交流，发现他们眼中的家风家训，找到独特的家风家训理解视角，以此弥补所学理论的不足。

第三节 ❸ 融入第三课堂，重视理想信念教育新战场建设

习近平总书记在全国高校思想政治工作会议上强调：要运用新媒体新技术使工作活起来，推动思想政治教育工作传统优势同信息技术高度融合，增强时代感和吸引力。这提醒思想政治教育工作者，网络已成为学生的"第三课堂"，在优秀家风家训融入大学生理想信念教育的过程中，要坚持因势而新，用对用好新媒体，抢占网络空间，努力打破网络与现实之间的壁垒，以此讲好立德树人故事，建构场域互动模式。

一、善用新媒体，讲好立德树人故事

提升大学生理想信念教育实效，不仅要解决话语体系不对接、教育内容没个性的问题，更要善用新媒体技术让理想信念易接受，回归现实，真正讲好

立德树人故事。

（一）转变话语体系，凸显时代特色

抽象的思想政治教育理论如果只借助纸媒传播，因其内容的枯燥，难以理解，在大学生当中难免会暴露出接纳度低、受益性差等问题。因此，将优秀家风家训融入"第三课堂"的过程中，思政课教师应有意识地转变思想政治教育话语体系，即将专业术语大众化、年轻化，用符合青年人的语言讲述主流意识形态需要传播的内容。从"说什么""怎么说""在哪儿说"三个维度入手，解决传统思想政治教育过程中容易出现的学生听不进、听不懂思想政治教育理论的问题。

1. 说什么：理论学习要加强

全媒体时代，为了适应时代发展的需要并满足新时代大学生的气质诉求，思想政治教育话语体系需要因时而变，但不能改变的是内在本质。说马克思和恩格斯、谈列宁、讲中国共产党人的理想信念……这始终是理想信念教育绕不开的话题。要讲好立德树人故事，加强理论学习是根本。

2. 怎么说：教学语言要创新

让思想政治教育理论不仅能解决"人"的思想困惑，更能留住"人"是大学生思想政治教育成功与否的检验标准。思政课教师要从大学生的实际出发，时刻关注他们在生活、学习、交往等方面的实际需求，用兼具生动性与时代性的语言说清大道理，指导他们实践，从而帮助他们理性把握自己的人生发展方向。

3. 在哪儿说：教学平台要用好

在把握理论内容、创新教学语言的基础上，思政课教师要善用新媒体平台，用大学生喜闻乐见的方式讲述育人故事，以此打破理想信念"宏大叙事"产生的距离感，从而让大学生改变抵触的态度，在聆听故事的过程中，潜移默化地吸收故事中蕴含的精神养分，并内化为自身成长的动力。

（二）巧借朋辈力量，激发自觉行动

朋辈，指年龄相仿、生活经历相似的朋友或同辈。相比影视作品、书籍报刊中遥不可及的榜样先锋，那些存在于身边的优秀师生典型更容易激发学生的进取心，调动大学生的积极性和主动性。

1.挖掘优秀教师典型

教师作为学生求学道路上的引路人，他们的一举一动、一言一行会在不知不觉中对学生产生深远的影响。举个简单的例子，高校辅导员队伍正是朋辈教育的生动缩影。高校辅导员作为大学校园里一支与学生年龄相仿、经历相似、情感观念相近的教师队伍，他们与学生之间有着天然的亲近感，容易让学生"亲而信"。教师在讲好立德树人故事的过程中，要充分利用这种优势，从中挖掘践行家风家训价值理论的优秀典型，并借助校园媒体进行宣传，帮助大学生找到努力的方向。

2.挖掘优秀学生典型

在学生当中找榜样是朋辈教育最常用的一种方式，如从学生党员中找优秀党员，从学生干部中找优秀干部，从获奖学生中找优秀学生。那些常常出现在志愿者队伍当中的学生党员，那些利用课余时间为同学服务的学生干部，那些自强不息、积极进取的奖学金获得者……他们乐于助人、甘于奉献、勤奋好学的故事是最生动的教学案例，能够激发大学生对自我的思考。在发挥榜样力量的过程中，要善于发现、掌握这些积极的思想动态，努力打造出一支具有示范作用、从学生中来到学生中去的先锋队伍并时刻保持该队伍的思想先进性，从而产生"以一带三"的影响力，带动更多的普通学生树立并坚定自身的理想信念。

二、用好全媒体，建构场域互动模式

场域是不同位置间的客观关系网络。新时代提升理想信念教育实效性，不仅要善用新媒体技术，打破传统思想政治教育过程中教师单向输出的模式，实现教学主体与教学客体之间的一维互动，更要建构"网络思想政治教育场域"和"现实思想政治教育场域"之间的二维互动模式，形成"从网络到现实再到网络"的教育微循环。

（一）占据网络空间，提升教育影响力

在信息社会环境下，网络具有的信息性、动态性、隐匿性与开放性等特点，使得大学生更为追求个性，寻求差异，讲求平等。因此，大学生理想信念教育场域互动模式的构建首先要抢占网络空间，用好信息巨流，以此扩大优秀家风家训的传播面，提升理想信念教育的影响力。

随着网络基础设施建设的改善和新媒体技术的迅猛发展，QQ、微博、微信、论坛等新媒体平台正悄然改变着人们的生活，要想占领网络空间这片高地，必须顺应这一趋势，利用互联网打好理想信念教育的"组合拳"。在校园网站、微信公众号上开辟家风家训专栏，定期为学生推送家风故事、家训格言，让优秀文化走进生活，触手可及；在抖音等短视频平台注册校园官方账号，创作并发布兼具思想性与趣味性的以家风家训为主题的微视频，让优秀文化活起来火

起来，在 QQ 空间、微博等社交平台发布诸如"我心中的好家风、好家训"此类的话题让人讨论，让优秀文化有趣碰撞，激发活力。简而言之，平台多种多样，形式千姿百态。通过网络空间，优秀家风家训的传播不再受到时间和空间的限制，为大学生理想信念教育营造了一片沃土。在这个空间里，每一位大学生都是受益者，他们对于家风家训等先进文化的每一次涉猎、交流与互动，都在潜移默化之中为自身理想信念补钙壮骨。这种影响虽然微小，但较为广泛和全面。

（二）回归现实空间，加强学生体验感

每个学生都是真实存在的个体，网络空间的信息传播虽然能让他们接收到一些有效信息，内心产生触动，但是这种体验终究是虚拟的。走出网络，回归现实仍是大学生理想信念教育场域互动模式构建过程中不可或缺的部分。简单来说，设计、生产文化产品，举办文化活动等都是回归现实的有效举措。

以故宫博物院为例，作为一座拥有数百万件文物藏品的国家级博物馆，近些年通过构建数字博物馆、研发文化创意产品、出版图书、发行刊物等多种方式，成功扩大了博物馆文化传播的广度与深度，真正做到了让文物、文化会说话。以此为鉴，将优秀家风家训附着于符合时代审美的、贴近人民需求的产品之中，让学生有机会穿着含家风家训文化元素的服饰，使用带有家风家训文化元素的学习用品，使学生在现实生活中正确理解并真切感受优秀家风家训所传递的文化信息，帮助他们更好地构建文化认同感，是一举多得的好方式。

不仅如此，举办以家风家训为主题的演讲比赛、歌唱比赛、剧目演出等特色活动，让家风家训的内容以真说、真唱、真演的方式展现出来，也能有效

地帮助学生学习、理解和掌握优秀家风家训的内涵与本质。

开展演讲比赛，说出好家风。演讲比赛是一种受众面广、容易组织的活动形式。举办面向全校学生的演讲比赛，鼓励学生大胆走上讲台，分享家风家训微故事，以真人、真事、真心话宣传家风家训的目的和意义。同时，对于当中值得深入挖掘的故事，活动主办方可以进一步跟进，实地走访故事主人公，将背后的故事创作成作品集并留存下来，成为可参考的文献资料。

举办歌唱比赛，唱出好家风。说起优秀家风家训和歌唱比赛的结合，容易想到"红歌赛"这种极其大众化的形式。但是，对于"00后"大学生来说，红歌并不是他们这一代为之疯狂的歌曲类型。除去音乐类专业的学生，你问现在的年轻人平时听、唱的曲目及类型，得到的答案大多是流行歌曲等通俗化、大众化的类型。将优秀家风家训融入歌唱类比赛，大可不必强制要求学生选择红歌这类传统歌曲，鼓励他们用自己喜欢的方式唱自己想唱的歌未尝不是一种新的可能。

组织剧目演出，演出好家风。情景剧、舞剧、歌剧等都是可承载优秀家风家训的重要载体。从小到大，学生看过的、听过的、经历过的家风故事不少，这些所见所闻都是最佳的创作素材。在教师的指导下，将这些故事以可见的肢体动作、场景情节搬上舞台，是学生理解家风家训的过程，更是内化吸收后展现家风家训的过程。

（三）重返网络空间，展现文化育人力

如今，在强调家庭教育，倡导中华优秀传统文化融入思想政治教育的背景之下，以家风家训为核心内容的经典故事、文学作品、艺术作品、宣传海报等很多，但这些承载物大多以内容供应的方式呈现于网络，这不仅对学生的领

悟能力提出了一定的要求，而且只适用于对内产生作用。

讲得通俗些，真正愿意去了解外国文化的中国人只有一小部分，但是在世界各地的迪士尼乐园里，在放映《蜘蛛侠》《钢铁侠》的电影院内，却常常能看见中国人的身影。这给予我们深深的思考。每个国家都有自己的文化，都有自己文化的精髓，会引起很多人的注意和共鸣。同样，要使优秀家风家训真正展现文化育人力，抢占网络空间还远远不够，最好的方式是将优秀的文化成果转化成可以在网络空间中广泛传播的产品，动漫、游戏、电影、电视剧等，都可能成为成功改变自我的例子，最重要的就是敢于尝试与创新。

以动漫这种文化产品形式进行假设。动漫作为二次元文化中的代表，一些优秀作品成功地为市场输送了一批积极向上、不怕失败、敢于追梦的虚拟形象，这与年轻一代热爱自由、追求解放的内心诉求相契合，所以有不少大学生喜欢看动漫甚至愿意斥资购买角色服饰，将自己装扮成其中的人物。可令人惋惜的是，这些虚拟形象几乎都出自其他国家，承载着外来文化。假使能够利用线上、线下收集到的故事、作品，设计出一些蕴含家风家训文化元素的动漫形象，以他们为主角打造出更多讲述中华传统故事、传递中国文化的优质国产动漫并利用互联网加以推广，那么，出现一批又一批喜欢看国产动漫、喜欢扮演国产动漫角色的青年大学生也将成为一件喜闻乐见的常事。

参考文献 ❸

［1］弓旭静.优良家风融入大学生思想政治教育研究［D］.长春：东北师范大学，2019.

［2］高甜，王润梅，杨俊霞.新时代大学生理想信念教育的现实困境及突破路径［J］.山西大同大学学报（社会科学版），2019，33（4）：9-12.

［3］刘先春，柳宝军.家训家风：培育和涵养社会主义核心价值观的道德根基与有效载体［J］.思想教育研究，2016（1）：30-34.

［4］刘海芳.家风的思想政治教育功能研究［D］.北京：中国矿业大学，2018.

［5］蔡桂珍.优秀传统家训家风的时代价值［J］.人民论坛，2019（14）：64-65.

［6］张丽萍.先秦至南北朝家训研究［D］.西安：西北大学，2016.

［7］费孝通.乡土中国［M］.北京：人民出版社，2008.

［8］王秋萍，韩春萌.中国传统家风文化的内在机理及精神内核［J］.

南昌师范学院学报，2018，39（2）：18-21.

[9]孙亚军.论魏晋嵇氏的儒学家风[J].黄山学院学报，2009，11（1）：74-77.

[10]郭丽丽.曾国藩家风的现代价值[J].内蒙古电大学刊，2018（4）：19-21，38.

[11]李光杰.唐代民间家训考述[J].佳木斯大学社会科学学报，2010，28（4）：55-57.

[12]陈志勇.唐代家训研究[D].福州：福建师范大学，2004.

[13]李爽.宋代家训中的孝道思想及其践行模式研究[D].上海：上海师范大学，2017.

[14]王其红.颜之推早期教育思想对现代家庭教育的借鉴[J].陕西学前师范学院学报，2017，33（10）：41-45.

[15]董宇擎.曾国藩家风思想研究[D].桂林：广西师范大学，2015.

[16]夏江敬，汪勤.浅析优良家风家训中思想政治教育的意蕴[J].理论月刊，2017（11）：127-131.

[17]张天清.红色家风[M].南昌：百花洲文艺出版社，2018.

[18]陈桂花，张霞.延安时期中共领袖红色家风对新时代党风建设的启示研究[J].教育教学论坛，2019（42）：218-219.

[19]李学勇.新时期传承和弘扬红色家风的机制探析[J].毛泽东思想研究，2017，34（4）：85-89.

[20]黄进.和而不同：大学生价值观冲突破解之道[N].中国教育报，2010-06-30（04）.

[21]张岩磊，高苑.优秀传统文化：实现中国梦的重要思想支撑[J].

学习月刊，2016（9）：50-51.

［22］邓艳平.没有坚定的信念就没有一切［N］.解放军报，2017-06-26（06）.

［23］程伯福."打铁还需自身硬"，"硬"在哪里［N］.学习时报，2017-09-08（A1）.

［24］李浩燃.家风建设是作风涵养之要［N］.人民日报，2016-1-27（04）.

［25］胡可先.杜甫的家世、家学与家风［J］.杜甫研究学刊，2018（4）：3-16.

［26］罗祖文.中国古代自然美育的道德意蕴及其现代启示［J］.湖北大学学报（哲学社会科学版），2018，45（2）：24-28.

［27］元志立.当前大学生美德教育的现实困境与完善路径：基于《道德情操论》的思考［J］.黑龙江教育（理论与实践版），2020（5）：54-56.

［28］胡鹤玖.关于加强大学生理想信念教育的思考［J］.中国高教研究，2002（1）：62-63.

［29］马克思恩格斯选集（第1卷）［M］.北京：人民出版社，1995.

［30］中共中央文献研究室.习近平关于实现中华民族伟大复兴的中国梦论述摘编［M］.北京：中央文献出版社，2013.

［31］孙正聿.理想信念的理论支撑［M］.长春：吉林人民出版社，2014.

［32］梁启超全集（第二卷）［M］.北京：北京出版社，1999.

［33］陈静，等.社会主义核心价值体系的大众化［M］.北京：学习出版社，2014.

［34］朱立元.美学大辞典（修订本）［M］.上海：上海辞书出版社，2014.

［35］习近平.在纪念五四运动 100 周年大会上的讲话［N］.人民日报，2019-05-01（02）.

［36］白翠红.高校德育思维方式发展研究［M］.广州：中山大学出版社，2018.

［37］深化新时代学校思想政治理论课改革创新［N］.人民日报，2019-08-15（01）.

［38］韩国彩，安雅丽.优良家风融入"思想道德修养与法律基础"课教学探析［J］.科教导刊，2019（1）：89-90，183.

［39］陈攀杰.中华优秀传统家风融入大学生思想政治教育的路径研究［D］.吉首：吉首大学，2020.

［40］张小寒.高校专业课教师对提升大学生思想政治教育成效的路径探讨［J］.黑龙江教育学院学报，2019，38（8）：25-27.

［41］刘素萍.高校校园文化建设中的德育功能拓展研究［D］.南昌：南昌航空大学，2012.

［42］赵春妮，邓彩霞.基于"互联网＋叙事模式"的思政理论课教学模式探索：以"毛泽东思想与马克思主义中国化"课程教学为例［J］.延边教育学院学报，2018（3）：62-64.

［43］温小平.文本·图像·记忆：思想政治教育叙事转向与社会认同［J］.思想教育研究，2017（8）：26-30.

［44］唐维克，张燕灵，刘伟纲.创建校园文化品牌，提升环境育人功能：基于上海大学菊文化节的发展历程［J］.高校后勤研究，2011（4）：103-104.

［45］张烁.把思想政治工作贯穿教育教学全过程开创我国高等教育事业发展新局面［N］.人民日报，2016-12-09（01）.